钛系列丛书

主编 莫畏

钛近净成形工艺

谢成木 莫畏 李四清 编著

北京
冶金工业出版社
2009

内 容 简 介

本书是《钛系列丛书》中的一本，分为上篇和下篇。上篇（共7章）详细介绍钛铸造，从介绍钛和钛合金铸造的发展和现状开始，接着主要介绍钛和钛合金的铸造性能、铸件结构及其工艺设计、铸造的造型工艺、铸造的设备与工艺、铸件的精整、铸件的质量检验等。下篇（共2章）介绍钛粉末冶金，先介绍粉末冶金钛制品，主要包括钛粉制取方法、成形工艺、烧结工艺以及钛制品的质量控制等，接着介绍钛制品全致密化，主要包括致密化工艺和粉末冶金钛合金的特点和制品。

本书可作为钛厂职工的培训用书，也可供从事钛业的科技人员和管理人员使用，还可供大专院校相关专业师生参考。

图书在版编目（CIP）数据

钛近净成形工艺/谢成木，莫畏，李四清编著. —北京：冶金工业出版社，2009.11
（钛系列丛书）
ISBN 978-7-5024-5067-0

Ⅰ. 钛…　Ⅱ. ①谢…　②莫…　③李…　Ⅲ. 钛—成形—工艺　Ⅳ. TG146.2

中国版本图书馆 CIP 数据核字（2009）第 184028 号

出 版 人　曹胜利
地　　址　北京北河沿大街嵩祝院北巷 39 号，邮编 100009
电　　话　(010)64027926　电子信箱　postmaster@cnmip.com.cn
责任编辑　尚海霞　美术编辑　李　新　版式设计　张　青　孙跃红
责任校对　王贺兰　责任印制　牛晓波
ISBN 978-7-5024-5067-0
北京百善印刷厂印刷；冶金工业出版社发行；各地新华书店经销
2009 年 11 月第 1 版，2009 年 11 月第 1 次印刷
850mm×1168mm　1/32；10.75 印张；287 千字；327 页；1-2000 册
36.00 元
冶金工业出版社发行部　电话：(010)64044283　传真：(010)64027893
冶金书店　地址：北京东四西大街 46 号(100711)　电话：(010)65289081
（本书如有印装质量问题，本社发行部负责退换）

《钛系列丛书》编委会名单

《钛系列丛书》前言

钛是一种新金属，钛及钛合金也是一种性能优异的新材料，它被誉为现代金属。

钛及钛合金具有密度小、比强度高、耐蚀性能好、耐热性能优良、无磁等一系列特性，获得了广泛的应用。钛的工业化仅有六十余年历史，但已获得了迅速发展。2008年，全世界钛材年产量已达近13万t。

随着国民经济持续、高速发展，我国对钛的需求量迅速增长。2006年我国海绵钛和钛材的年产量均超过万吨，已进入世界产钛大国的行列，且已形成持续发展的态势。2008年我国海绵钛和钛材年产量分别达到4.96万t和2.77万t，名列世界前茅，成为产钛大国。这是件喜忧参半的事，喜的是我国钛工业已经崛起；忧的是钛业的产能已过剩，会影响产品经济效益。它表明钛业市场风险很大，投资应该谨慎。

与美、日、俄等世界产钛强国相比，我国钛业的技术水平仍有差距。我国要成为世界产钛强国还有相当长的路要走。其中，一件重要的基础性的工作是必须提高我国钛业的科研和生产技术水平。

为此，根据钛业技术的发展要求，我们编撰了《钛系列丛书》。这套丛书共9册，是许多专家智慧的结晶，也是为了总结钛业技术发展情况和提高我国钛业国际竞争力，我们做出的力所能及的贡献。

在编写过程中力求理论与实践相结合，做到既有理论论述，也有工艺实践；以工艺实践为重点，保持适当的理论深度和广度，同时在论述中力求做到避虚务实。

该丛书在编写过程中得到了许多同行专家的大力支持，特别是北京有色金属研究总院及其领导给予了大力支持和赞助，在此一并表示谢意。

该丛书涉及的技术领域很宽，而我们的写作水平有限，丛书中难免有不足之处，恳请读者批评指正。

编者　莫畏

2009 年 7 月

前　言

钛是一种稀有金属,钛材是一种新材料。

由于钛及钛合金具有密度低、比强度高、耐腐蚀、线膨胀系数小、生物相容性好等优异特性,是航空、航天及其他重要工业不可缺少的优质金属结构材料。

节省矿产资源,提高钛及其合金的利用率,减少能耗,降低生产成本,是当今国内外航空、航天工业及其他重要机器制造业正在重点研究和发展的方向之一。采用近净成形工艺制造钛及钛合金结构件是保证上述一系列要求成功实现的重要途径。20 世纪 70 年代开始,一些科学技术先进的国家,如美国、苏联等就积极研究和发展钛及钛合金的近净成形工艺。经过实践证明:铸造(特别是熔模精密铸造)和粉末冶金在近净成形工艺中是成功、有效、成本较低的。目前近净成形工艺已经成为航空、航天工业及其他领域中的钛及钛合金结构件的一项重要的生产工艺。

为了进一步推动与促进国内钛及钛合金近净成形工艺的研究和发展,作者在总结自己几十年的科研、生产实践与经验和国内外大量的技术资料基础上,编写了这本书。书中系统全面地论述了钛及钛合金的铸造性能,国内现有的铸造钛及钛合金的牌号、化学成分和基本力学性能;详细叙述了钛及钛合金铸件结构与铸件工艺的设计;介绍了目前国内外正在铸钛工业生产中使用的各种造型材料和造型工艺、熔炼铸造设备与工艺以及铸件的后处理和质量检验。同时还介绍了钛的粉末冶金工艺，包括制备钛粉、制取钛粉末冶金制品工艺和粉末冶金钛制品的全致密化工艺。

本书特点是内容重点突出，注重实用性、内容的系统性和基础性，也考虑了内容和编排的新颖性。同时，内容还涵盖了该领域的最新成果和进展。

本书上篇铸造部分由谢成木（中国航空工业集团北京航空材料研究院）编写，下篇粉末冶金部分由莫畏（北京有色金属研究总院）、李四清（中国航空工业集团北京航空材料研究院）编写。

本书可供从事铸造钛合金及其工艺以及钛粉末制品成形研究、生产及应用的工程技术人员使用，也可供高等院校和其他学校相关专业的师生参考。

本书在编写过程中得到许多同行的帮助和支持，在此深表感谢。由于编者水平有限，书中难免有疏漏之处，恳请同行和读者予以批评指正。

编者 谢成木

2009年10月

目　录

上篇　钛　铸　造

下篇　钛粉末冶金

上篇 钛 铸 造

1 概 述

1.1 钛和钛合金铸造的发展

钛在1948年就开始了工业化生产，但由于钛的高化学活性，因此它能与多种物质，包括铸造工业上常用的各种耐火材料（如SiO_2和Al_2O_3等）发生化学反应，导致铸造难度较大，因而钛和钛合金开始应用时都是变形结构件。随着钛合金变形结构件用量的增多，应用范围的扩大，发现钛合金变形件的机械加工量大，金属利用率很低（只有20%~50%）。有些零件，如图1-1所示的相机框架结构铸件，采用锻造或其他变形工艺制造难度很大，而且也很不合理。从20世纪60年代开始，许多国家积极研究钛合金近净成形工艺，如粉末冶金、超塑成形、精锻和铸造等。研究比较发现，铸造，特别是熔模精密铸造，在近净成形方面是最有生命力的。随着铸造成形工艺得到重视，造型工艺及熔炼铸造设备相继得到逐

图1-1 相机框架

步解决和完善，近净成形工艺应用日益广泛。

随着钛合金铸造工艺,特别是熔模精铸工艺的成熟与发展,以及热等静压在铸钛工业中的成功应用,钛和钛合金铸件的质量已接近或达到了变形钛合金件的水平。同时由于采用铸件能为设计者提供很大的设计灵活性,钛合金铸件迅速推广应用到要求很高的飞机机身和大燃气涡轮发动机上。20 世纪 80 年代中期以后，国外不仅军用飞机采用了较多的钛合金铸件,民用飞机和发动机上也开始采用钛合金铸件,如美国制造的波音 757 飞机上就采用了钛合金铸件约 45 个,波音 767 上采用了近 60 个。从 1984~1999 年,美国的钛和钛合金铸件的年平均需求量增长了 3 倍多;1999 年,美国钛和钛合金铸件的年平均需求量达 1455 t。

1.2 钛和钛合金铸造的现状

随着宇航工业发展的需求及钛和钛合金铸件使用范围的扩大，进一步促进了铸造工艺的发展与提高,20 世纪 80 年代末已由单件铸造发展到由几件或几十件并合在一起整体铸造。目前,大型薄壁复杂整体精铸钛合金铸件最大直径已达到 1300 mm,最大质量已超过 180 kg,如 GE90 发动机的风扇机匣。现在钛和钛合金铸造,无论是合金、铸造工艺和设备以及铸件的质量保证(包括铸件的各种检验标准、手段、处理设备等),都已经达到了比较完善的水平,基本满足了各种工业应用的需要。设计者已经考虑或正在考虑把钛合金铸件的铸造系数由原来的 1.5 变为 1。20 世纪 90 年代世界上一些发达国家的钛和钛合金铸造商的基本情况和能力见表 1–1。

20 世纪 90 年代中期开始,国内的钛合金铸造得到了迅速发展。目前从事研究和生产钛合金铸件的单位已达十多个。

我国钛合金铸造单件的铸造工艺水平和铸件的质量现在已经达到国际先进水平,大批量的民用铸件和高尔夫球杆头已出口国外,但从全国整体的铸造技术水平和铸件质量来看,特别是大型复杂薄壁整体精铸件和铸件的质量检验技术方面,我国与世界主要国家的水平相比还有一段较大差距。

表 1-1 国外钛和钛合金铸造商的基本情况和能力

铸造公司名称	国家	最大浇注质量/kg	捣实石墨型铸件 /mm×mm	熔模精铸件 /mm×mm	熔化母合金料	铸后热等静压使用频率
Arwood(CT)	美国	180		φ1220×1220	棒料(坯料)	总是
Duriron(OH)	美国	20		φ510×760	回收料	经常
Howmet(MI 和 VA)	美国	730		φ1525×1525	棒料(坯料)	总是
Oremet(OR)	美国	750	φ1525×1830		棒料和回收料	选择用
PCC(OR)	美国	770		φ1525×1220	棒料和回收料	总是
Rem products(OR)	美国	180		φ815×508	棒料(坯料)	经常
Schlosser casting(OR)	美国	90		φ760×610	棒料(坯料)	经常
Tiline Inc(OR)	美国	750		φ1370×610	棒料和回收料	总是
Titech International Inc(CA)	美国	400	φ915×610	φ915×610	棒料和回收料	经常
PCC France	法国	270		φ1220×1220	棒料和回收料	总是
Tital	德国	180	φ1145×760	φ1015×635	棒料(坯料)	总是
Sattas	比利时	820	φ1525×1220	φ610×610	棒料和回收料	经常
VMC	日本	180	φ1270×630	中小铸件	棒料和回收料	选择用
大同特殊钢公司	日本				棒料和回收料	选择用
三菱金属公司	日本				棒料和回收料	选择用
关东特殊钢公司	日本				棒料和回收料	选择用
三井造船公司	日本				棒料和回收料	选择用

1.3 铸造钛和钛合金的品种及其性质

目前国内外应用的铸造钛和钛合金都是沿用变形钛和钛合金的成分。但随着铸钛工艺的发展和钛合金铸件应用范围的不断扩大,铸件日益大型化、复杂化,铸件壁厚越来越薄,成形越来越困难,开发具有良好铸造性能和力学性能,易于成形和铸后易于处理的铸造钛合金已经逐渐被列入研究议题。

铸造钛合金(与变形钛合金一样)按相的组成可分为:α 型合金、近 α 型合金、α + β 型合金、近 β 型合金、β 型合金等 5 种。按它们的强度和应用情况可分为:中温中强合金、高强合金、高温合金、低温合金、耐腐蚀合金及特殊用途合金(生物工程合金)等 6 种。

1.3.1 铸造钛和钛合金的牌号及其化学成分

表 1–2 为国内目前工业上已有的铸造钛和钛合金的牌号及其化学成分。国内铸造合金牌号是在中国工业钛合金牌号前加 Z 字。其中,ZTA1~ZTA3 和 Ti – 0.2Pb、ZTB32 主要用于化工、石化以及要求耐腐蚀性能的工业部门,制造耐腐蚀的构件。ZTA7、ZTC4 合金是中温中强合金,其中 ZTC4 合金是应用范围最广、应用量最大的合金。目前我国研制和生产的钛合金铸件中 90% 是这种合金。ZTC3、ZTC5、ZTA15、ZTC6 等是北京航空材料研究院根据航空工业发展的需要研制或仿制的高温铸造钛合金和高强铸造钛合金。ZTC3 可用于制造 500℃下长期工作的航空发动机压气机构件,如机匣、支架等。ZTC5 合金具有高强高韧性,在 350℃下长期使用具有良好的热稳定性,可用于取代铝、部分钢铸件制造飞机结构件。ZTA15 与俄罗斯 BT20Л 合金相似,ZTC6 与美国的 Ti6242 合金类似,它们都是近 α 型铸造钛合金,在强度、高温性能和可焊接性能方面优于 Ti-6Al-4V 合金,可用于制造在 500℃以下长期工作的结构件。

1.3.2 铸造钛和钛合金的力学性能

目前国内现有的铸造钛和钛合金技术标准规定的力学性能见表 1–3。

表 1–2 国内铸造钛和钛合金的牌号及其化学成分(质量分数) (%)

牌号	合金类型	合金元素												杂质,不大于								标准
		Al	V	Sn	Zr	Mo	Cu	Nb	Fe	Si	Ce	Pd	Ti	Fe	Si	C	N	H	O	其他元素 单个	其他元素 总和	
ZTA1	α型												基体	0.25	0.10	0.10	0.03	0.015	0.25	0.10	0.40	GB/T 15073—1994
ZTA2	α型												基体	0.30	0.15	0.10	0.05	0.015	0.35	0.10	0.40	GB/T 15073—1994
ZTA3	α型												基体	0.40	0.15	0.10	0.05	0.015	0.40	0.10	0.40	GB/T 15073—1994
Ti-0.2 Pa	α型											0.20	基体									
ZTA5	α型	3.3 ~ 4.7											基体	0.30	0.15	0.10	0.04	0.015	0.20	0.10	0.40	GB/T 15073—1994
ZTA7	α型	4.0 ~ 6.0		2.0 ~ 3.0									基体	0.30	0.15	0.10	0.05	0.015	0.15	0.10	0.40	GJB 2896—1997
ZTA15	近α型	5.5 ~ 6.8	0.8 ~ 2.5		1.5 ~ 2.5	0.5 ~ 2.0							基体	0.30	0.15	0.13	0.05	0.01	0.16		0.30	

续表 1-2

牌号	合金类型	合金元素												杂质,不大于								标准
		Al	V	Sn	Zr	Mo	Cu	Nb	Fe	Si	Ce	Pd	Ti	Fe	Si	C	N	H	O	其他元素 单个	其他元素 总和	
ZTC3	α+β型	4.5~5.5		1.5~2.5		4.5~5.5				0.20~0.35	0.015~0.03		基体	0.20		0.10	0.05	0.0125	0.18	0.10	0.30	GJB 2896—1997
ZTC4	α+β型	5.5~6.8	3.5~4.5										基体	0.30	0.15	0.10	0.05	0.015	0.20	0.10	0.40	GJB 2896—1997
ZTC5	α+β型	5.0~6.0	1.0~2.0	1.0~2.0	3.0~4.0	2.5~3.5	0.8~1.2		0.6~1.0				基体		0.15	0.10	0.05	0.015	0.20	0.10	0.40	GJB 2896—1997
ZTC6	近β型	5.75~6.5		1.75~2.25	3.5~4.5	1.75~2.25							基体	0.12	0.13	0.10	0.05	0.0125	0.15	0.10	0.40	GJB 2896—1997
ZTC21	β型	5.5~6.5		4.0~5.0		1.0~2.0		1.5~2.0					基体	0.30	0.15	0.10	0.05	0.015	0.20	0.10	0.40	GB/T 153073—1994
ZTB32	β型					30.0~40.0							基体	0.30	0.15	0.10	0.05	0.015	0.15	0.10	0.40	GB/T 153073—1994

表 1–3 国内现有的铸造钛和钛合金技术标准规定的力学性能

合金牌号	技术标准	状 态	取样方式	室温力学性能①						高温力学性能	
				σ_b /MPa	$\sigma_{0.2}$ /MPa	δ_5 /%	ψ /%	α_{KU} /kJ · m^{-2}	HBS	σ_b /MPa	σ_{100h} /MPa
				≥					≤	≥	
ZTA1	GB/T 6614—1994	退 火	附铸试棒①	345	275	20			210		
	GJB 2896—1997			345	275	12					
ZTA2	GB/T 6614—1994	退 火	附铸试棒①	440	370	13			235		
ZTA3	GB/T 6614—1994	退 火	附铸试棒①	540	470	12			245		
ZTA5	GB/T 6614—1994	退 火	附铸试棒①	590	490	10			270		
ZTA7	GB/T 6614—1994	退 火	附铸试棒①	795	725	8			335		
	GJB 2896—1997			760	700	5	12			410②	400②
ZTC3	GJB 2896—1997	退火或 HIP③	附铸试棒①	930	835	4	8			570④	520④
ZTC4	GB/T 6614—1994	退 火	附铸试棒①	895	825	6			365		
	GJB 2896—1997	退火或 HIP⑤		835 (890)⑥	765 (820)⑥	5 (5)⑥	12 (10)⑥			500⑦	490⑦
ZTC5	GJB 2896—1997	退火或 HIP⑧	附铸试棒①	1000	910	4	8			900⑦	800⑦

续表 1-3

合金牌号	技术标准	状 态	取样方式	室温力学性能①						高温力学性能	
				σ_b /MPa	$\sigma_{0.2}$ /MPa	δ_5 /%	ψ /%	α_{KU} /kJ·m^{-2}	HBS	σ_b /MPa	σ_{100h} /MPa
				≥					≤	≥	
ZTC6	GJB 2896—1997	退火或 HIP	附铸试棒①	860	795	5	10				
ZTA15		退火或 HIP	附铸试棒①	882	784	5	12	274			
ZTC21	GB/T 6614—1994	退 火	附铸试棒①	980	850	5			350		
ZTB32	GB/T 6614—1994	退 火	附铸试棒①	795		2			260		

① 从铸件上切取试样的室温力学性能允许比附铸试样的性能低 5%；
② 300℃时的性能；
③ 航空航天工业用的 I 类、II 类铸件必须经过热等静压(HIP)；
④ 500℃时的性能；
⑤ HIP 制度:100 ~ 140 MPa 氩气压力下,(920 ±10)℃,保温 2 ~2.5 h,随炉冷至 300℃以下出炉；
⑥ 当需方有要求时,可采用括弧内的性能指标。此时应选用氧含量 0.15% ~0.18% 的母合金棒料或铸锭作为重熔电极；
⑦ 350℃时的性能；
⑧ HIP 制度:100 ~ 140 MPa 氩气压力下,900℃,保温 2 h,冷却速度 32 ~34℃/min,随炉冷至 300℃以下出炉。

1.4　铸造钛合金的新发展

为了满足工业发展的需求，特别是航空、航天工业发展的需求，目前世界钛和钛合金铸件的主要生产和应用国家正在从以下几个方面做大量的研究和发展工作：

（1）研发高性能合金。根据使用要求，研究和发展高温、高强、高弹性模量的合金，如金属间化合物 γTiAl 基合金，它的密度低于普通钛合金，而使用温度在 700℃ 以上，与普通钛合金比较具有更高的使用温度，更优异的高温强度、刚性、蠕变抗力和抗氧化性以及高的弹性模量。表 1-4 为 TiAl 基合金与普通钛合金和高温合金性能的比较。高强合金最典型的是近 βTi-15V-3Al-3Cr-3Sn 合金，它的室温抗拉强度可达 1200MPa（见表 1-5），可用作飞机机身的结构材料。除此之外，在钛基复合材料、阻燃钛合金、耐蚀和抗磨钛合金等方面也做了大量的研发工作，取得了一定的进展。

表 1-4　TiAl 基合金与其他几个合金主要性能的比较

性　能	TiAl 基合金	Ti_3Al 基合金	普通钛基合金	高温钛合金
密度/$g \cdot cm^{-3}$	3.7~3.9	4~4.7	4.5	8.3
弹性模量/GPa	160~176	100~145	96~100	206
σ_b/MPa	450~800	800~1140	480~1200	
$\sigma_{0.2}$/MPa	400~650	700~990	380~1150	
蠕变极限/℃	1000	760	600	1090
抗氧化极限/℃	900	650	600	1090
室温延性/%	1~4	2~10	20	3~5
高温延性/%	10~60	10~20	高	10~20
组织结构	L10	D019	hcp/bcc	fcc/LI_2

表1-5 高强度近β合金的典型力学性能

合 金	铸件厚度/mm	材料状态	σ_b/MPa	$\sigma_{0.2}$/MPa	δ/%	ψ/%	σ_D/MPa
美 国 Ti-15-3		热等静压+时效①	1275	1200	6	12	
	12.5 (0.5in)	940℃,103 MPa,2 h, HIP②,527℃ ×8 h,时效	1240	1171	3		
	25.4 mm (1in)	940℃,103 MPa,2 h, HIP,527℃ ×8 h,时效	1240	1171	2.5		
俄罗斯 BT35Л		铸 造	795	720	13.2	15.9	
		870℃,1100~1150 MPa, 2 h,HIP,530℃ ×8 h,时效	1136	982	8.2	17.5	480

① 具体工艺不详;② HIP 为热等静压。

(2) 降低生产成本。钛及其合金虽然具有优异的性能,但它的生产成本很高,从而限制了它的更广泛应用,尤其是在民用方面的推广应用。为了解决这个问题,世界各主要钛生产国都把降低生产成本作为钛向前发展的一项非常重要的工作。这方面的工作主要有:

1) 研制低成本合金。目前工业上应用的钛合金含有 V、Mo、Zr 等元素,价格比较昂贵,许多国家都在积极寻找这些元素的替代者,美国和日本在这方面做了大量的工作。其中,美国的 Timet 公司用 Fe 取代 V 研发的 TimetLCB 合金(Ti-1.5Al-6.8Mo-4.5Fe)可取代 Ti-1023 高强合金,性能与 Ti-1023 合金相当,但它的冷加工和温加工性可像钢一样,而成本远远低于 Ti-1023 合金。Timet 公司用 Fe 取代 V 研制的另一种 Timet62S 合金(Ti-6Al-1.7Fe-0.1Si)的力学性能和加工性能与 Ti-6Al-4V 合金相当,但它的成本可降低 15% 以上,已被选为汽车零部件用材。日本用廉价的 Fe、O、N、Ni 及 Ru 等元素替代昂贵的 V、Pd 等,研发了一系列低成本耐蚀钛合金,如 Ti-0.5Ni-0.5Ru 等合金,这些合金的耐蚀性能可与 Ti-0.15Pd 合金媲美,但价格和加工性能却与纯钛相当。西北有色金属研究院采用廉价的 Fe 取代 Ti-6Al-4V 中昂贵的 V,研制了近 α 型 Ti8LC 和近 β 型 Ti12LC 低成本钛合金,它们的成本低于 Ti64 合金,而室温拉伸性能优于 Ti64

合金。

2）回收废钛，降低成本。由于钛及其合金铸造的特性以及为了获得质量良好的铸件，钛及其合金铸件必须设置大的浇冒系统。铸造一次金属的有效利用率通常只能达到25%~50%，因此，必须回收浇冒系统才能降低钛及其合金铸件的生产成本。为此，从20世纪70年代起，世界钛及其合金铸件生产国就一直在积极研究浇冒系统及其他废钛的回收方法和设备，其中在这方面做得比较好的是美国和俄罗斯。图1-2所示为俄罗斯ВИАМ公司设计制造的回收钛废料的设备。通过回收再用钛废料可使钛及其合金铸件的金属利用率达到50%~80%。

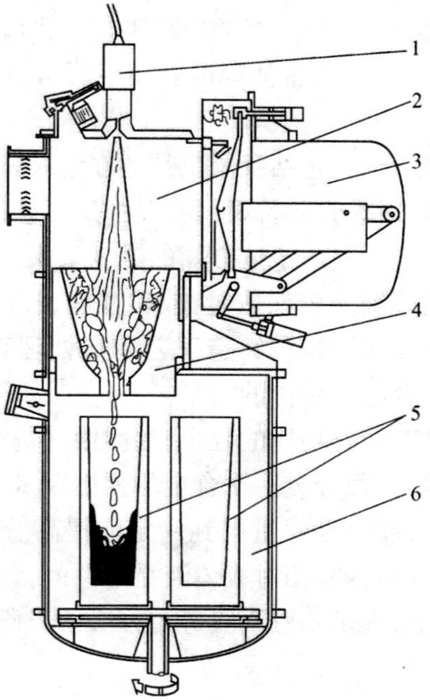

图1-2 回收钛废料的设备

1—冷阴极电子束枪；2—熔炼室外壳；3—接受钛返回料的料仓；
4—重熔返回料用钛坩埚；5—接受液态金属用钢锭模；6—铸锭室

3）研发高效低成本的熔炼铸造工艺和铸件成形工艺。目前铸钛工业生产使用的熔炼铸造设备为真空自耗电极电弧凝壳炉，金属液过热度较低，影响铸件的成形率和质量。为了解决这个问题，各国都在积极研究和寻找新的熔炼铸造设备和铸件成形工艺，如采用水冷铜坩埚真空感应凝壳炉及其熔铸工艺、电子束冷炉膛熔铸工艺、真空等离子弧和等离子束熔铸工艺。以上这些熔铸工艺虽然都取得了一定的进展，但都存在着不少问题，目前还难以在工业生产上推广应用。但在铸件成形工艺方面，自 20 世纪 90 年代以来已获得了可喜的进展，如铸件成形仿真的成功应用、CAD/CAM 与快速成形技术的应用、大型复杂薄壁精铸工艺的研究成功，大大提高了铸件的成形率，缩短了生产周期，降低了生产成本。

4）研究价廉、稳定性更好的造型工艺。目前工业生产上正在使用的各种造型工艺，虽然基本可以满足要求，但与铝、钢的造型工艺相比，生产周期偏长，成本较高，工艺性也不是十分令人满意。因此，世界铸钛生产国，包括我国仍然还在继续积极研究新的造型材料和造型工艺，以求找到价廉、稳定性好、工艺简便、生产周期短的造型材料和工艺。但由于这方面的难度很大，近年来进展不大。

(3) 采取措施提高铸件质量，改善性能，提高可靠性，扩大铸件的应用范围。如采用特种铸造工艺和热处理工艺，使铸件的质量和性能达到钛合金变形件的水平。

(4) 研发具有特种功能的合金，如耐蚀和抗磨合金、高弹性模量合金、生物医学工程合金。钛合金的弹性模量低，但可通过采用和改进铸造工艺，使弹性模量得到一定的提高。钛及钛合金的弹性模量接近于人体骨骼，相对人体液是惰性的，是人体植入物的较好材料，如髋关节、人工心脏瓣膜等，为此，已经研发了一系列的医用铸造钛合金。

1.5　钛和钛合金铸件的应用

钛和钛合金铸造经过几十年的研究发展和应用，证明它们不仅具有变形钛及钛合金原有的各种优点，而且还有变形钛合金难以做到的下列优点：

（1）可以直接成形各种复杂形状和尺寸的近净尺寸或净尺寸的结构件，提高材料利用率，减少机加工量，降低成本，缩短生产周期；

（2）为结构件的设计者提供很大的设计灵活性；

（3）随着铸造工艺的提高和热等静压的成功应用，钛和钛合金铸件的性能已接近或达到变形钛合金件的水平，原取1.5的铸造系数已改为1。

由于这样，从20世纪80年代中期开始，钛和钛合金铸件已被广泛应用于航空、航天、化工等行业。现在获得实际应用的包括：

（1）在航空工业上主要用于制造发动机机匣、各种支架、安装座、飞机机身构件；

（2）在航天上主要用于制造导弹壳体和尾翼，航天飞机的支架、安装座、托架，人造卫星照相机框架等；

（3）在化工和海洋运输上主要用于制造泵、阀门、管道螺旋桨等；

（4）医疗卫生上用于制造人体的各种植入物、假肢、人体口腔修复体等；

（5）运动器械上主要用于制造高尔夫球杆头；

（6）汽车上用于制造阀体及其他各种构件。

2 钛和钛合金的铸造性能

铸造性能是钛和钛合金铸造的最基本性能之一,它直接关系到后面成形铸件的成品率和质量以及性能与应用。其主要内容有:流动性、充填性、合金冷却凝固过程的收缩、凝固过程形成的铸造表面特性、液态钛浇注和凝固过程形成气体缺陷的倾向、抗裂性、凝固过程形成铸造组织的特性等。影响这些特性的因素有:合金的成分和性能、铸型的性能和状态、熔炼与浇注的条件等。

2.1 流动性

流动性是表示液态金属在铸型浇道和型腔中流动与充填的能力。

液态金属充填铸型是一个复杂的流体动力学和物理化学过程。影响液态金属流动性的因素有:

(1) 铸造合金性能,包括液态金属的热物理性能、黏度、密度、氧化程度和结晶特性等;

(2) 铸型性能,包括物理性能、湿润性、表面粗糙度、孔隙度和化学稳定性等;

(3) 熔炼和浇注的条件,包括液态金属过热度、浇注方式、浇注速度和熔铸的气氛等。

液态金属流动性是通过浇注流动性试样测定的。流动性试样的类型很多,俄罗斯和我国通常都采用螺旋形试样。液态金属在螺旋形试样中流过的长度越长,表明其流动性越好。美国采用不同壁厚的薄板形试样,薄板形试样与工业生产实际比较相近。

2.1.1 合金成分和性能的影响

钛加入合金元素后,要影响钛的结晶温度间隔及其他热物理性能，从而导致钛的流动性发生变化。图2-1所示为合金元素含量对钛合金结晶温度间隔的影响。图2-2所示为合金元素含量对钛流动性的影响。表2-1为几种主要工业钛合金的结晶温度间隔和流动性。结晶温度间隔大小直接关系到合金从液态冷却过程中晶体生长的形态、液态与固相的相对量，以及结晶体生长前部的表面粗糙度。从图2-2可见，硅对钛合金的结晶温度间隔和流动性影响最大。

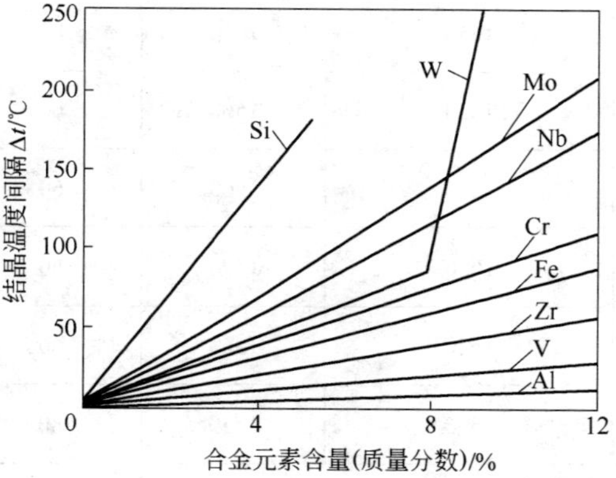

图2-1 合金元素含量对钛合金结晶温度间隔的影响

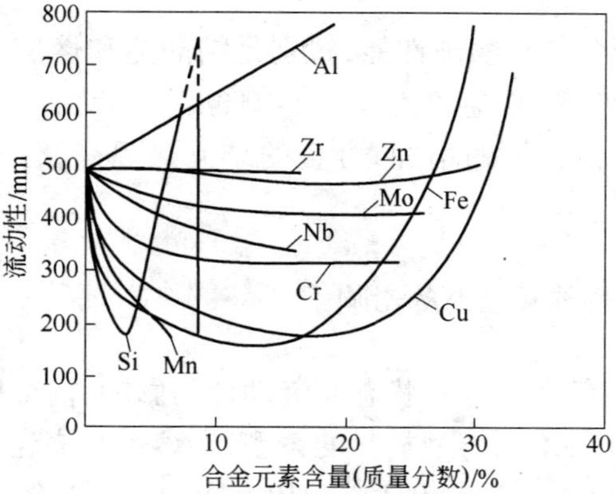

图2-2 合金元素含量对钛流动性的影响

表 2–1　几种主要工业钛合金的结晶温度间隔和流动性

合　金	液相线温度/℃	固相线温度/℃	结晶温度间隔 Δt①/℃	流动性/mm
工业纯钛 BT1Л	1670	1655	15	540
BT5Л	1640	1600	40	560
BT6Л	1650	1590	60	515
BT3-1Л	1620	1560	60	460
BT9Л	1620	1560	60	505
BT14Л	1650	1590	60	510
BT20Л	1620	1560	60	530
BT21Л	1630	1550	80	480
BT35Л				530

① 结晶温度间隔 Δt 为液相线温度与固相线温度之差。

另外，合金的热物理性能，特别是结晶热和熔炼过程某些元素的蒸发吸热，对合金的流动性影响也很大。例如在含铝的钛合金中，随着铝含量的增加，合金的结晶热提高，合金的流动性增大了。

2.1.2　铸型性能和状态的影响

为了研究铸型性能和状态对流动性的影响，前苏联的铸件研究者选用了 4 种不同铸型材料的铸型，在熔炼和浇注工艺相同条件下分别浇注 BT1Л、BT5Л、BT9Л、BT21Л 等合金，其结果见表 2–2。

表 2-2 钛合金在各种铸型中的充满长度① (mm)

合金牌号	铸型类型	试样直径					
		2.5	5.0	7.5	10	12.5	15
BT1Л	熔模刚玉陶瓷型壳	82	126	175	200		
	钢 模	70	115	156	200		
	熔模石墨型壳	65	108	152	196	200	
	压制石墨型	60	101	145	188	200	
BT5Л	熔模刚玉陶瓷型壳	87	138	190	200		
	钢 模	75	114	162	200		
	熔模石墨型壳	72	113	156	198	200	
	压制石墨型	68	110	152	196	200	
BT9Л	熔模刚玉陶瓷型壳	48	62	117	156	198	200
	钢 模	29	54	81	105	130	156
	熔模石墨型壳	21	43	66	89	115	136
	压制石墨型	12	30	49	68	88	115
BT21Л	熔模刚玉陶瓷型壳	43	72	100	127	154	185
	钢 模	25	49	72	95	121	144
	熔模石墨型壳	18	40	62	84	105	130
	压制石墨型	10	28	49	67	83	196

注:试样高度为 200 mm。
① 铸型充满长度越长,表明流动性越好。

浇注前对铸型预热,这对提高液态钛和钛合金的流动性和改善它们对铸型的充填性是有作用的(见表 2-3),尤其是薄壁复杂难以成形的中、小型铸件。如大容量(>400 mL)的高尔夫球杆头,它的最小壁厚只有 0.7~0.8 mm。如果铸型不预热,其成形率只能达到 30%~65% 左右;若浇注前将铸型预热到 400~600℃ 或更高,它的成形率就可提高到 80%~90%。但对于厚壁(>10 mm)铸件,尤其是大型复杂的铸件,铸型预热温度不宜过高,否则将导致铸件表面的 α 玷污层变得很厚,甚至还可能伴随其他缺陷发生。

表 2-3　浇注前铸型预热对工业纯钛流动性的影响

铸型预热温度/℃	20	210	400
螺旋形试样充满长度[①]/mm	410	420	445

① 螺旋形试样充满长度越长，表明纯钛流动性越好。

2.1.3　金属熔化和浇注条件的影响

对于钛和钛合金来说，通过增加熔化的输入功率，即增加熔化的电流密度，加快金属的熔化速率，在一定熔化量的条件下，缩短了液态钛在坩埚内停留的时间，减少了热损失，这样就可以提高液态钛的温度（见图 2-3），改善钛的流动性（见图 2-4）。

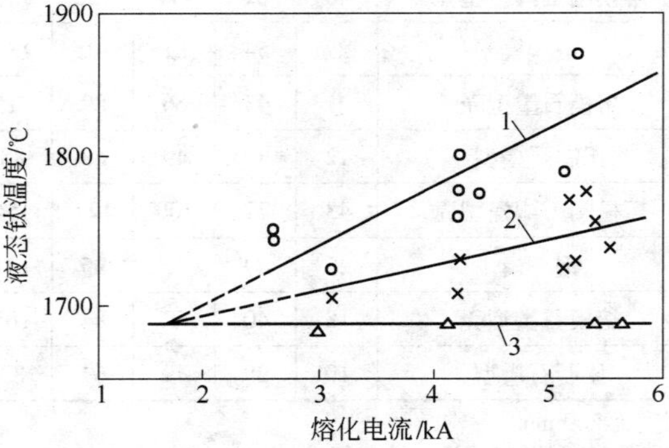

图 2-3　熔化电流对钛熔化温度的影响

1—熔池表面温度；2—浇注时钛液的温度；3—凝壳表面温度

钛和钛合金在凝壳熔炼结束后的浇注方式和浇注速度对流动性的影响也非常大。如采用离心浇注，可加快液态钛充填铸型的速度，减少了浇注阶段液态钛在坩埚内停留的时间和液态钛温度的降低，从而提高了液态钛的流动性（见图 2-5 和图 2-6）。同时，采用离心浇注还可以大大降低合金成分和铸型材料对流动性的影响。因此，离心浇注法是提高钛合金流动性的最佳方法。

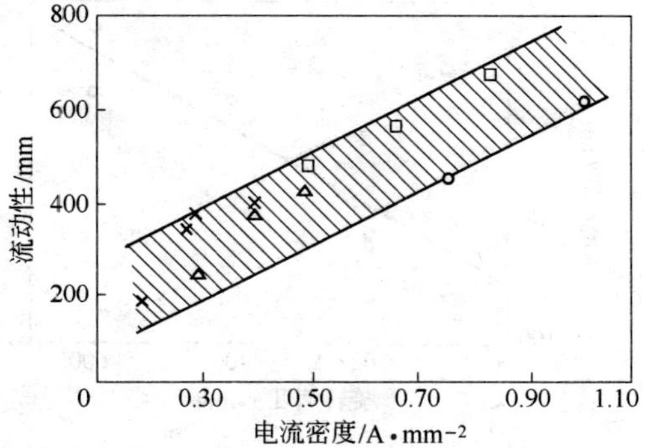

图 2-4 熔化电流密度对 Ti-5Al 合金流动性的影响

自耗电极尺寸:○—ϕ100 mm;□—ϕ130 mm;△—ϕ160 mm;×—ϕ170 mm

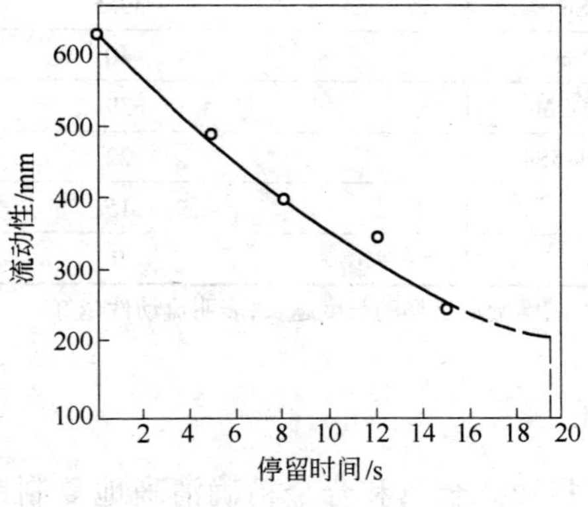

图 2-5 在凝壳炉坩埚内停留时间对
Ti-5Al 合金流动性的影响

经过试验,确定了液态钛的流动性与普通铸钢(低碳钢)的流动性相近。为了测定钛和钛合金的流动性,E. D. Calvest 等人采用美国标准局的螺旋形流动性试样,测定了几种主要铸造钛合金的流动性,其结果见表 2-4。

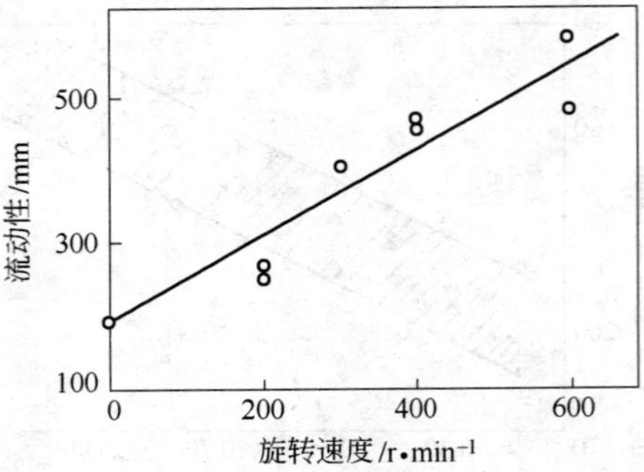

图 2-6　离心转速对 Ti－5Al 合金流动性的影响

表 2-4　几种主要铸造钛合金的流动性

合　金	液态金属充满螺旋形试样的长度①/mm
纯　钛	40.5
Ti-6Al-4V	42.5
Ti-5Al-2.5Sn	39.5
Ti-6Al-6V-2Sn	40
Ti-6Al-2Sn-4Zr-2Mo	39
Ti-11Mo-6Zr-4.5Sn	22
Ti-4Mn	15
7Ti-8Mn	9

① 液态金属充满螺旋形试样的长度越长，表明流动性越好。

2.2　充填性

充填性是指液态金属和合金精确清晰地复制铸型内腔轮廓，特别是角和薄壁截面的能力。它对液态流动性起补充作用，两者相辅相成。

因此，在选择浇注薄壁铸件的合金时，不能只考虑合金的流动性，还应把合金的充填性也作为选择的主要准则之一。在有些情况下，虽然合金的流动性完全一样，但由于充填性不同，充满薄壁铸件的能力就相差很大。

充填性和流动性一样，也是受合金成分、铸型的性能和温度以及熔炼和浇注条件的影响。尤其是合金的黏度和表面张力以及其对铸型的润湿性能,是影响液态金属和合金充填性的决定性因素。

2.2.1 合金成分的影响

凡是加入钛后,会使合金表面张力提高和结晶温度间隔变宽的合金元素,像铝、锡、铌、锆以及碘、锰、硅等都会使钛和合金的液态充填性变差,对铸型的润湿性变坏(见图2-7和图2-8)。而且已经确定凡是能与钛形成置换固溶体的合金元素,都会使液态钛的表面张力提高,充填性能变差。此外,合金的结晶特性(共晶或固溶体),对合金的充填性也有影响,通常是共晶合金比固溶体型合金具有更好的充填性。初生晶粒的形状和尺寸也会影响钛和合金的充填性,如初生晶粒呈粗大的树枝状,势必将使充填性变差。总之,任何合金元素加入钛,都会使它的充填性变差,但每种元素的影响是有差异的。

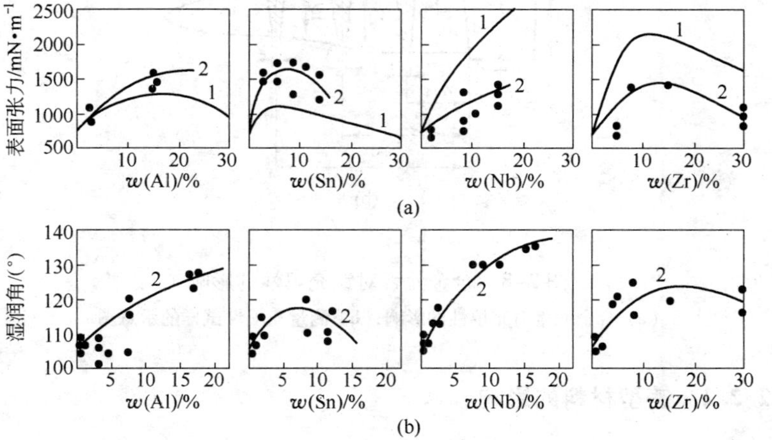

图2-7 合金元素含量(质量分数)的影响

(a) 对液态钛表面张力的影响;(b) 对铸型(镁砂制作)润湿性的影响

1—根据计算值作出的曲线;2—试验曲线

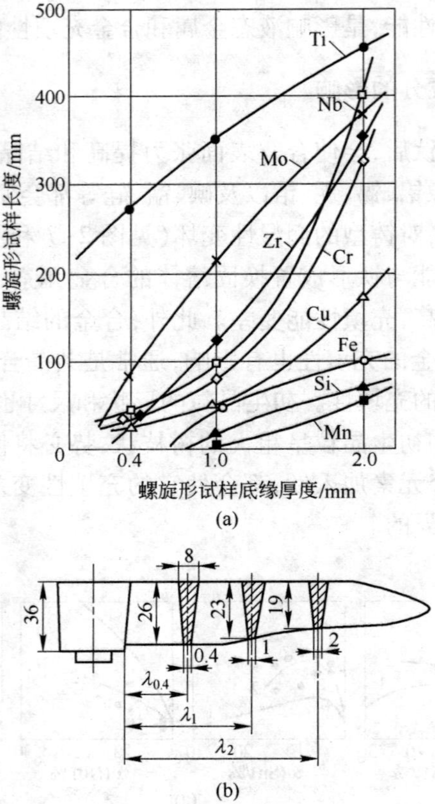

图 2-8　合金元素对钛充填性的影响

（a）合金元素对充填性的影响；（b）测量充填性试样的示意图

2.2.2　铸型材料的影响

铸型材料主要影响液态钛对铸型的润湿性，它对充填铸件的薄壁截面与尖锐边角起着很大的作用，在较大程度上决定着随后铸出铸件的质量。

Namba Susumu 采用真空垂滴法测定了 Ti - 5Al 合金对一些

铸型材料的润湿性,其结果见表2-5。从表2-5中可见,在所研究的材料中,石墨与钛的润湿性是最好的。

表2-5 Ti-5Al合金对一些铸型材料的润湿性

造型材料	二氧化锆	电熔刚玉	镁 砂	石 墨	
				20℃	800℃
润湿角/(°)	135	120	107	90	0

2.2.3 熔炼和浇注方式的影响

增加凝壳熔炼的输入功率,即增加熔化的电流密度,可以提高液态钛的温度(参见图2-3),降低钛液的黏度,从而达到改善钛和钛合金液对铸型的充填性。表2-6为钛液温度对钛液运动黏度的影响。由表中可见,在钛液温度从1690℃提高到2110℃时,钛液的运动黏度降到1690℃的约1/7。

表2-6 钛液温度对钛液运动黏度的影响

钛液温度/℃	1690	1760	1817	1950	2110
钛液运动黏度/$cm^2 \cdot s^{-1}$	1.01	0.60	0.44	0.23	0.15

离心浇注可以加快液态钛的充型速度,减少浇注阶段液态钛温度的降低,从而可最有效地改善液态钛对铸型的充填性。

2.3 合金冷却凝固过程的收缩

液态钛浇进铸型后,在液态钛从液态到凝固完毕,直到室温,要伴随发生体积和线性尺寸减小的现象,即发生体收缩和线收缩。

钛和钛合金铸件的凝固收缩过程与随后获得的铸件质量密切相关,铸件中经常出现的各种缺陷(如缩孔、缩松、气孔、热裂、冷裂、应力和变形等)都与这个过程有关。钛和钛合金铸件凝固收缩的整个过程实际上都是体收缩。在工程上为了使用方便,液态收缩和凝固收缩以体收缩表示,而凝固后的固态收缩直接关系到成形铸件的形状结构和尺寸精度,此阶段的收缩多考虑线收缩。

2.3.1　体收缩与气缩孔

钛和钛合金铸件在凝固过程中,如果液态收缩和凝固收缩得不到补偿,在铸件最后凝固的地方就会出现集中的孔洞或分散的孔洞。集中的孔洞称为缩孔;分散的孔洞称为缩松。铸件中最后到底是否出现缩孔或缩松,与加入的合金元素类型密切相关。凡是加入的合金元素与钛形成结晶温度间隔窄的固溶体型的合金铸件中,倾向于形成集中缩孔;凡是含有能使钛的结晶温度间隔变宽的合金元素的合金铸件中,倾向于形成树枝状或海绵状的缩松。钛合金铸件中缩孔和缩松体积的大小受加入合金元素的影响。图2-9 所示为合金元素含量对钛合金铸件集中缩孔体积的影响。图2-10 所示为合金元素与结晶温度间隔对钛合金铸件缩松变化的影响。

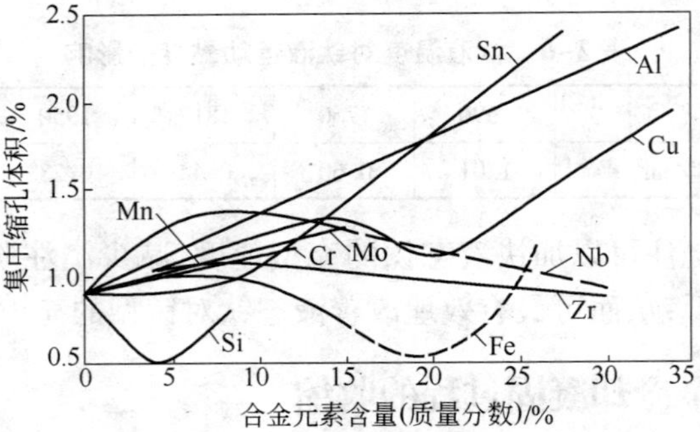

图 2-9　合金元素含量对钛合金铸件集中缩孔体积的影响

在钛合金铸件中,无论是形成缩孔或缩松,气体起着很大的作用。液态钛冷却凝固收缩,在最后凝固的地方得不到补偿时便出现孔洞,这些孔洞是真空的。液态钛凝固时放出的气体就会向这里扩散填充。因此,钛和钛合金铸件中的孔洞常被称为气缩孔,孔内是银白色的,这是钛合金铸件的特性之一。前苏联的铸钛研究者经过计算获得的几种工业钛合金的体收缩见表 2-7。

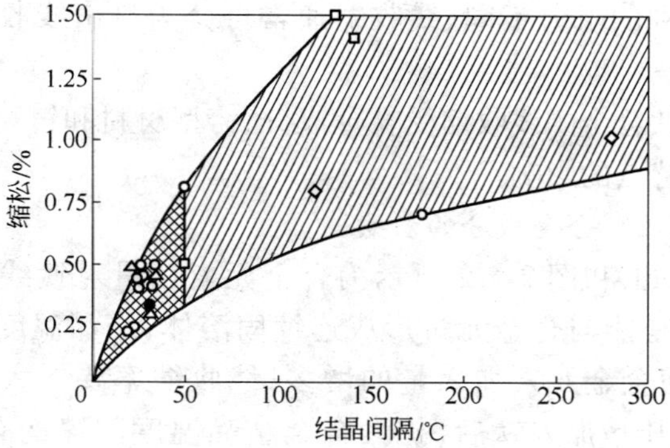

图 2-10 合金元素与结晶温度间隔对钛合金铸件缩松变化的影响

○—Al；△—Zr；□—Fe；●—Si；◇—Cu

表 2-7 几种工业钛合金的体收缩

合金牌号	BT1Л	BT5Л	BT6Л	BT9Л	BT14Л	BT20Л	BT21Л	BT35Л
体收缩/%	3.0~3.2	3.0~3.2	2.9~3.2	2.6~3.0	2.9~3.1	2.7~3.0	2.4~2.8	2.6~3.0

消除钛合金铸件中气缩孔最有效的办法是采用抛物线斜度的冒口或斜度补贴法。冒口的倾斜角应为5°~10°。冷铁对消除钛合金铸件中的气缩孔是不起作用的。

2.3.2 线收缩

钛和钛合金铸件的线尺寸收缩常常是采用单位长度的相对变化量来表示。单位长度的相对收缩量称为线收缩率，常用式 2-1 表示：

$$\varepsilon = (L_0 - L_1)/L_0 \times 100\% \qquad (2-1)$$

式中 ε——线收缩率，%；

L_0——铸件模具型腔内的某一线性尺寸，mm；

L_1——实际获得的铸件与其模具某一相对应的线性尺寸，mm。

线收缩率是设计和制造模具的重要参数，它的准确度直接关系到随后获得铸件的尺寸精度。根据铸件凝固过程各部分尺寸收缩受到的阻力不同，线收缩通常可分为自由线收缩和受阻线收缩。

钛和钛合金的线收缩受合金成分、铸型材料和铸型类型以及铸件结构特点的影响。

2.3.2.1　合金成分的影响

图 2-11 和图 2-12 所示为合金元素含量对钛线收缩率的影响。凡是能与合金元素形成连续固溶体，结晶温度间隔变小的合金，随合金元素加入量的增多，线收缩率要增大，例如铝、钼、钒等；凡是加入钛后，扩大合金结晶温度间隔的合金元素，随着合金元素加入量的增多，合金线收缩率要减小，例如铌、铜、锆等。

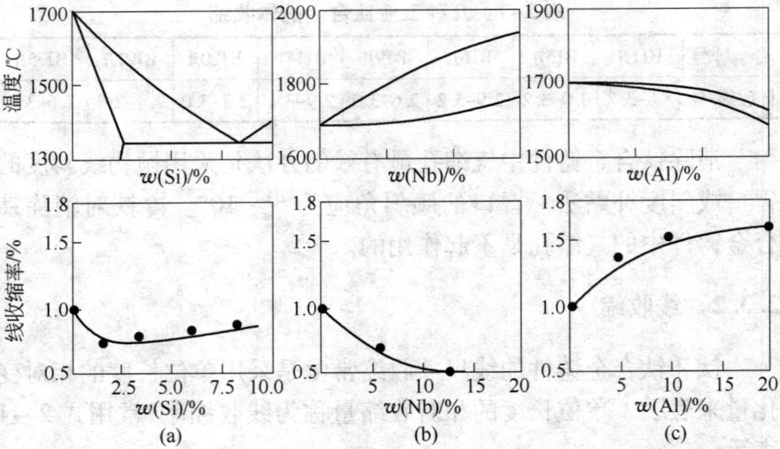

图 2-11　硅、铌、铝等合金元素含量（质量分数）对合金线收缩率的影响
（a）Ti－Si；（b）Ti－Nb；（c）Ti－Al

2.3.2.2　铸型材料和铸型类型的影响

铸型材料和铸型类型的影响主要表现在铸型的强度上，铸型强度高，液态钛冷却凝固迫使铸型变形的可能性小，铸件受阻收缩，合金线收缩就小；反之就大。但是铸型材料和铸型类型对线收缩的影响没有合金成分的影响大。

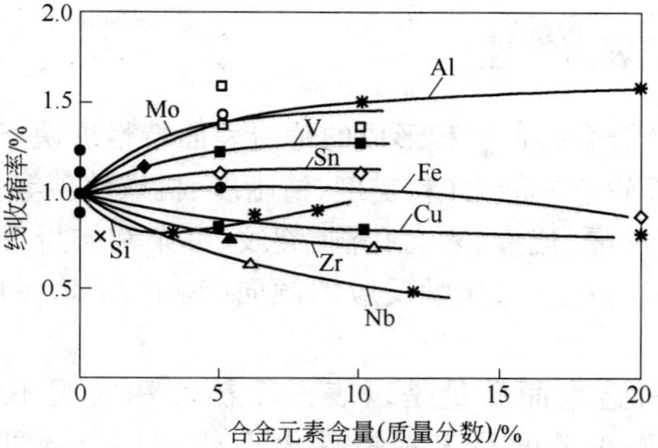

图 2-12 合金元素含量对钛线收缩率的影响

2.3.2.3 铸件结构特点的影响

铸件结构特点的影响主要体现在铸件形状结构不同，铸件的截面厚度不同，或在同一截面上各部分的冷却速度不同，导致各部分尺寸收缩不同，造成各部分的线收缩也不相同。铸件的形状结构越复杂，铸件各部分的壁厚差别越大，其影响也越大。

前苏联的铸钛专家测定了几种铸造钛和钛合金及 35 号铸钢收缩的线收缩率，其结果见表 2-8。

表 2-8 几种铸造钛和钛合金及 35 号铸钢的线收缩率

合 金	BT1Л	BT5Л	BT6Л	BT9Л	BT14Л	BT20Л	BT21Л	BT35Л	35 号钢
线收缩率/%	0.9~1.1	1.0~1.2	0.9~1.1	0.85~1.05	0.9~1.1	0.85~1.0	0.8~1.0	0.9~1.05	1.9~2.0

由表 2-8 可见，钛和钛合金的线收缩率几乎为 35 号铸钢的 1/2。同时还发现，工业上应用的所有铸造钛合金具有比较接近的线收缩率，这样就可以利用同一个模具工装来获得不同的合金的铸件，简化了模具工装的制造工艺，这对工业生产是有利的。

2.4　铸造表面特性

钛和钛合金铸造过程形成的铸造表面特性取决于液态钛复制铸型表面轮廓的能力（粗糙度、清晰度、机械粘砂等）和形成宏观不平度（冷隔、流痕、表面孔洞、裂纹、夹杂和皱折等）的倾向，以及液态钛与铸型起化学反应的倾向（铸疤、α 玷污层、化学粘砂等）。

铸件铸造表面质量是以表面粗糙度和宏观不平度来衡量的。表面粗糙度是表示铸件表面轮廓凹凸不平的程度，是以微米（μm）为单位来计量的，通常以 R_a 或 R_z 来表示。铸件的宏观不平度是指铸件表面上出现的肉眼可见的显微凹凸部分，如冷隔、流痕、裂纹、表面孔洞和夹杂等缺陷平均的线曲率。

容易形成流痕和冷隔是钛和钛合金铸件的特性之一。钛和钛合金铸件表面质量的另一重要衡量指标是 α 玷污层的厚度，它直接关系到铸件随后的使用。

钛和钛合金铸件铸造过程形成的铸造表面特性的影响因素介绍如下。

2.4.1　铸型质量的影响

钛和钛合金铸件的表面质量在很大程度上取决于铸型表面的质量和粗糙度以及热化学稳定性。图 2-13 所示为几种铸型材料不同颗粒度尺寸对工业纯钛熔模铸件表面粗糙度的影响。由图 2-13可见，铸型的面层材料颗粒度愈大，铸件表面的粗糙度也愈大。图 2-14 所示为几种不同材料的机加工铸型的表面粗糙度以及铸型在浇注前处理状态对工业纯钛铸件表面粗糙度的影响。由图 2-14 可见，铸型的表面粗糙度与热导率和熔融钛对铸型的润湿性，以及铸型在浇注前处理状态，对钛铸件的表面质量有较大的影响。

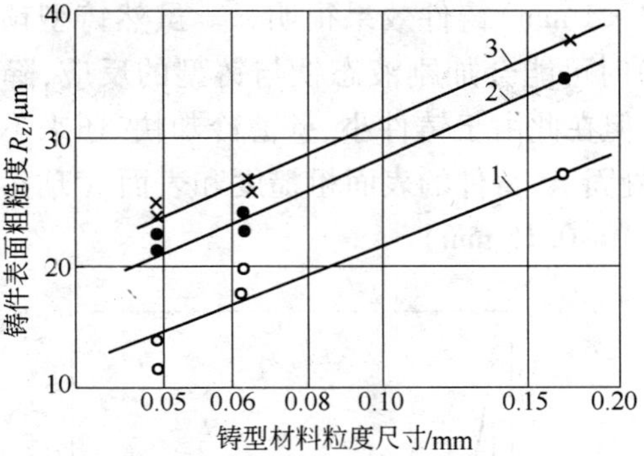

图 2-13　几种铸型材料不同颗粒度尺寸对工业纯钛熔模铸件表面粗糙度的影响

1—电熔刚玉;2—电熔镁砂;3—电熔氧化锆

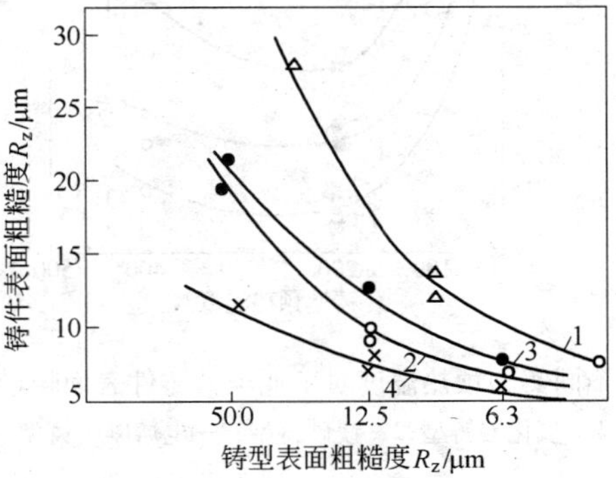

图 2-14　几种不同材料的机加工铸型的表面粗糙度以及铸型在浇注前处理状态对工业纯钛铸件表面粗糙度的影响

1—铜模;2—钢模;3—未经焙烧的机加工石墨型;4—焙烧过的石墨型

2.4.2　铸型温度的影响

铸型浇注前是否预热对钛和钛合金铸件的表面质量影响也很明显。图 2-15 所示为铸型预热温度对工业纯钛铸件表面粗糙度的影响。由图 2-15 可见,浇注前将铸型预热到适当高温度可改善铸件的表面粗糙度,同时还可提高铸件的成形率,尤其是中、小型薄壁(壁厚 <1 mm)铸件效果很明显。虽然铸型预热到较高温度(>400℃)时可能会加剧液态钛与铸型的反应,降低铸型的热化学稳定性,但在此由于铸件小、壁薄冷却快,还来不及发生化学反应铸件就凝固了,铸件的表面粗糙度和表面 α 玷污层还在允许的范围内(0.10~0.15 mm)。

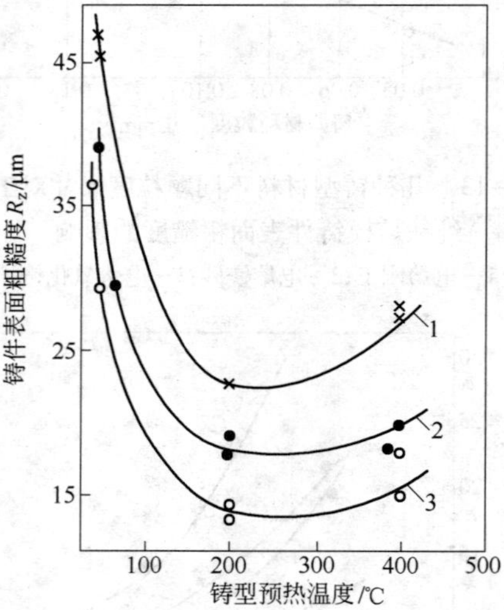

图 2-15　不同铸型预热温度对工业纯钛铸件表面粗糙度的影响

1—氧化锆铸型;2—镁砂铸型;3—电熔刚玉铸型

2.4.3　浇注系统的设置和浇注方式的影响

消除冷隔或流痕的主要措施是采用正确的浇注系统,防止液态钛充填铸型时出现两股或多股金属流相汇,或出现紊流和断流。在重力浇注时,建议尽可能采用底注式浇注系统,这样就可尽量避免或减少铸件表面出现冷隔或流痕。

为获得表面光洁、充填完整的铸件,通常都采用离心浇注,此时液态钛从浇道进入型腔的流速很大,易产生强烈的飞溅,要完全避免出现冷隔或流痕是很困难的。在这种情况下,更应重视铸件的工艺设计,采用合理的铸造工艺,正确的浇注系统,避免型腔内出现反向的金属流,尽量消除金属飞溅,在可能的情况下尽量提高金属液的浇注温度。

2.4.4 铸件壁厚的影响

图 2-16 所示为钛铸件壁厚对表面层显微硬度(表面玷污程度)的影响。在同一种铸型中浇注的铸件,铸件越厚,表面层玷污越严重。壁厚(>10 mm)的铸件,浇注前不宜将铸型预热到过高温度。有文献指出,当铸件壁厚在 10 mm 以下时,铸件的壁厚对铸件表面粗糙度的影响就不十分明显了。铸件表面 α 玷污层主要是由于钛与铸型间相互反应以及铸型表面吸附气体造成的,其中氧的危害最大。

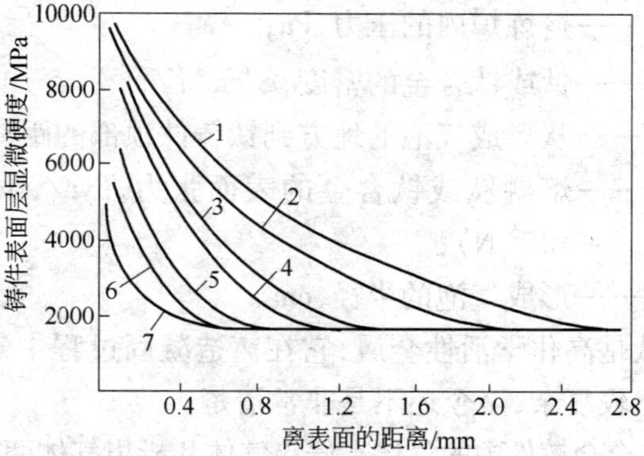

图 2-16 钛铸件壁厚对铸件表面层显微硬度的影响

钛铸件直径:1—100 mm;2—85 mm;3—60 mm;
4—45 mm;5—35 mm;6—20 mm;7—10 mm

2.5 液态钛浇注和凝固过程形成气体缺陷的倾向

钛和钛合金在熔融状态具有很高的化学活性,对气体具有较大的亲和力,因而容易产生气体缺陷。导致钛和钛合金在熔炼浇注和凝固过程中产生气体缺陷的气源有:

(1) 熔炼电极中含有的气体;

(2) 熔炼真空度较低时,炉内有残余气体,炉子密闭性不好,漏进炉内的气体;

(3) 熔炼浇注过程受辐射热和金属飞溅加热,从炉膛内表面和炉内构件以及夹具等上面释放出来的吸附气体;

(4) 熔融钛浇进铸型,从铸型表面上释放出的吸附气体和由于铸型内黏结剂焙烧没完全分解的残留物再分解放出的气体;

(5) 液态钛与铸型材料反应产生的气态产物等。

根据铸件形成理论,金属液中析出的气体和铸件与铸型界面上存在的气体要侵入金属液中形成气泡必须满足下列条件:

$$p_{泡内} \geqslant p_{炉内} + \rho g H + 2\sigma/R \tag{2-2}$$

式中 $p_{泡内}$——气泡内的压力,Pa;

$p_{炉内}$——熔炼炉内的压力,Pa;

ρ——钛或钛合金的密度,g/cm^3;

H——从形成气泡的地方到钛铸件顶部的距离,cm;

σ——熔融钛或钛合金的表面张力,dyn/cm^2($1\ dyn \approx 10^{-5}\ N$);

R——形成气泡的半径,cm。

由于钛是高化学活性金属,它在铸造凝固过程中气体缺陷的形成机理比较复杂,至今还不是非常清楚。

钛和钛合金铸件中的气体有侵入气体和析出气体两种。由外来气体造成的气孔,叫侵入气孔;由析出气体造成的气孔,称为析出气孔。由于 O_2 和 N_2 等气体在液态钛中的溶解是不可逆的,而 H_2 在液钛中的溶解是可逆的,因此可以认为,钛凝固过程气孔的形成主要是氢气造成的。此外在凝壳熔炼过程中,炉内还可能有 $MgCl_2$、NaCl 和 Mg、Mn 等蒸气存在。由于它们在钛熔点温度范围内呈气态,在液钛中的溶解也是可逆的,因此它们也可能成为形成气孔的气体组分。

A. A. Неуструев 采用石墨铸型对钛铸件中侵入气孔的形成进行了详细的研究。其结果如图 2-17 所示。图中放气的第一个峰值在100~200℃,放出的是物理吸附气体。放气的第二个峰值在1000~1250℃,此时放气量达到最大值,析出的是铸型的化学吸附气体以及铸型焙烧残留黏结剂再分解生成的气态产物。分析100~200℃析出气体成分表明,析出气体主要是氮气和氧气,其中氮气占了很大比例(见图2-18)。分析钛合金铸件的凝固动力学表明:石墨铸型放气第一峰值放出的气体能够侵入铸件的钛液中形成气泡,最终形成气孔。这是因为此时铸件表面尚未完全凝固。到第二个放气峰值时,铸件的表面已经完全凝固,而且在金属-铸型界面上形成的气体压力相对不大,难以侵入铸件的钛液中,一般不会使钛和钛合金铸件形成气孔。这里举例的虽是石墨铸型,但它对熔模精铸氧化物陶瓷型壳和氧化物铸型也是适用的。

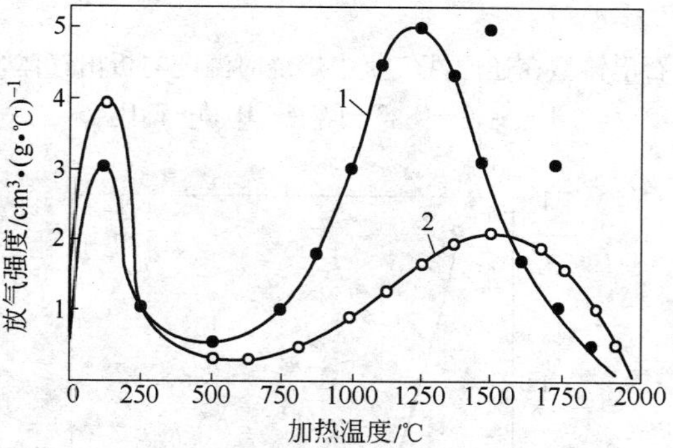

图2-17 石墨铸型在不同环境中焙烧后的温度与放气强度的关系
1—还原性气氛;2—真空

钛和钛合金铸件产生气体缺陷的影响因素及其有效的消除办法为:

(1) 铸型的焙烧温度和焙烧工艺。应尽可能采用高的焙烧温度,最好在1000℃以上。

(2) 浇注的钛液温度。要采用合适的浇注温度,图2-19所示为铸钛试样钛液浇注温度与气孔率的关系。

(3) 熔炼铸造炉内的残余压力。炉内残余压力高(真空度低),不利于坩埚内钛液的除气以及随后浇注铸件中形成气泡的漂移和排出。在整个熔炼浇注过程中，炉内的真空度都应保持在0. 67~6. 7 Pa 范围内。图 2-20 所示为铸钛试样的熔炼浇注炉内真空度与气孔率的关系。

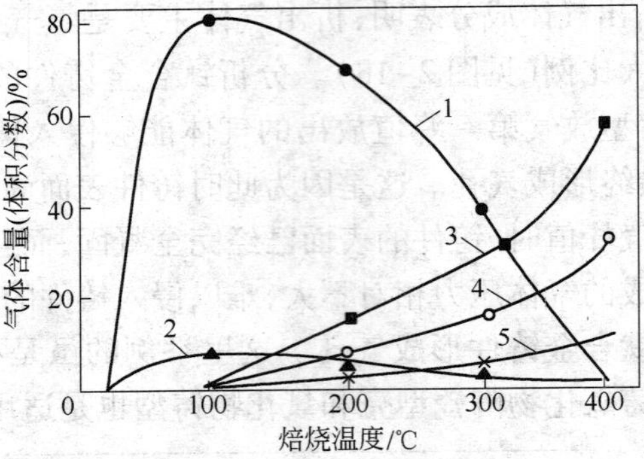

图 2-18　石墨铸型在还原性气氛中焙烧时温度与析出气体含量的关系

1—N_2；2—O_2；3—CO；4—H_2；5—C_2H_2

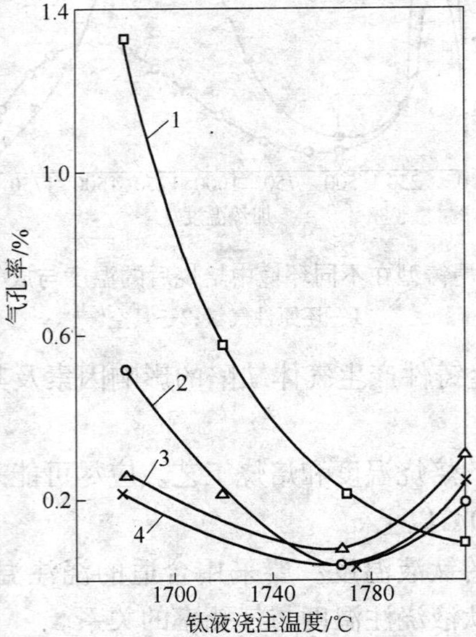

图 2-19　铸钛试样钛液浇注温度与气孔率的关系

1—上部的致密度；2—平均致密度；3—中部的致密度；4—下部的致密度

（4）浇注时铸型的温度，应采用适当高的温度

（5）铸型的透气性和蓄热能力的影响，铸型的透气性好，铸件中的气孔就少。

（6）浇注方式。应尽量采用离心浇注，这样可以增大钛液中的压力，有效地控制气体缺陷的形状和位置，甚至可以把气体缺陷从铸件中排除出去。

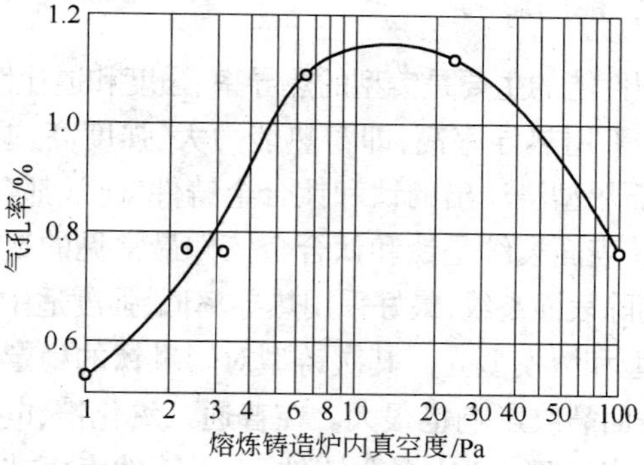

图 2-20 铸钛试样的熔炼铸造炉内真空度与气孔率的关系

2.6 抗裂性

钛和钛合金铸件在凝固和冷却过程中要发生收缩，由于铸件各部分冷却速度不同造成温差，从而在铸件中产生铸造应力，最终可能导致铸件出现裂纹。裂纹对铸件来说是特别危险的缺陷，铸件中的裂纹有热裂和冷裂。因为铸造钛和钛合金的弹性模量和线膨胀系数小，所以在高温下有高的强度。铸造钛和大部分钛合金具有较高的应力自行松弛的能力，因而具有较好的抗热裂性。但是，由于钛和钛合金具有低的热导率，导致钛和钛合金易产生冷裂。影响铸造钛和钛合金抗裂性的因素介绍如下。

2.6.1 合金元素及其含量的影响

图 2-12 所示为合金元素含量对自由收缩和受阻收缩形成裂纹倾

向的影响。图上的"*"代表了在受阻收缩情况下形成裂纹的合金。由图2-12可见,含共析元素硅、锰、铬等的钛合金,如Ti-4Al-4Mn和Ti-8Mn合金,以及合金元素含量比较高的α和近α合金,如Ti-8Al-1Mn-1V合金的抗裂性比较差。而含β同晶元素钒、钼、铌、钽的α+β合金,如Ti-6Al-4V合金具有较好的抗裂性。

2.6.2　铸型性能的影响

影响铸型性能的主要是铸型的热导率、强度和退让性以及对熔融钛的稳定性。采用热导率高,即蓄热能力大、强度高、退让性差的铸型,如机加工石墨型浇注出的钛和钛合金铸件,通常都存在表面裂纹(见图2-21)。表面裂纹是钛和钛合金铸件最常见的缺陷,一般都属于冷裂。为消除表面裂纹,最好采用热导率低、强度适中、退让性好的铸型,如捣实型和熔模型壳。其次铸型对熔融钛的稳定性,对钛和钛合金铸件的表面裂纹影响也很大。在普通二氧化锆、电熔刚玉、镁砂等熔模型壳中浇注Ti-5Al合金铸件,由于铸件表面被间隙元素H、C、O、N等玷污,铸件表面的C、N、H含量与内部相差不大,但表面层的

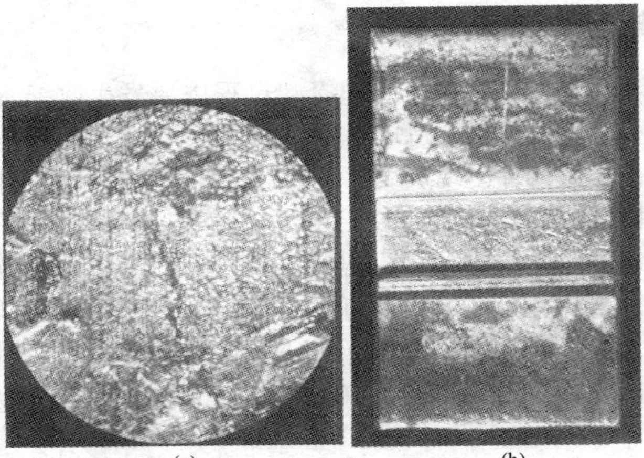

(a)　　(b)

图2-21　机加工石墨型中铸出铸件的表面裂纹

(a) 表面裂纹放大10倍后的形貌;(b) 表面裂纹的宏观状态

O 含量比中心约大 1 个数量级(见表 2-9),使铸件表面形成 α 脆化层,在热应力作用下就很容易产生表面裂纹。因此,铸件的表面状态是形成冷裂的主要影响因素之一。

表 2-9 在不同造型材料的熔模型壳中铸出 Ti-5Al 合金试样的间隙元素含量(质量分数) (%)

造型材料	试样中心				试样表面			
	C	N	O	H	C	N	O	H
二氧化锆	0.05	0.026	0.09	0.0063	0.06	0.027	1.16	0.022
电熔刚玉	0.10	0.031	0.18	0.0057	0.09	0.030	1.40	0.015
镁　砂	0.10	0.036	0.14	0.0052	0.09	0.031	1.06	0.013

2.6.3 浇注时铸型的温度和浇注钛液温度的影响

铸型进行适当预热,可除去铸型表面的部分吸附气体,减少间隙元素的危害,降低铸件在铸型中的冷却速度。在保证铸件充满的条件下,降低浇注钛液的温度,减轻钛液与铸型间的相互反应,避免产生严重的 α 表面脆化层。这些都有助于预防铸件表面出现裂纹。

2.6.4 铸件结构的影响

结构复杂、壁厚差大的铸件,抗裂性相对差些,壁厚比较均匀的铸件要好些。因此,在设计和生产结构复杂、壁厚差大的铸件时,要更加注意铸件的结构和工艺设计,以及采用合理的浇注系统,严格控制工艺过程的参数。

2.7 凝固过程形成的铸造组织的特性

钛和钛合金的结晶过程由生核和晶体长大两个阶段组成,这个过程决定着铸件成形后的晶粒组织、晶体的形状和尺寸、晶粒内和晶粒间的成分均匀性以及各种缺陷,如缩松、裂纹等的形成。因此,它对铸件的质量和性能以及随后的热处理工艺都有很大的影响。

钛和钛合金铸件的凝固结晶是属于一次结晶，也称为初次结晶，其过程的主要参数是晶核生成速度和晶体生长速度。这两个参数的变化直接影响到结晶后晶体的形状和尺寸及其他等。为此，有人把钛的结晶过程与铝、铁的结晶进行了试验比较，其结果如图 2-22 所示。由图 2-22 可见，在相同结晶速度下，钛的生核速度约比铝小 1 个数量级，比铁小 2 个数量级。由此可知，钛及其合金结晶过程晶体生长的速度大于晶核生成的速度，结果造成钛和钛合金冷却凝固后倾向于形成粗大的晶粒组织。图 2-23 所示为我国现有的几种重要铸造钛和钛合金的铸态显微组织。

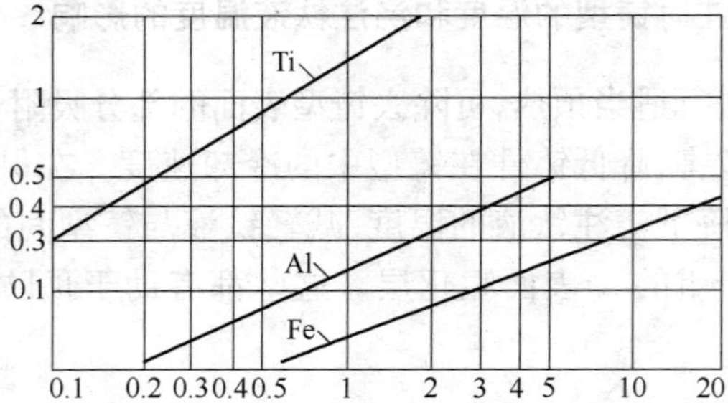

图 2-22　钛、铝、铁的结晶线速度和晶核生成速率

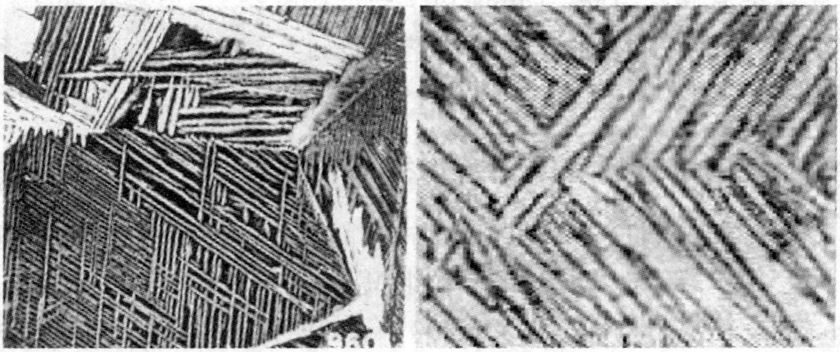

(a)　　(b)

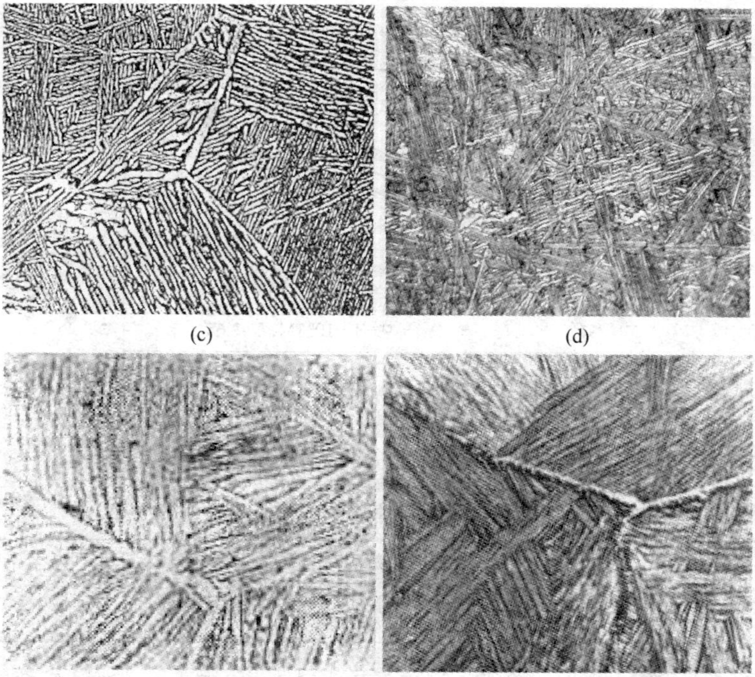

(c) (d) (e) (f)

图 2-23 我国现有的几种重要铸造钛和钛合金的铸态显微组织
(a) 工业纯钛;(b) ZTA7 合金;(c) ZTA15 合金;
(d) ZTC3 合金;(e) ZTC4 合金; (f) ZTC5 合金

2.7.1 影响钛和钛合金铸造结晶组织的因素

2.7.1.1 合金热物理性能

影响钛合金结晶过程的主要热物理性能有:结晶热、结晶温度间隔、热容量、导热性和密度等,尤其是热导率和结晶热。钛本身的导热性就比较差,随着合金元素的加入,钛合金的导热性会变得更差,凝固得更慢,最终造成结晶组织粗大。合金的结晶热对钛合金凝固结晶过程产生很大的影响。图 2-24 所示为钛合金中铝含量对合金凝固层厚度的影响。表 2-10 为钛合金的结晶热随钛合金中铝含量的变化。

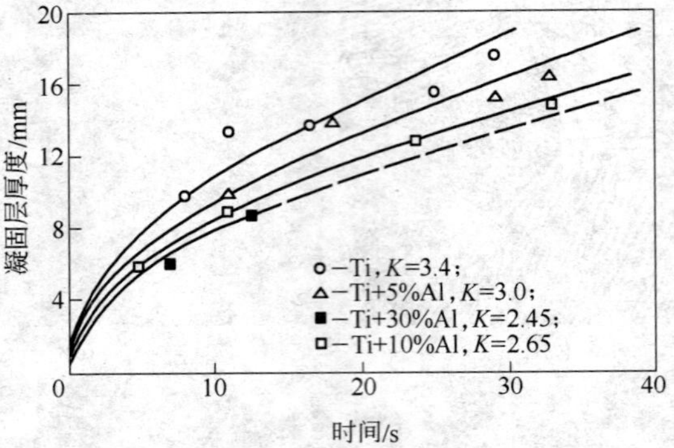

图 2-24　钛合金中铝含量对合金凝固层厚度的影响

表 2-10　钛合金的结晶热随钛合金中铝含量的变化

合　金	铸型吸收的总热量 Q_{Σ}/kJ	合金凝固时散失掉的热量 Q_{OCT}/kJ	结晶热 Q_{KP}①/kJ	试样质量/g
BT1Л(纯钛)	2.01	0.26	1.75	5.47
BT5Л(含 5% Al)	2.26	0.26	2.00	5.47
Ti + 10% Al	2.55	0.26	2.29	5.47

① 结晶热 Q_{KP}为铸型吸收的总热量 Q_{Σ}与合金凝固时散失掉的热量 Q_{OCT}之差。

另外，钛合金的结晶温度间隔大小对铸造凝固后的结晶特性也有很大的影响。一般认为，结晶温度间隔越宽、初生晶体绝对尺寸越大，在其他条件相同条件下，结晶速度也应该越大，最终形成的晶粒也越粗大。

2.7.1.2　*钛液浇注温度和浇注速度*

钛液浇注温度对钛和钛合金铸件的结晶影响也很大。钛液的浇注温度越高，铸件与铸型的温差越小，铸件就凝固得越慢，最终获得的结晶组织就越粗大，反之结晶组织就细小。图 2-25 所示为钛液的过热度（浇注温度）和铸件的壁厚对晶粒度尺寸的影响。

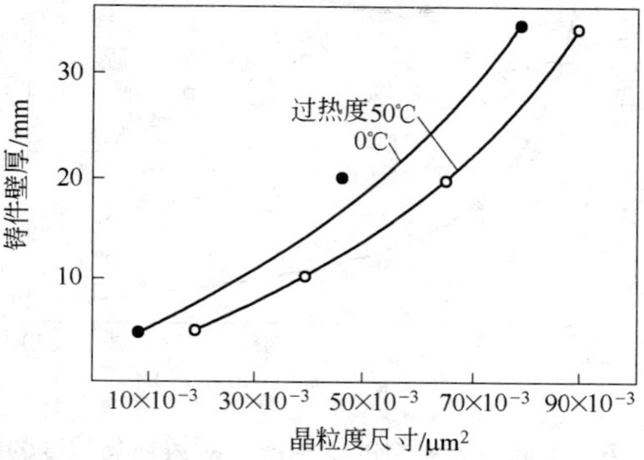

图2-25 钛液的过热度和铸件的壁厚对晶粒度尺寸的影响

浇注速度对钛和钛合金铸件的结晶组织也有一定的影响。凝壳炉在正常熔炼中,电弧加热与坩埚冷却液保持平衡,凝壳始终保持比较恒定的厚度。停弧后,热平衡遭到破坏,凝壳迅速增厚,凝壳上迅速生长出许多新的以树枝晶形式深入钛液区内的晶粒,在浇注时,由于速度很快,液态钛强烈地冲刷凝壳侧壁,把生长出来的枝晶体晶粒与钛液一起倒入型腔成为铸件的结晶晶核。随着断弧后液态钛在坩埚中保持时间的增长或浇注速度的降低,钛液带入型腔的枝晶体晶核增多,随后成形铸件的结晶晶粒也随之变细。

2.7.1.3 铸型热物理性能

铸型热物理性能对钛和钛合金铸造结晶特性的影响主要是铸型的热导率,也即铸型的蓄热能力。热导率越大,即蓄热能力越大,铸件的冷却和凝固速度越快,随后铸件凝固后结晶的晶粒度就越小;反之就越大。图2-26所示为不同铸型材料的蓄热能力对铸钛晶粒度的影响,图2-27所示为不同蓄热能力铸型中铸出的2TC4合金试样的铸态显微组织。

虽然在这三种铸型中铸出试样的显微组织存在差异,但其力学性能却非常相近(见表2-11)。

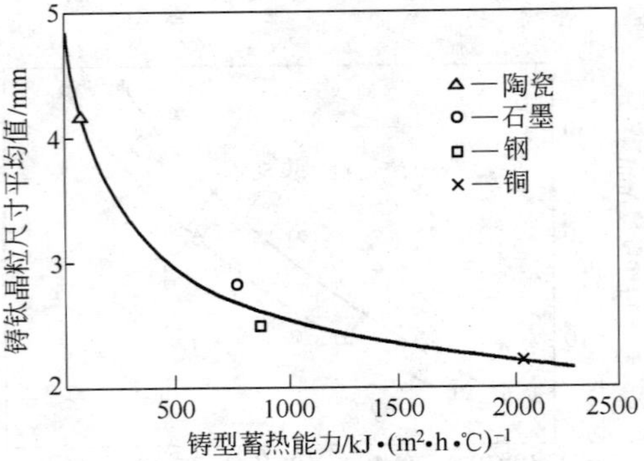

图 2-26　不同铸型材料的蓄热能力对铸钛晶粒度的影响

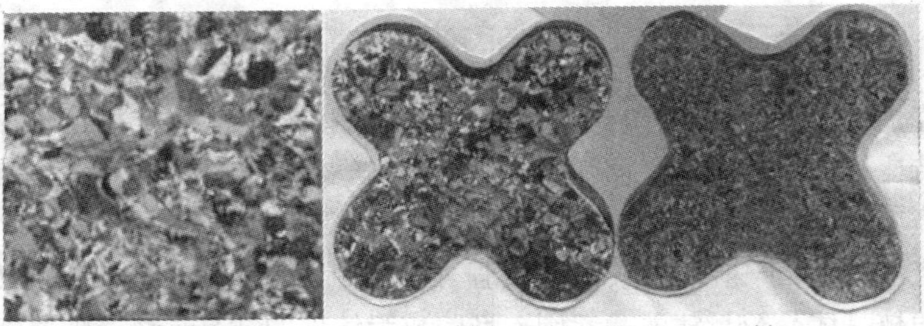

(a)　(b)　(c)

图 2-27　不同蓄热能力铸型中铸出的 ZTC4 合金试样的铸态显微组织

(a) 热解碳保护涂层熔模刚玉型壳;(b) 熔模石墨型壳;(c) 机加工石墨型

表 2-11　在几种不同铸型中铸出的 ZTC4 合金的力学性能

铸　型	合　金	试样状态	σ_b/MPa	δ/%	ψ/%	数据来源
热解碳保护涂层熔模刚玉型壳	Ti-6Al-4V	铸态退火	904.5	9	15.3	北京航空材料研究院
熔模石墨型壳			850~874	8.8~10.2	12.5~21.2	
机加工石墨型			863~869	7.4~10.4	18.0~28.0	

续表 2-11

铸 型	合 金	试样状态	σ_b/MPa	δ/%	ψ/%	数据来源
陶瓷型	Ti-5Al	铸 态	760	6.3	17.5	前苏联
			750~774	6.0~6.7	16.0~18.5	
铜 模			740	6.2	23.6	
			735~745	4.0~8.4	16.4~30.0	

2.7.2 修正钛和钛合金铸件结晶组织的方法

钛和钛合金铸件凝固后倾向于形成粗大的晶粒组织。这种粗大的显微组织对室温拉伸强度影响不是很大，但对高、低周疲劳和伸长率是有较大影响的。为了改善钛和钛合金铸件粗大的铸造结晶组织，可以采用下列方法对它们的显微组织进行修正。

2.7.2.1 变质处理

目前适合用作改变钛和钛合金铸件铸造结晶组织的变质剂有稀土元素 Sc、Y、La 和 Ce 以及硼和碳化硼等。对于低合金化的钛合金来说，硼和碳化硼是最好的变质剂。图 2-28 所示为硼变质剂对 Ti-5Al 合金组织的影响。

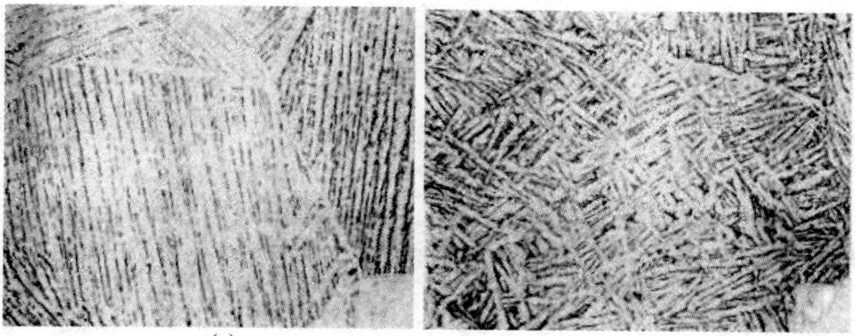

(a) (b)

图 2-28 硼变质剂对 Ti-5Al 合金组织的影响

(a) 未变质的组织；(b) 变质处理后的组织

2.7.2.2 特种热处理

采用特种热处理,如固溶时效处理或氢处理或其他的特种热处理方法,也可以成功地消除钛合金铸件中粗大的α片状聚集体和α晶界,可大大提高和改善钛合金铸件的力学性能,使它们的主要性能接近或达到变形钛合金件的水平。

3 铸件结构及其工艺设计

3.1 钛铸造特性

要想获得质优价廉的钛铸件，必须兼顾零件的功用、质量、价格。为此，零件设计者必须与铸造工作者密切配合，否则是难以做到的。

零件设计者要想设计出质优价廉的铸件，必须了解钛和钛合金铸造的特性：

(1) 熔融钛化学活性高，几乎能和目前常用的各种造型材料发生化学反应，轻者在铸件的表面形成一层严重的 α 玷污层，严重时使铸件无法成形，因此，对铸型的质量要求比一般其他金属的铸造要苛刻得多。

(2) 熔点高，纯钛的熔点为(1668 ±4)℃，热导率低。

(3) 目前钛和钛合金都采用真空自耗电极水冷铜坩埚凝壳熔炼铸造，金属液过热度低，一般只有60~200℃左右。金属液温度难以控制和调节，温度分布不均匀。导致它的流动性和补缩能力稍差于铸钢，因而复杂的薄壁件(壁厚≤3 mm)必须采用离心浇注才能充满。

(4) 目前铸钛用的许多造型材料，如石墨、难熔金属粉等，都具有热导率高、热容量大的特点。用这些材料做成的铸型，如机加工石墨型、捣实石墨型、熔模石墨型壳、钨面层陶瓷型壳等，也都具有同样的性能。液态钛浇进铸型后，冷却较快，易产生冷隔和浇不足等缺陷，薄壁件成形困难很大。

(5) 钛的密度小(4.5 g/cm^3)，只有钢的57%，钛液在铸型中的补缩静压头小。

(6) 钛极易与氢、氧、氮等间隙元素发生反应，熔炼浇注、铸件冷却都必须在真空下进行，而且在液态钛浇进铸型过程中要释放出大量气体，易形成气缩孔，这对铸件的内部质量和性能影响很大。

(7) 大多数工业钛合金的结晶间隔都比较窄（一般都在50~65℃之间），因而都有较好的流动性。

(8) 补缩能力差，液态钛从液态变为固态要发生体积收缩，易形成缩孔和缩松。

3.2 铸件结构设计

3.2.1 铸件结构设计的基本要求

钛和钛合金铸件结构设计的基本要求为：

(1) 铸件结构和形状应符合铸件设计的基本原则，结合铸钛的特性做适当修正。

(2) 铸件的各部分结构在铸造过程中易被充满；壁厚应尽可能均匀，尽量减少热节区；避免铸件壁急转弯、壁厚陡变、大而薄的均匀截面、长而细的平面、薄壁上的锐角以及孤立的结构等。

(3) 为获得内部质量好的铸件，尽可能地使铸件顺序凝固（见图3-1），在允许情况下可把铸件壁设计成3°锥度的截面。这样既可使铸件中的缩孔、缩松最少或完全消除，又可使型腔中的气体顺畅排出。

(4) 在保持零件功用的前提下，尽可能减小铸件的轮廓尺寸和突出结构，使铸件整体结构在冷却凝固时能自由收缩，降低铸造应力，避免铸件变形和产生裂纹。

(5) 钛和钛合金铸件的圆角半径通常应比钢、铝铸件大，一般不得小于3mm。铸件壁的内外转角均应做成足够大的过渡圆角半径，避免出现应力集中的形状，以防产生裂纹。

(6) 对于大而薄的复杂铸件或其他易于变形的铸件，在设计时一定要注意它的刚性和结构合理性，防止铸件清砂和后处理后发生变形。

(7) 设计的铸件在保证质量的前提下,应使随后制造过程中所需工艺装备尽量简便,数量少,零件总造价低。

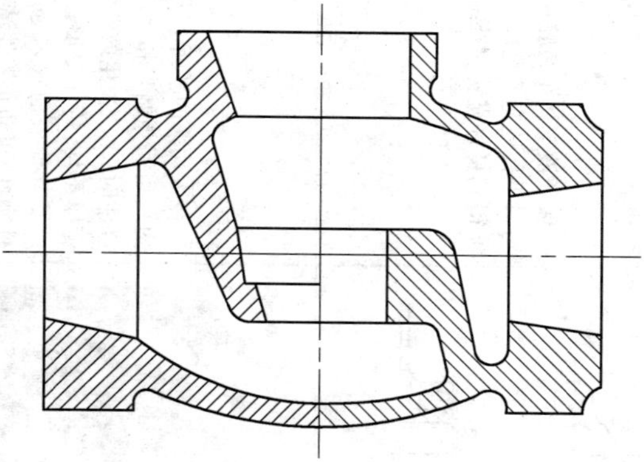

图 3-1 应用顺序凝固技术的设计
(图的左边为合理设计,右边为不合理设计)

3.2.2 铸件结构基本要素的设计

3.2.2.1 壁厚

A 壁厚的结构形式

在设计钛和钛合金铸件的壁厚时应尽量避免表 3-1 中的不合理结构出现。

B 最小壁厚

铸件的最小壁厚与铸造合金种类、熔炼和铸造方法、铸型材料和铸型制备工艺、铸件结构等因素有关。由于钛和钛合金采用电弧凝壳熔炼,金属液过热度低,所用的铸型材料热导率比较高,特别是石墨型,因而钛和钛合金铸件的最小允许壁厚通常要比钢和铝铸件大。表 3-2 为钛和钛合金铸件采用不同造型工艺时壁厚的推荐值和最小允许值。

表 3-1　壁厚的设计

序号	要　求	不合理结构	合理结构	说　明
1	铸件壁厚应尽可能均匀；尽量避免或减少热节区；避免壁厚急转弯和陡变以及壁厚差过大；避免薄壁上的锐角	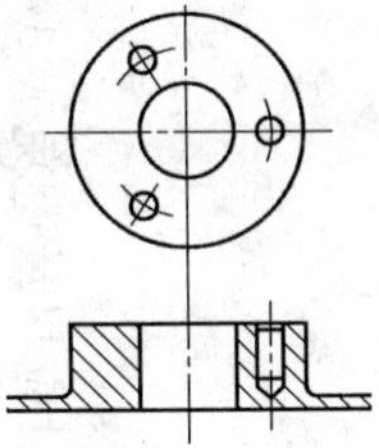	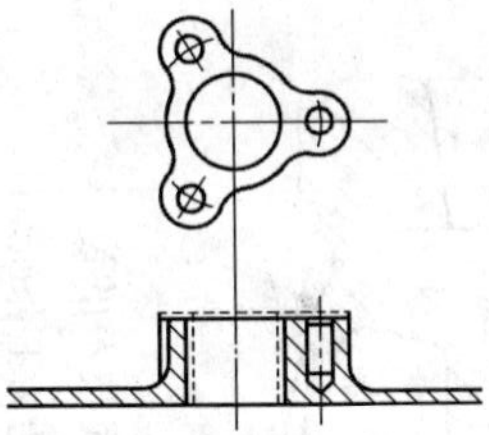	保证液态钛在型腔中流动平稳，并能均匀平稳地充填型腔，使铸件各部分均能得到良好充满和补缩
2	尽量避免大而薄的均匀大平面，细而长的光滑平面和过高的凸台，若难以避免，可在大的平面上设置加强筋（如右图，右图平面上加强筋已去除，剩下可见残根）			在大而薄的平面上设置加强筋（如右图），可避免制壳和浇注时，尤其是离心浇注时，型壳发生鼓胀变形和成形铸件壁厚不均，铸件变形，表面易出现微裂纹及其他表面缺陷等。同时加强了铸件刚性，可防止铸件清砂后变形

续表 3-1

序号	要　求	不合理结构	合理结构	说　明
2	尽量避免大而薄的均匀大平面，细而长的光滑平面和过高的凸台，若难以避免，可在大的平面上设置加强筋（如右图，右图平面上加强筋已去除，剩下可见残根）	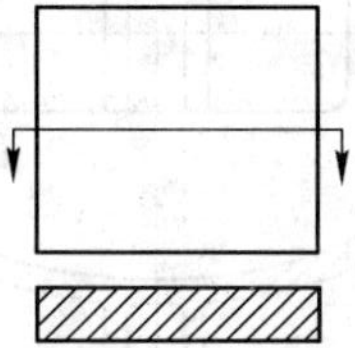	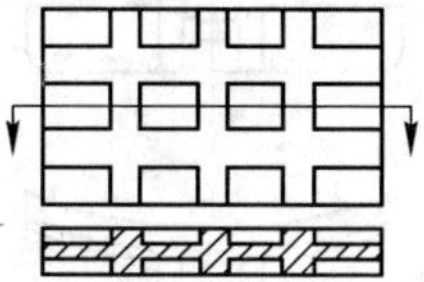	铸件表面设置加强筋防止变形，又有利于充满
3	避免孤立肥厚结构	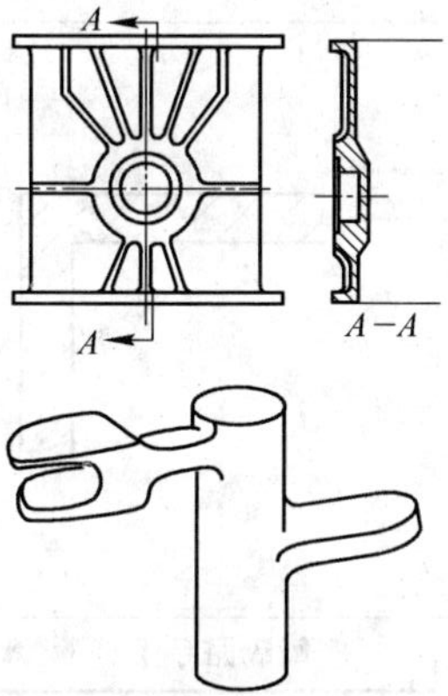	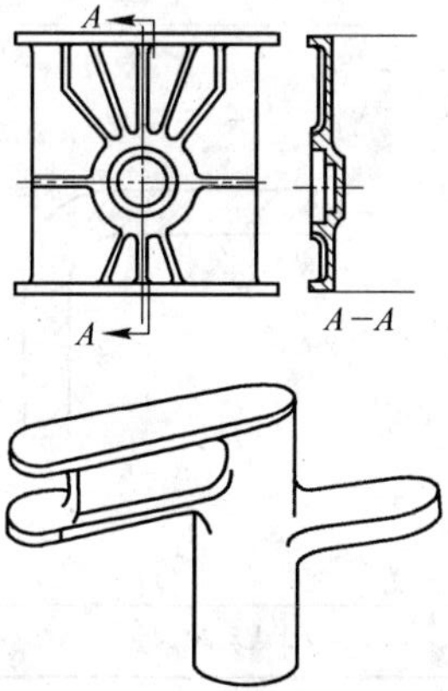	由于液态钛过热度低，冷却快，孤立结构不易充满；同时孤立结构得不到补缩，容易产生缩孔

续表 3-1

序号	要　求	不合理结构	合 理 结 构	说　明
4	相邻壁的设计	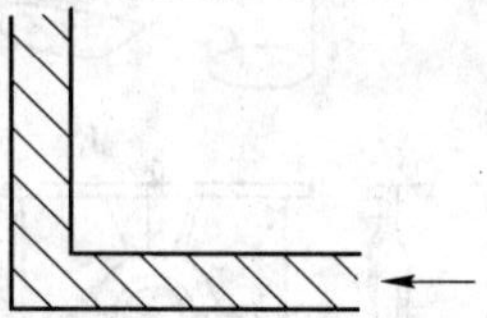	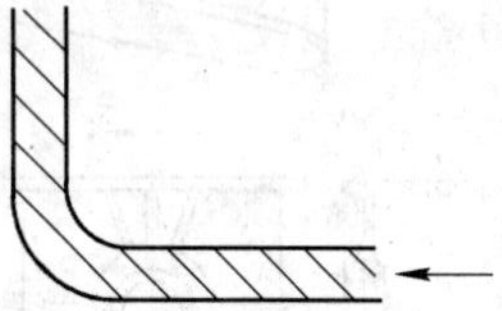	有利于液态钛平稳顺畅充填型腔，避免出现应力集中而产生裂纹
5	对于易变形的铸件壁（如薄壁圆弧面）应设置加强筋，增加铸件刚度	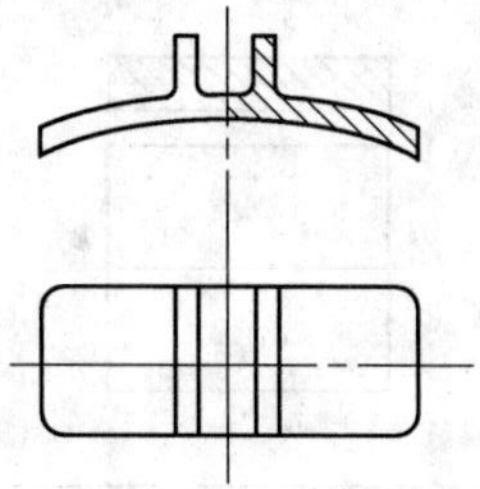	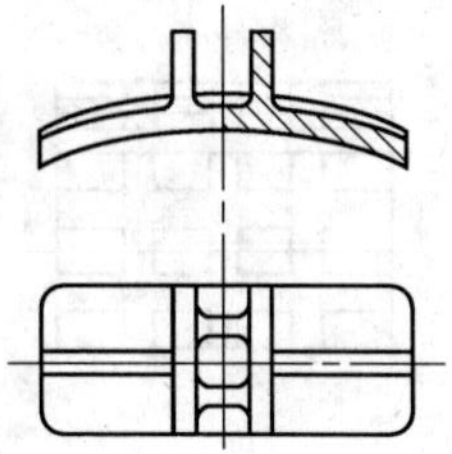	该铸件圆弧面壁厚为 2 mm，设置加强筋后，可防止变形，有利于充满

表 3–2 钛和钛合金铸件壁厚的推荐值和最小允许值 (mm)

铸件轮廓尺寸		特许 <50		50~100		100~250		250~400		>400	
不同造型工艺		推荐值	最小允许值①	推荐值	最小允许值①	推荐值	最小允许值①	推荐值	最小允许值①	推荐值	最小允许值①
机加工石墨铸造		>4	4	5	4	6	5	7	5	8	6
捣实石墨型或砂型铸造②		4	3	5	4	6	5	7	5	8	6
金属型铸造②		4	3	5	4	6	5	7	5	8	6
熔模精铸	石墨型壳	2.5	1.5	3	2.0	3	2.0	4	2.5	4	2.5
熔模精铸	钨面层陶瓷型壳	2.5	1.5	3	2.0	3	2.5	3.0	2.5	4	2.5
熔模精铸	氧化物陶瓷型壳	2.5	<1.0	2.5	1.0	2.5~3.0	1.5	3.0	1.5	3	2.0

① 最小允许值指在特定条件下充满铸件局部区域的最小壁厚；② 壁厚的充填：金属型优于捣实石墨型，捣实石墨型优于机加工石墨型。

3.2.2.2 壁的连接

铸件壁的连接应呈圆弧状平缓过渡，避免出现尖角。这是因为尖角连接易产生应力集中，会引起裂纹。铸件壁的连接形式见表 3–3。

表 3–3　铸件壁的连接形式

壁的连接形式	不合理连接	合理连接	说明
对　接	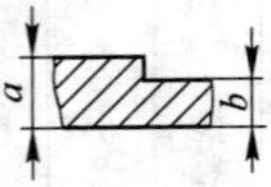	(1) 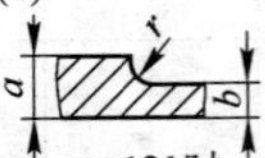 $a \leqslant 2b$时 (2) 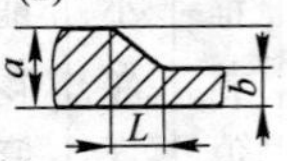 $a > 2b$时	（1）$a \leqslant 2b$ 时，两壁间应采用圆弧 r 过渡； （2）$a > 2b$ 时，两壁间应采用渐变的圆弧过渡。 相关尺寸 r 参见钢铸件，但钛和钛合金铸件的 r 值应比钢铸件的 r 值大
	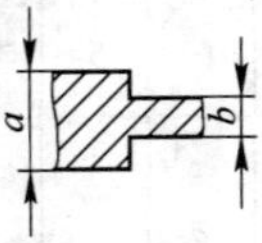	(1) 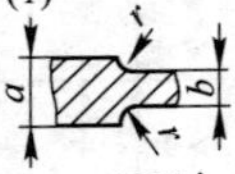 $a \leqslant 2b$时 (2) 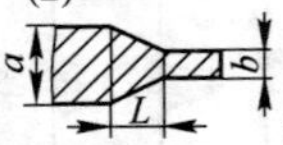 $a > 2b$时	
角　接	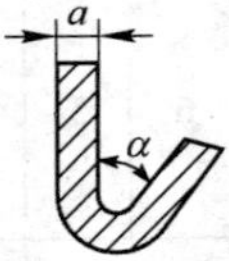	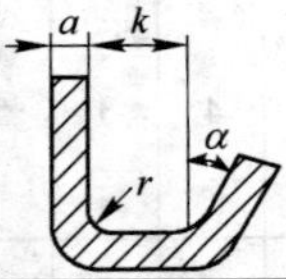	$k \geqslant 4a$ $r \geqslant 3$~5
T形连接	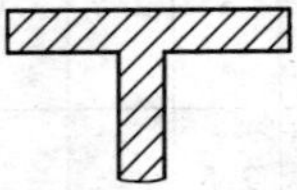	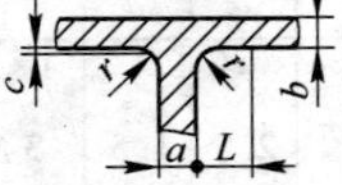 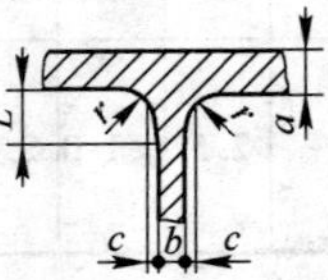	连接各种形式和相关尺寸参见钢铸件，但钛和钛合金铸件的 r 值应大于钢铸件的 r 值
叉　接	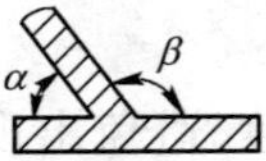	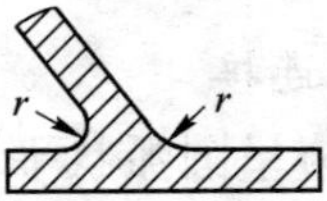	（1）熔模精铸的 $r \geqslant 2$~4 或为两连接壁厚的一半； （2）机加工石墨型和捣实石墨型以及金属型铸造的 $r \geqslant 3$

续表 3-3

壁的连接形式	不合理连接	合 理 连 接	说 明
十字形连接	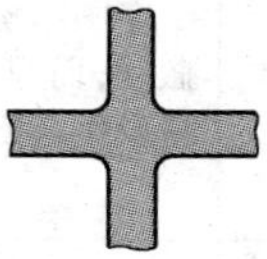	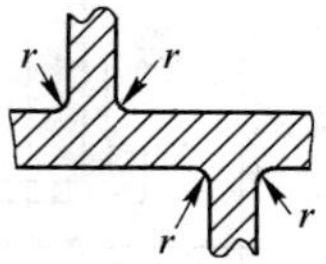	所有的 r 值应取上述叉接连接的 r 值，并应比钢和铝的铸件的 r 值大
	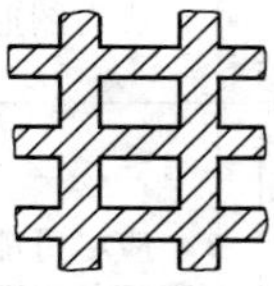		

3.2.2.3 铸孔和铸槽

钛和钛合金铸件上定位尺寸很严，有配合要求的孔和槽，建议不直接铸出，留待以后机加工比较合理。因为孔和槽，特别是小而深的孔和槽，采用熔模铸造工艺不易挂好涂料和撒砂，且不易干燥，型壳质量难以保证。再加上钛的高化学活性和热导率差，钛液浇进铸型后，在有孔和槽的地方冷却得慢，这些地方液态钛与铸型较长时间接触易发生反应，导致出现各种缺陷或表面严重玷污。为了保证孔和槽的质量，必须进行清理、修整或补焊，最终势必导致孔和槽的尺寸定位不准。对于机加工石墨型和捣实石墨型来说，前述的孔和槽同样也存在着金属与铸型的剧烈反应，造成严重玷污，最终导致孔和槽内表面出现裂纹和气孔等问题。

一些尺寸要求不严的孔和槽，可以直接铸出或采用型芯成形。但这些孔和槽的结构形状设计要合理（见表 3-4），尺寸应符合表 3-5 和表 3-6 的要求，孔间和槽间应保持足够距离。

表 3–4　孔和槽结构形状的设计

名称	不合理设计	合理设计	说明
通孔	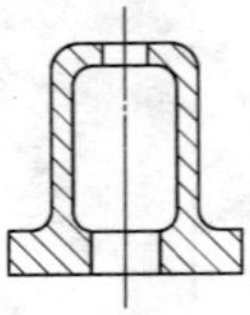	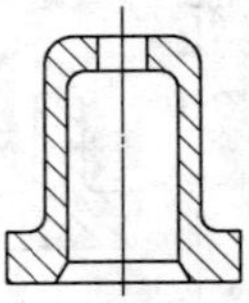	左图结构不便取模、涂料及撒砂，而且干燥及清砂困难，易发生缺陷，且无法修整
盲孔	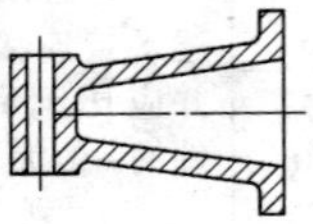	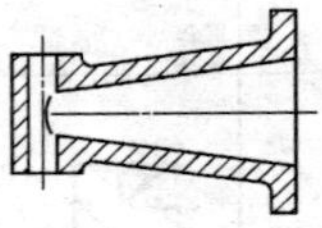	左图结构熔模铸造时盲孔位置难以保证，有可能造成两边壁厚不均匀，若允许，应设计成右图形状
铸槽	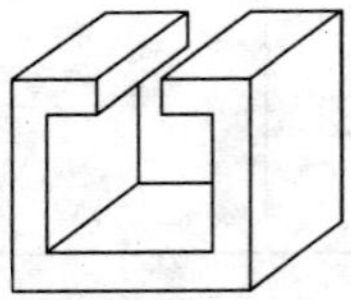	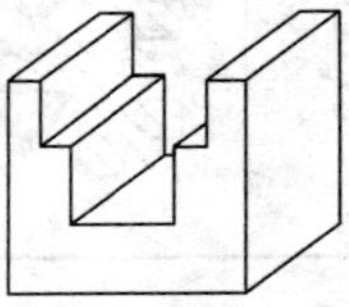	应尽可能采用右图结构，便于模具制造，简化工装

表 3–5　钛和钛合金铸件允许铸出孔的孔径与深度　（mm）

孔　径	最大孔深	
	通　孔	盲　孔
>7①	10~15	≤10
>10~25	20~50	10~25
>25~35	60~80	25~45
>35~50	60~130	45~80
>50	>150~180	80~100

① 仅适用于熔模铸造。

表 3–6　钛和钛合金铸件允许铸出槽的深度 *H* 和长度 *w*　（mm）

工艺方法	槽宽 *b*			
	5	10	15	20
石墨型铸造	10	20	45	100
熔模精铸陶瓷型壳铸造	15	30	50	100

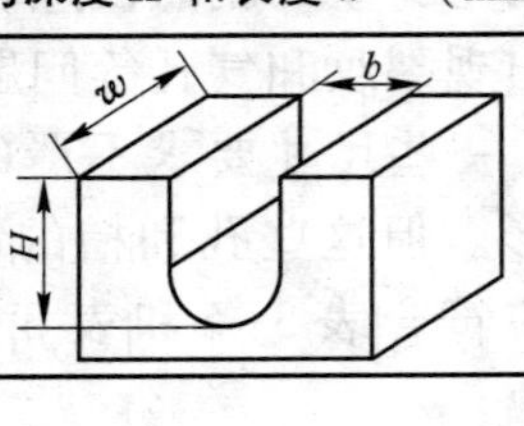

注：槽深度 *H* 和长度 *w* 值一样。

3.2.2.4 铸造圆角

铸件壁连接的各内、外转角和厚薄截面过渡处，通常都应设计成圆角，并应比铸钢件略大些，但也不能过大，以免造成太大的热结区，其大小与铸型工艺有关，这对钛和钛合金铸件尤为重要。这是因为在这些地方铸型受热最严重，易产生粘砂、裂纹、气孔等缺陷。钛和钛合金铸件的铸造圆角大小见表3-7。

表 3-7 钛和钛合金铸件的铸造圆角大小 (mm)

工艺方法	外圆角		内圆角	
	推荐值	最小值①	推荐值	最小值①
机加工石墨型或金属型铸造	≥2.5	≥2.0	≥4	≥3
捣实石墨型铸造	≥2.5	≥2.0	≥4	≥3
熔模精铸	≥1.5	≥1.0	≥3	≥2

① 最小值建议尽量少用。

3.2.2.5 起模斜度

对于钛和钛合金铸件来说，最理想的起模斜度是3°（即约0.05 mm/mm）。这样有利于促进方向性凝固。短壁可采用很小的起模斜度。薄壁的熔模铸件也可以不加任何起模斜度。

3.2.2.6 铸筋和凸台

对于有些结构形状零件的设计，可以采用铸筋或凸台。

A 铸筋

铸筋有如下作用：

(1) 减少铸件的壁厚（见图3-2）；

(2) 增加薄壁铸件的刚度，防止铸件变形（见图3-3的铸件），改善液态钛的充型和排气条件，有利于薄壁件的充满，改善铸件散热条件。有时还可用来改善大平面熔模铸件型壳的鼓胀变形。

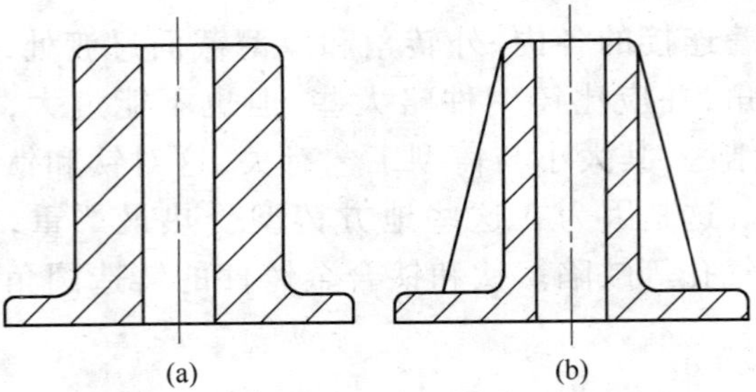

图 3-2　减小铸件壁厚示意图
(a) 无加强筋;(b) 有加强筋

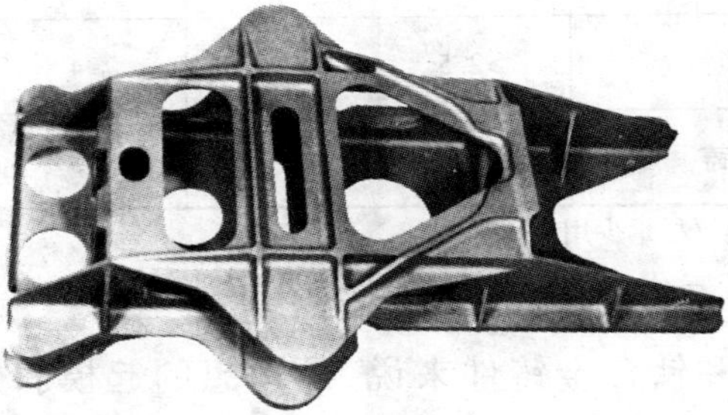

图 3-3　采用加强筋防止薄壁铸件变形

但是铸筋的设计布置一定要合理,否则会起到反作用。在设计时一定要注意:

(1) 筋一般应对称布置,宜尽量分散,数量不要太多,以减少热结点,避免阻碍收缩,增加工装制造难度;

(2) 筋与壁的连接采用圆角过渡;

(3) 筋的设计布置要便于分型,有利于工装设计制造;

(4) 对应于起模方向的筋应有起模斜度。

B　凸台

因功用和结构上的需要,铸件上经常会出现一些凸台,例如螺钉孔和连接小管座的凸台。这些凸台的出现不但使铸件壁局部变厚,且在铸件壁与凸台的交界处容易产生缩孔、缩松、裂纹等缺陷,易使铸件变形,还影响到以后工艺工装的设计和制造以及使用方便。因此,应尽可能减少凸台。设计的凸台形状、位置、尺寸一定要合理(见表 3-8 和表 3-9)。

表 3-8　凸台的结构和布置

不合理设计	合理设计
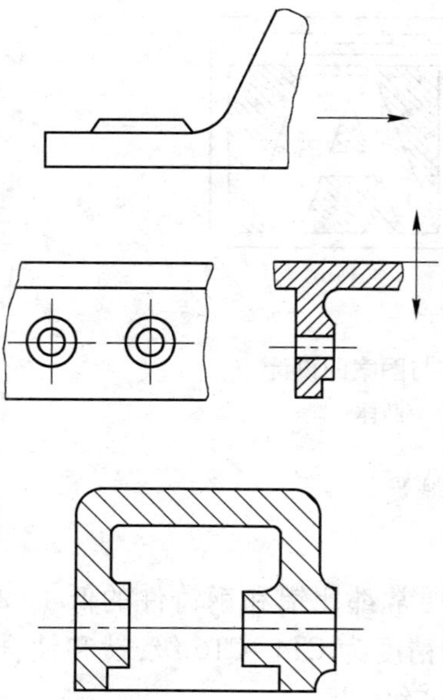	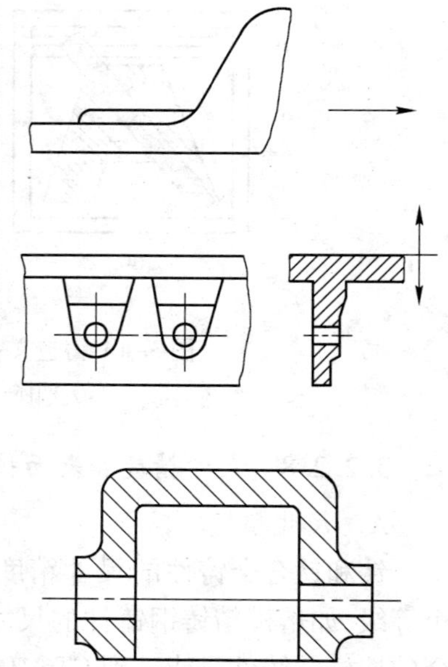

3.2.2.7　铸造文字与图案

对于钛和钛合金铸件文字和图案应尽可能选用凸体(见图 3-4(b)),当必须选用凹体文字和图案时,文字和图案的线条宽度、深度和起模斜度应比凸体文字和图案大。有凹体文字和图案的铸件的线条内易出现钛珠子,它的成品率通常要低于凸体方案的成品率,修整工作量比较大。

表 3-9　合理的凸台尺寸

示　图	合理的参考尺寸
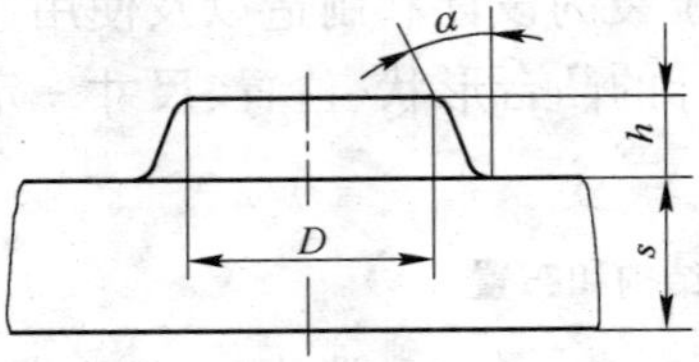	凸台的高度：$h \leqslant s/2$，对于钛和钛合金铸件来说，h 在满足需要的前提下，应尽可能小； 凸台的倾斜角度：$\alpha = 15° \sim 30°$； 凸台的直径 D，根据功用和结构需要确定

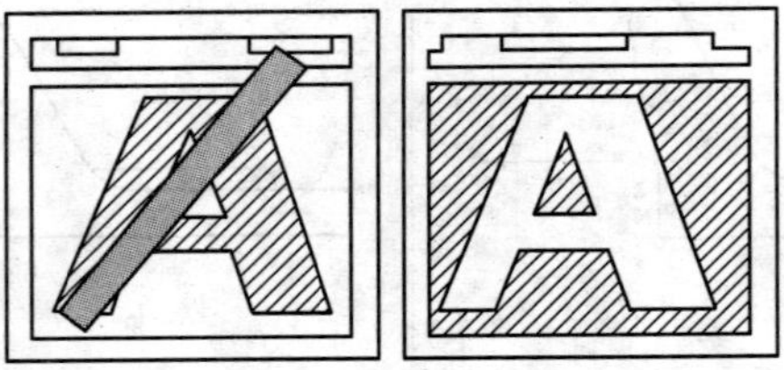

图 3-4　铸造文字与图案的设计

（a）凹体；（b）凸体

3.2.2.8　尺寸精度和表面粗糙度

A　尺寸精度

钛和钛合金铸件的尺寸精度通常都比铝和钢铸件的低 1~2 个等级，如熔模精铸钢铸件的尺寸精度为 CT4~CT6 级，钛和钛合金的熔模精铸件只能达到 CT6~CT8 级。

我国钛和钛合金铸件尺寸的设计与检验都按照 GB/T 6414—1999《铸件尺寸公差与机械加工余量》或 HB 6103—2004《铸件尺寸公差和机械加工余量》的规定进行，其中石墨型铸件（机加工石墨型和捣实石墨（砂）型以及金属型）通常按 CT10~CT12 级公差设计和验收，而精铸铸件则按 CT6~CT8 级公差设计和验收。表 3-10 为国内外几家公司的钛和钛合金石墨型铸件的尺寸精度，表 3-11 为国内外几家公司的钛和钛合金熔模铸件的尺寸精度。

表 3-10　钛和钛合金石墨型铸件的尺寸及其精度　　(mm)

国别和公司名称	中　国①					美国 TiTech			德国 TiTal			备　注
标称尺寸	公差等级 CT					标称尺寸	一般精度	最低精度	标称尺寸	一般精度(1)	最低精度(2)	
	9	10	11	12	13							
10	1.5	2.0	2.8	4.2								
10~16	1.6	2.2	3.0	4.4		<13	1.52	1.28				
16~25	1.7	2.4	3.2	4.6	6	13~25	1.52	1.52				
25~40	1.8	2.6	3.6	5.0	7	25~51	1.52	1.52				
40~63	2.0	2.8	4.0	5.6	8				50	2.6	2.0	
63~100	2.2	3.2	4.4	6.0	9	51~102	1.52	1.52	50~80	3.0	2.4	
100~160	2.5	3.6	5.0	7.0	10				80~120	3.6	2.6	德国 TiTal Co. 的捣实石墨型铸件的尺寸精度考虑了铸型的影响：(1) 是指有分模线或型芯穿过的线性尺寸；(2) 是指无分模线或型芯穿过的线性尺寸
160~250	2.8	4.0	5.6	8.0	11	203~254	2.80	2.14	120~180	4.0	3.2	
250~400	3.2	4.4	6.2	9.0	12				180~250	4.6	3.6	
400~630	3.6	5.0	7.0	10.0	14	380~508	5.32	3.66	250~315	5.2	4.0	
630~1000	4.0	6.0	8.0	11.0	16	508~762	7.86	5.18	315~400	5.8	4.4	
1000~1600	4.6	7.0	9.0	13.0	18				400~500	6.4	4.8	
									500~630	7.0	5.4	
									630~800	8.0	6.2	
									800~1000	9.0	7.2	
									1000~1250	11.0	8.2	

① 当采用手工砂型造型时，单件或试制铸件的尺寸公差为 CT11~CT13；成批生产铸件的尺寸公差为 CT9~CT11。

表 3-11 钛和钛合金熔模精铸件的尺寸及其精度

(mm)

国别和公司名称	中国			美国									德国 TiTal①			
				Howmet				PCC		TiTech						
标称尺寸	公差等级 CT 6	公差等级 CT 7	公差等级 CT 8	直径	直径一般精度	标称线性尺寸	标称线性尺寸一般精度	直径或线性尺寸	一般精度	标称线性尺寸	一般精度	最低精度	标称尺寸	T_1	T_2	T_3
<10	0.52	0.74	1.0										<6	0.5	0.4	0.4
10~16	0.54	0.78	1.1							<13	0.50	0.36	6~10	0.6	0.4	0.4
16~25	0.58	0.82	1.2							13~25	0.50	0.36	10~18	0.7	0.5	0.44
25~40	0.64	0.90	1.3							25~51	0.76	0.50	18~30	0.8	0.7	0.52
40~63	0.70	1.0	1.4	0~50	0.50	0~75	0.05						30~50	1.0	0.8	0.62
63~100	0.78	1.1	1.6	50~125	1.0	75~225	1.0	25~102	0.78	51~102	1.28	1.02	50~80	1.5	1.2	0.9
100~160	0.88	1.2	1.8										80~120	1.7	1.4	1.1
160~250	1.0	1.4	2.0	125~225	1.2	225~300	1.2						120~180	2.0	1.6	1.3
250~400	1.1	1.6	2.2	225~375	1.75	300~375	1.75	102~305	1.02	203~254	2.54	1.78	180~250	2.4	1.9	1.5
400~630	1.2	1.8	2.6	375~450	2.0	375~450	2.0	305~610	1.52	380~508	5.08	3.30	250~315	3.2	2.6	
630~1000	1.4	2.0	2.8					≥610	0.5%				315~400	3.6	2.8	
1000~1600	1.6	2.2	3.2										400~500	4.0	3.2	
													500~630	5.4	4.4	
													630~800	6.2	5.0	
													800~1000	7.2		

① 德国 TiTal 公司的 T_1 为一般尺寸精度；T_2 为最小尺寸精度；T_3 为特许最小尺寸精度。T_3 一般不用，只有在极个别情况下（即采用特殊工艺，模具经过多次修正后）才能达到。

B 表面粗糙度

国内的各种钛和钛合金铸件的表面粗糙度与国际水平基本相当(见表3-12)。

表3-12 钛和钛合金铸件的表面粗糙度 R_a (μm)

国别		中国		美国、法国、德国、日本等	
铸件类型		石墨型铸件①	熔模精铸件	捣实石墨型铸件	熔模精铸件
1	铸态	12.5	3.2	7.5~10	3.2
	偶然个别区域	50	6.3	12.5	6.3
2	手工精整后	3.2~6.3	1.6~3.2	6.3	3.2

① 石墨型铸件包括机加工石墨型铸件、捣实(砂)石墨型铸件和金属型铸件等。

3.2.3 转制件的结构设计

转制件是指零件原设计用其他金属材料(如铝或钢等)或其他成形方法(如锻造、焊接、机械加工等)制造的,因需要改用钛和钛合金铸造的零件。

3.2.3.1 转制件设计过程中应注意的几个问题

首先,要明确为什么改用钛和钛合金铸件;其次,对于重要的关键性的结构件或部件必须进行强度计算和分析,确定转制铸件的类别和质量级别,以及各项性能的要求;第三,根据钛和钛合金铸造的特性、铸件结构各要素的设计要求,对零件各结构要素进行重新设计;第四,是进行成本核算和分析;第五,是改设计的过程中最好先与钛的铸造工作者协商确定。

3.2.3.2 结构的修正

每种成形方法对零件结构都有其工艺性要求,因此转制时应当尽量使零件的结构满足钛和钛合金铸造的工艺性要求。表3-13为由其他成形方法制成的零件转制为钛合金铸件的实例。

表 3–13　由其他成形方法制成的零件转制为钛合金铸件的实例

零件名称	原 设 计	转制钛合金铸件	修正点和优点
飞机托架	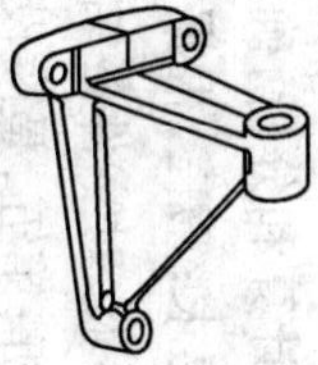 锻件 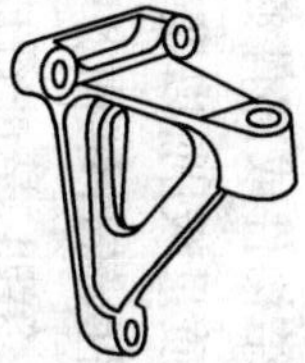 锻件＋机械加工	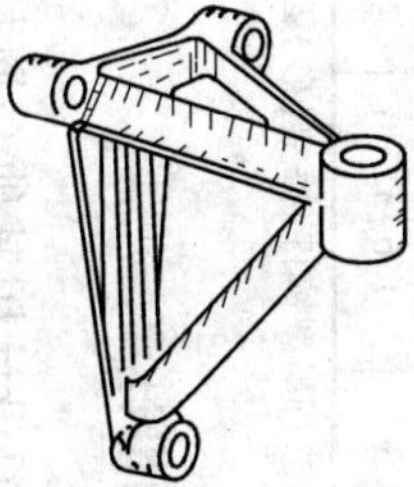 熔模精铸件	去掉了许多不起作用的平面，大大减轻了质量，减少了机械加工量，提高了金属利用率，降低了制造成本

续表 3-13

零件名称	原 设 计	转制钛合金铸件	修正点和优点
安装座	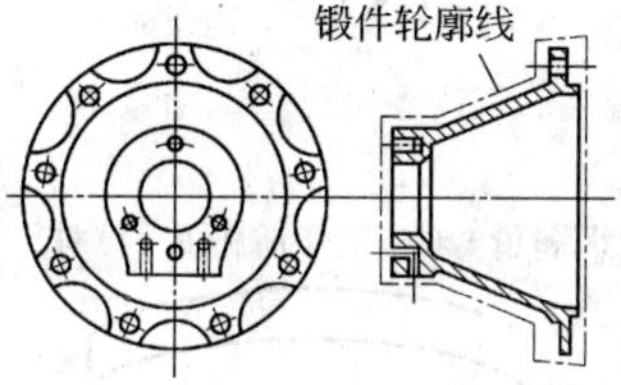 102mm 锻件	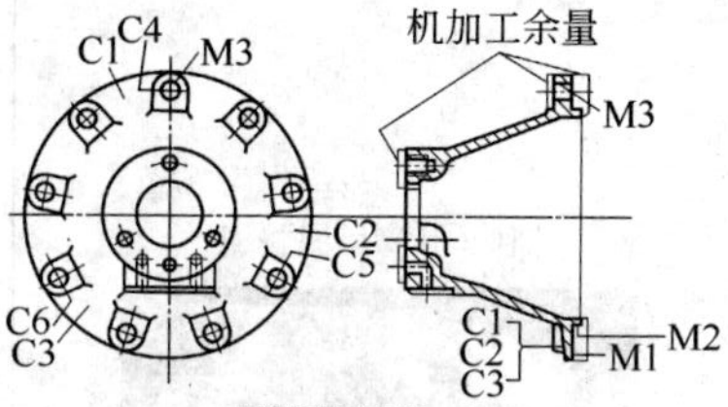 熔模精铸件	原是锻件，完全靠机加工成所需形状。转制钛合金熔模精铸件后，要加工的地方仅限于结合面和螺栓孔端面，以及配合的直径，比原设计减轻了质量，减少了机械加工量，降低了制造成本
ϕ508 mm 的管道	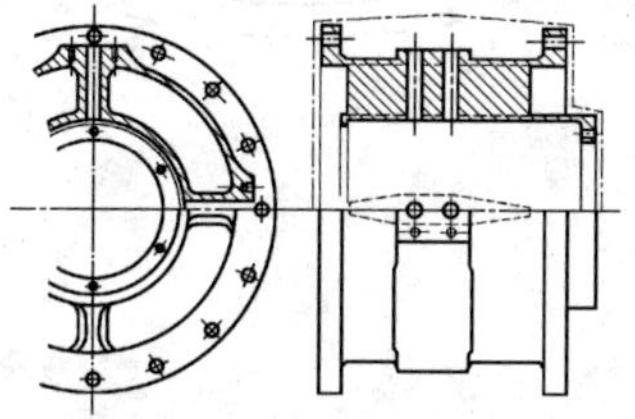 锻件 + 机械加工	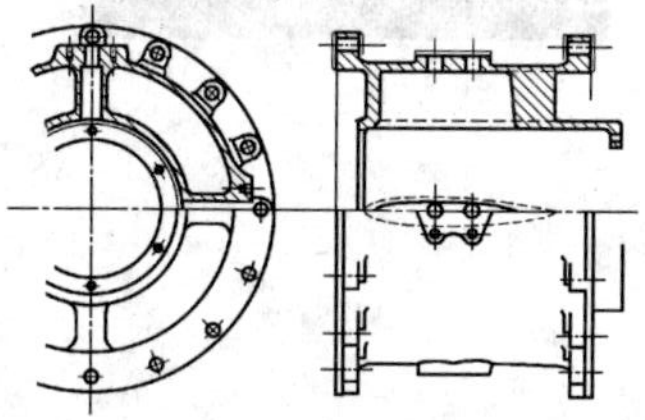 捣实石墨型铸件	原设计是一个实心锻造圆柱体，完全靠机械加工而成。转制钛合金铸件后，需要加工的地方仅限于一些必须的表面，大大减少了机械加工量，同时使管道整流罩本身的流线形得到了改善

续表 3-13

零件名称	原 设 计	转制钛合金铸件	修正点和优点
叶 轮	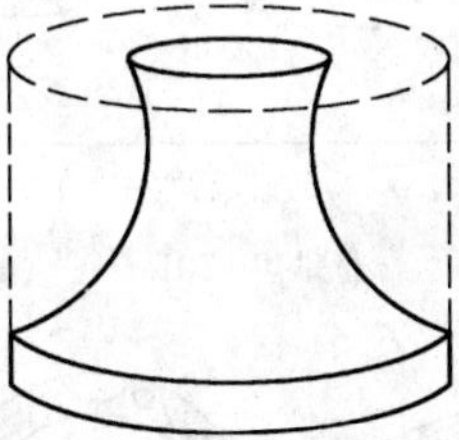 棒材+机械加工或锻件+机械加工	 熔模精铸敞开式叶轮	转制钛合金铸件后与原设计比，质量减轻了 28%；原设计为一个实心圆柱体棒材或锻造圆锥体块，转制钛合金熔模精铸件后，只需加工轴孔端面和轴孔以及叶片抛光，大大提高了金属利用率，减少了机械加工量

3.2.3.3 壁的修正

转制钛和钛合金铸造时,需要对零件各部分的壁厚进行修正。因零件各部分所承受的载荷不一定都相同,凡承载主要载荷的区域称为主承载区域,是该零件的关键部分。承载载荷较小或不承载的区域,称为非主承载区域,是非关键部分。

A 主承载区域壁厚的修正

主承载区域壁厚可参考钢熔模铸件的修正办法进行修正,即主承载区域壁厚 δ_a 由式 3-1 计算:

$$\delta_a = (\sigma_b/\sigma_a)\delta_b \tag{3-1}$$

式中 δ_a——转制钛或钛合金铸件主承载区域的壁厚,mm;

σ_b——原设计零件的材料强度,MPa;

σ_a——改制后的钛或钛合金铸件的强度,MPa;

δ_b——原设计零件的主承载区域的壁厚,mm。

修正后进行强度验算,若不符合要求需修正,把壁加厚或减薄直至符合要求为止。

B 非主承载区域壁厚的修正

非主承载区域的壁厚可以按主承载区域的壁厚办法修正,但要求可适当放宽些。

3.2.3.4 其他结构要素的修正

其他结构要素的修正一定要按照本章前述的各结构要素设计的要求进行。

3.3 铸件工艺设计

铸件工艺设计的程序为:产品零件图→分析铸件结构,确定工艺→铸件图样(铸件工艺性)设计→模具及其他工艺装备设计。

3.3.1 确定工艺方案

根据零件的形状结构、尺寸大小和尺寸精度、最小壁厚、铸件的重量以及各项技术参数和质量要求,确定合理的工艺方案,即选用造型工艺(铸型系统)和浇注方式。主要有下列原则:对于尺寸比较大、壁比较厚(≥4 mm)、需要数量比较少但有一定批量的铸件,选用捣实(砂)石墨型比较经济合理。对于尺寸比较大、壁也较厚(≥4 mm)、形状较简单、所需数量只有一到几件的铸件,可选用机加工石墨型,或捣实石墨(砂)型与机加工石墨型结合的工艺;对于形状复杂、壁很薄(≤3 mm)、尺寸精度要求很高的铸件,必须采用熔模精铸工艺。

钛和钛合金铸件在目前工业生产上采用的浇注方式只有两种:重力浇注和离心浇注。重力浇注适用于重量和尺寸比较大、壁厚大于4~6 mm、形状简单或形状比较特殊(如各种直径比较大的长管子)的铸件,用机加工石墨型或捣实(砂)石墨型或金属型(如人工关节);离心浇注适用于重量和尺寸适中(因炉子尺寸限制)、壁厚比较薄(<4 mm)的铸件,可采用机加工石墨型、捣实(砂)石墨型以及熔模精铸型壳。宇航用的钛合金铸件和熔模精铸件在国内几乎全都是采用离心浇注,因为它有助于复杂薄壁铸件的充满,又能提高它的致密性和质量。

3.3.2 铸件工艺设计

铸件工艺设计就是对铸件进行仔细的分析研究,采用具体工艺措施来确保该铸件达到预期设计的各项技术指标和要求。它包括铸件收缩率和机械加工余量的确定、铸孔、铸槽、工艺孔、工艺筋和工艺凸台的设计与选择、基准面的选择、铸型分型面的选择与设计、型芯的选择与设计、浇注系统的设计、浇注方式的确定和设计等。

3.3.2.1 线收缩率的确定

钛和钛合金铸件的线收缩率受下列因素影响:

(1) 铸件的形状结构;

(2) 铸件的尺寸;

(3) 造型工艺(铸型类型);

(4) 浇注系统的设置;

(5) 铸件在铸型中的位置。

这些因素中影响最大的是造型工艺和铸件的形状结构以及浇注系统的设置。每一种铸件的线收缩率都不一定一样。要准确确定铸件的线收缩率,一定要对该铸件进行分析,然后根据积累的实际经验,并通过多次试验、修正才能做到。表 3-14 为用不同造型工艺成形的钛和钛合金铸件的线收缩率的推荐值。

表 3-14 用不同造型工艺成形的钛和钛合金铸件的线收缩率的推荐值 (%)

造型工艺	自由线收缩率	受阻线收缩率
机加工石墨型(包括金属型铸造)	1.0~1.8	0.5~1.5
捣实(砂)石墨型铸造	1.5~2.5	0.5~2.0
熔模陶瓷型壳铸造①	1.0~2.0	0.5~1.8

① 熔模陶瓷型壳铸造指熔模钨面层陶瓷型壳铸造和熔模氧化物面层陶瓷型壳铸造。

3.3.2.2 机械加工余量

表 3-15 为用不同造型工艺成形的钛和钛合金铸件的尺寸及单面加工余量。

表 3-15 用不同造型工艺成形的钛和钛合金铸件的尺寸及单面加工余量 (mm)

造型工艺	铸件尺寸	单面加工余量
机加工石墨型(包括金属型)铸造、捣实(砂)石墨型铸造	≤400	3~4
	≥400	4~8
熔模精密铸造	≤250	1.5~2.0
	≥250	3~4

3.3.2.3 工艺孔、工艺筋和工艺凸台

工艺孔、工艺筋和工艺凸台是为确保获得质量好的铸件而设置的,它们不是铸件结构本身需要的。因此,在大多数情况下,它们最终是要加以去除或修复的。见表 3-1 中的三级内环。为了解决它的型壳鼓胀变形,在腹板上增设工艺筋或工艺凸台。

图3-5所示的壳体铸件为了防止内腔型芯变形造成两侧壁厚不均匀，可在顶部开设工艺孔，然后再焊补上。

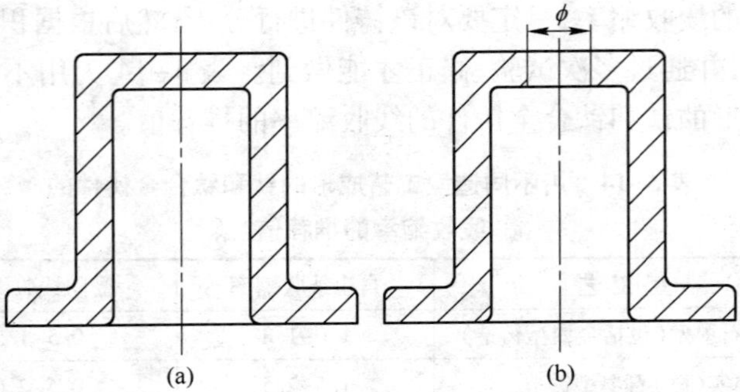

图3-5　壳体铸件
(a) 无工艺孔；(b) 开工艺孔

3.3.2.4　基准面的选择

钛和钛合金铸件的基准面主要用于检测铸件各部分尺寸时的测量基准和机械加工的定位基准，并还常常被作为模具设计的参考面。因此基准面的选择是比较重要的，通常应由零件设计者、铸件机械加工者和铸造工作者三方共同商定。在选定基准面时应考虑以下几个原则：

(1) 基准应尽可能与零件设计基准和机械加工工艺基准一致。

(2) 基准面应尽可能选择在大而平稳、尺寸稳定、无分型面和铸造斜度的非加工面上。

(3) 尽可能避免在基准面上设置浇冒口，如果实在避免不了，在设置浇冒口时，应考虑留有平整去除浇冒口时的参考基准。

(4) 当加工面和非加工面之间相互位置要求较严时，应以此非加工面为基准面。如果铸件有多个加工面，则应以其中离加工面近、其间相互位置要求较严的非加工面为基准面。

(5) 基准面的数量应符合6点定位的原则,通常为3个基准面(回转体2个面)。具体实例如图3-6所示。该铸件用*A*、*B*、*C*、*D*、*E*、*F*6个点定位,其中*A*、*B*、*C*3个点是控制铸件的摆动;*D*、*E*是控制铸件的高度;*F*点控制铸件长度。

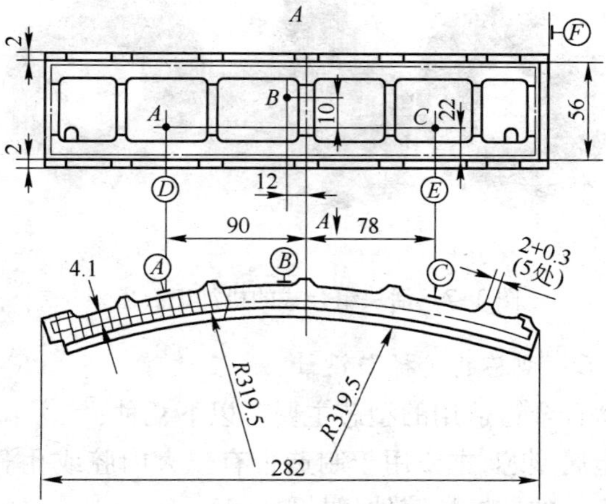

图3-6 铸件基准面的选择实例

3.3.2.5 铸型和分型面的选择

目前生产上用的钛和钛合金铸造的铸型有机加工石墨型、金属型、捣实(砂)石墨型、熔模精铸型壳等。到底选用哪种铸型取决于前面选定的工艺方案。

铸型分型面的选择原则:

(1) 应使铸件上的检测基准表面尽可能保持在一个完整型面上。

(2) 应有利于模具的加工和装配以及使用寿命。如简单形状零件的机加工石墨型和捣实石墨型以及金属型宜采用对开式分型,如人工关节的模具。而对于形状比较复杂零件的机加工石墨型宜采用活块组合式的方式(见图3-7),这样便于铸型加工和装配。

(3) 分型面宜选择在最大平面上,以减少过多分型面和错位。

(4) 分型面的选取不能影响铸件的尺寸精度。

(5) 分型面的选取应有利于浇注系统的设置。

图 3-7　活块组合式的机加工石墨型

3.3.2.6　型芯的选择与设计

钛和钛合金铸造用的型芯主要有以下几种:

(1) 金属型芯,主要用于制造带有较大内腔或孔洞以及深沟槽的形状简单的熔模精铸件(见图 3-8)。

(2) 可溶型芯,主要用于形成形状较复杂、尺寸适中的,不能用金属型芯的内腔或孔洞的熔模精铸件。可溶型芯的材料可用尿素或水溶性蜡(见图 3-9)。

(3) 石墨(砂)型芯,有机加工石墨型芯(见图 3-10)和捣实石墨型芯,常采用捣实石墨型芯。机加工石墨型芯最好少用,因为机加工石墨型芯退让性差,易使铸件内腔表面出现微裂纹,同时石墨强度很高,清芯很困难。但是捣实石墨型芯在使用前一定要经过高于 1000℃ 的高温焙烧,以确保获得优质铸件。采用石墨(砂)型芯成形内空腔的铸件实例如图 3-11 所示。为了保证铸件各部分壁厚均匀,防止较长的型芯变形和便于清芯,可在铸件上开设工艺孔(见图 3-11(a)和图 3-11(b)),随后再补焊修复。有时为防止超长型芯变形,也可设置钛制支撑(见图 3-12)。但在此应指出,钛支撑的丝或板不能太长,其尺寸大小应使它能被注进的钛液完全熔焊上。

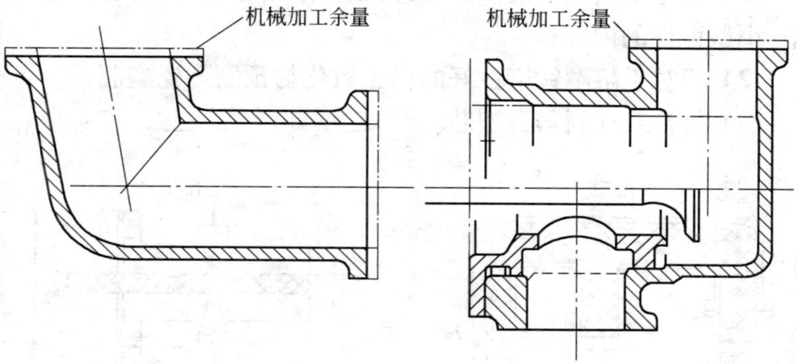

图 3-8 用金属组合活块型芯成形内腔的熔模精铸件

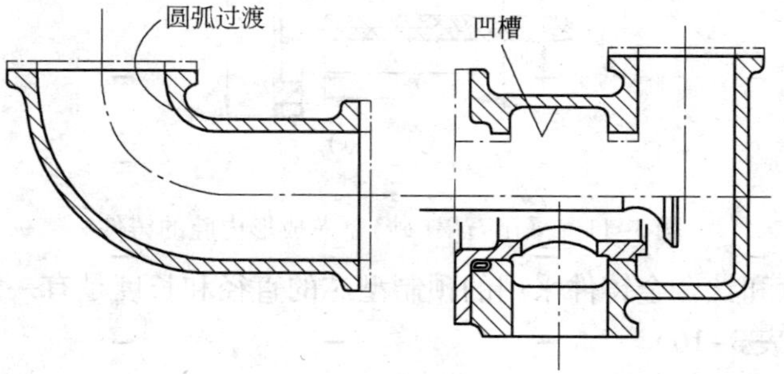

图 3-9 用可溶性型芯成形内腔的熔模精铸件

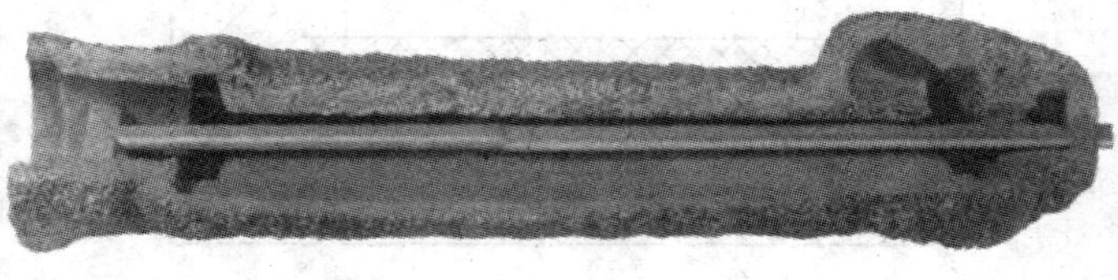

图 3-10 带有机加工石墨型芯的熔模石墨型壳

（4）预制陶瓷型芯。目前初步使用的预制陶瓷型芯有下列几种：

1）稳定型氧化锆的预制型芯，如高尔夫球杆头的柄孔或其他中、小型铸件的内腔；

2）相对于熔融钛惰性好的稀土氧化物预制陶瓷型芯；

3）复合式预制陶瓷型芯。

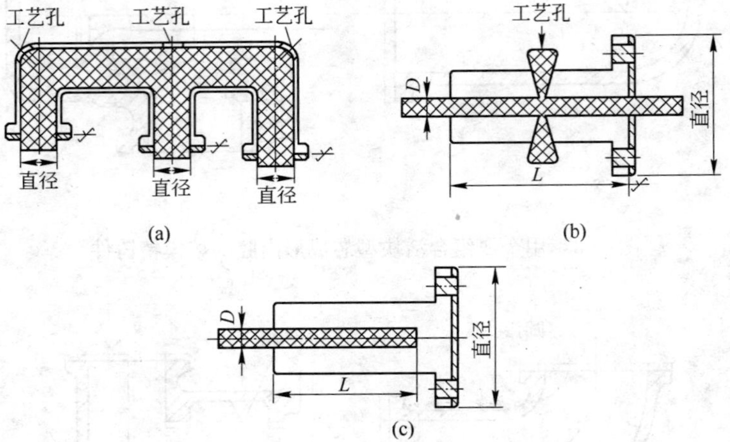

图 3-11 采用石墨（砂）型芯成形内腔的铸件

钛和钛合金铸件采用的预制型芯的直径和长度是有一定限制的（见表 3-16）。

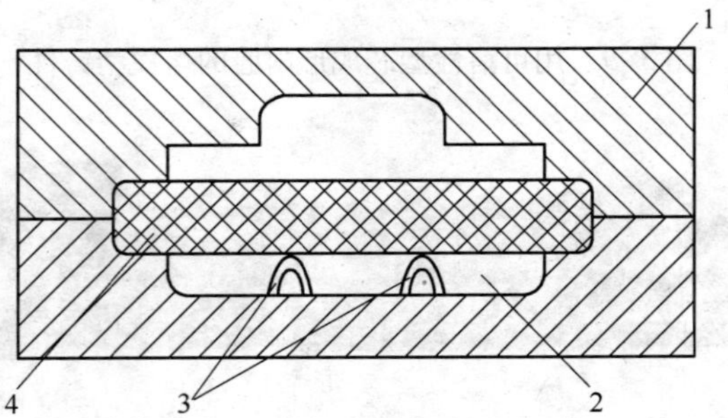

图 3-12 用石墨（砂）型芯成形铸件内腔的铸型

1—铸型；2—铸件型腔；3—钛制芯撑；4—石墨型芯

表 3-16 钛和钛合金铸件用预制型芯的直径和长度 (mm)

预制型芯类型	型芯直径 d	单支点型芯		双支点型芯	
		型芯长度	芯头长度	型芯长度	芯头长度
机加工石墨型芯	≥8	$2d$	根据具体情况而定	$4d$	根据具体情况而定
捣实石墨型芯	≥10	$1d$		$2d$	
预制陶瓷型芯（包括熔模涂制型芯）	≥6	$1.5d$		$3d$	

3.4 浇注系统的设计

钛和钛合金铸件的浇注系统应满足如下要求：

（1）要使液态钛迅速平稳连续地从同一方向自下而上地填充铸型型腔，不产生涡流、喷溅和断流，并让型腔中的气体能顺畅地排出铸型外。为此，通常都采用底注式浇注系统，必要时也可采用侧注的浇注系统以及综合式的浇注系统。

（2）要能有效地调节铸件各部分的温度，应尽可能为铸件创造良好的补缩和顺序凝固的条件。

（3）从浇口到铸件型腔的距离应尽可能短，以便让液态钛以最短的时间和最快的速度平稳充满型腔，浇注系统应不能妨碍铸件的收缩，以免致使铸件变形或出现裂纹。

（4）应采用开放式的浇注系统，即从直浇道到横浇道再到内浇口的浇道总截面面积应是逐渐增大的，它们之间的比例应为：直浇道∶横浇道∶内浇口＝1∶2∶2.5 或 1∶3∶4，有时甚至要达到 1∶3∶5 或更大。在设置内浇口时，应注意避免金属流直接冲刷型腔，同时还要注意避免通过单位截面内浇口的金属液流量过大，延续时间过长，致使该区域急剧过热，造成该区域严重粘砂，甚至反应。

（5）熔模精铸的浇注系统要便于脱尽型腔中的蜡，必要时可开设辅助脱蜡口，脱完蜡后再堵上。

（6）在保证铸件质量的前提下，结构应尽量简单，以提高生产效率，减少浇注系统的数量和重量，提高金属有效利用率。熔模精铸的浇注系统还应有足够的强度，以支撑起整个模组，保证在型壳整个制备过程中不损坏。

钛和钛合金铸件浇注系统的金属量要远远高于铸件毛坯的质量。形状简单的厚壁铸件，浇注系统与铸件毛坯的质量比通常为1~3；形状复杂的薄壁铸件，尤其是大型复杂薄壁整体精铸的结构件，此比值可能要达到4~6，甚至可能更高。

钛和钛合金通常采用底注浇注系统，因为用顶注的浇注系统，铸型中释放出上冒的气体会与进入型腔的金属流搅混在一起，最终在铸件上产生大的气缩孔。同时顶注浇注系统金属流动不平稳，易产生喷溅，对铸型内表面冲刷严重，铸件表面易产生流痕、冷隔、铁豆等缺陷。铸件有时难以充满，铸件内部还可能出现夹杂，难以获得优质铸件。

3.4.1 浇注系统的组元

钛和钛合金铸件的浇注系统形式归纳起来有下列几种：

(1) 框架式(见图 3-13(a))，适用于中小铸件；

(2) 圆盘式(见图 3-13(b))适用于 ϕ250 mm 以上的圆筒体和圆锥体以及其他形状的圆柱体铸件；

(3) 底注 + 缝隙式侧注(见图 3-13(c))，适用于直径比较大、较高的薄壁圆筒体或半圆筒体的铸件或其他形状的薄壁铸件；

(4) 综合式(见图 3-13(d))，以底注为主，同时还有侧注和其他的注入形式，适用于大型复杂薄壁的铸件，尤其是大型复杂薄壁整体精铸的结构件。

图 3-13 所示虽是以熔模精铸件为例，但实际上机加工石墨型(包括金属型)或捣实石墨(砂)型铸件的浇注系统归纳起来也是这 4 种形式，但在形状结构上不可能像熔模精铸件这样灵活。

综观上述浇注系统的各种形式，它们通常都由下列几个基本组元组成：

(1) 大浇杯或中心浇道。大浇杯或中心浇道用于承接从坩埚倒出的钛合金液。必须具有较大的容积，一次应容纳浇注金属总量的50%~80%。因为凝壳熔炼金属液过热度低，坩埚冷却水冷却强度高，一停弧后，金属液必须在3~5 s内从坩埚内倒出，否则金属液温度急剧下降，致使铸件难以充满，甚至凝固在坩埚内。大浇杯或中心浇道在结构上还应防止注入的液态金属外溢。

(a)　　(b)　　(c)　　(d)

图3-13　钛和钛合金铸件的浇注系统形式

(a) 框架式；(b) 圆盘式；(c) 底注+缝隙式侧注；(d) 综合式

(2) 直浇道。直浇道是液态钛从大浇杯或中心浇道进入铸件型腔的通道，通常是圆形的。这是因为这种形状便于制造，并可减少注入钛液的热损失。用于钛和钛合金铸件的直浇道直径应比钢和铝合金铸件所用的大，以使钛合金液在短时间内迅速通畅到达铸件型腔。直径应根据铸件重量和一次要浇注的金属量确定；直浇道的长度根据铸件或模组的高度确定。

(3) 横浇道和内浇口。横浇道和内浇口是承接从直浇道流进的钛液并使之迅速进入铸件型腔的通道。横浇道通常都采用矩形的,其尺寸根据铸件大小和壁厚确定。内浇口的形状通常采用梯形的椭圆柱体结构,四周的斜度与冒口相同,其截面大小根据铸件尺寸确定。

(4) 冒口。由于钛和钛合金液过热度低,又在真空下浇注、冷却,因而补缩能力不如铸钢,补缩距离短。因此,钛和钛合金铸件的冒口通常要比钢铸件的大,数量比钢铸件的多。钛和钛合金铸件冒口的形状和尺寸对补缩作用影响很大。早在 20 世纪 60 年代,苏联的 Б. Б. Гулзев 等人就对钛和钛合金铸件补缩冒口的设置进行了试验,结果如图 3-14 所示。由图 3-14 可见,补缩效果最好的斜度为 7°~9°。由于铸件的形状不同,冒口的形状可以是圆锥体形的、梯形椭圆柱体形的、带圆弧梯形的椭圆柱体的。捣实石墨型(包括机加工石墨型)铸件冒口的尺寸或直径应为补缩热结点厚度的 2. 5 倍;熔模精铸件的应当不小于热补缩结点厚度的 3 倍,冒口的高度通常取其厚度或直径的 1. 5~2 倍。在安置冒口时,冒口底部与铸件连接处圆弧一定要圆滑过渡且光洁,以免在此处产生夹杂玷污或发生局部反应。由于钛合金铸件冒口的补缩距离短,为得到致密的铸件,常把带斜度的侧冒口(也叫补贴)安置在需要补缩的地方(见图 3-15),这种办法也是有效的。对于钛和钛合金铸件,铝合金铸件常用的冷铁是不起作用的。

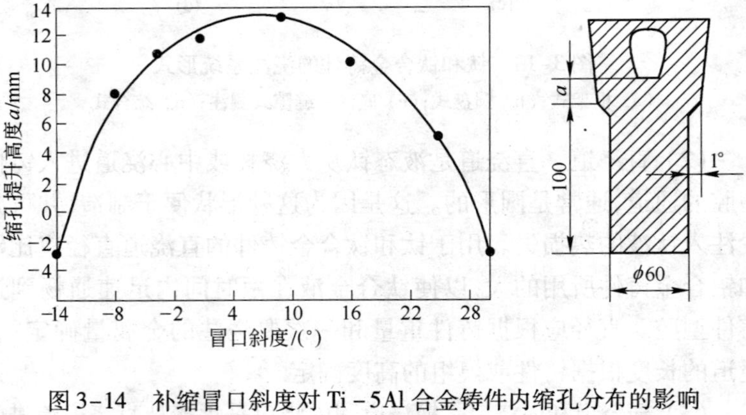

图 3-14　补缩冒口斜度对 Ti－5Al 合金铸件内缩孔分布的影响

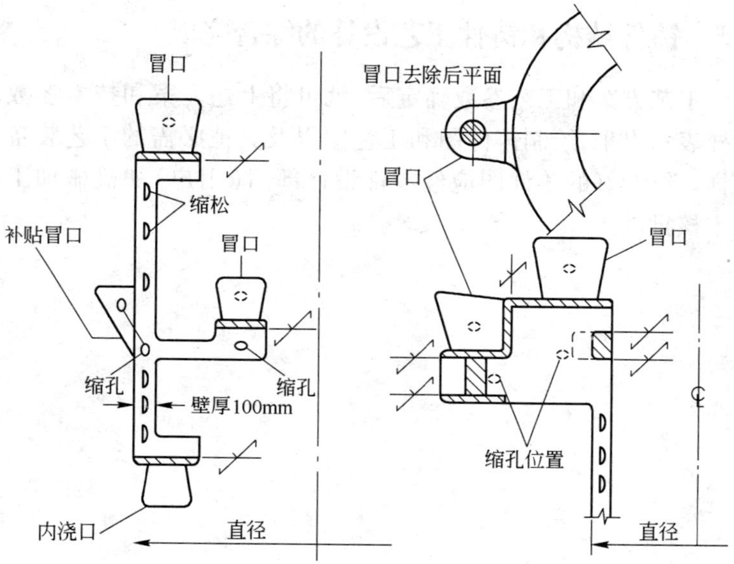

图3-15　钛和钛合金铸件冒口(侧冒口)的安置

3.4.2　铸件的位置

选择铸件在浇注系统中的位置时,首先考虑的是有利于它的充满,尤其是复杂薄壁(≤2.5 mm)的铸件。其次是尽可能给铸件创造顺序凝固的条件,通常是把厚壁部分朝上,便于安装冒口。第三要防止铸件变形,例如存在较大平面的铸件不能放置在与离心作用力垂直的方向上。第四,铸件的较大平面部分和主要加工面应垂直或倾斜放置,以减少变形、气孔以及夹杂等缺陷。第五,对于有型芯的捣实石墨型铸件,型芯的定位芯头部分应尽可能安置在下砂箱,尽量避免采用吊芯或其他影响型芯准确定位的放置方式。第六,对于熔模精铸件,凡带有型孔(通孔或盲孔)或沟槽的部位都应安放在便于涂料、撒砂和检查的位置上。同时要便于蜡的顺利脱除。

3.5　铸件结构和铸件工艺设计的综合完成

工艺方案和工艺参数确定后,就可将上述方案和技术参数用图样表示出来,绘制铸件图和工艺图以及其他必需的工艺装备的图样。绘制好的铸件图应经零件设计部门(用户)和机械加工部门审核批准。

4 铸造的造型材料与工艺

钛及钛合金铸造的造型工艺可用图 4-1 加以概括，大约可分为四类。除壳型铸造外，其他三类是常用的工艺，在本书后面逐一阐述。

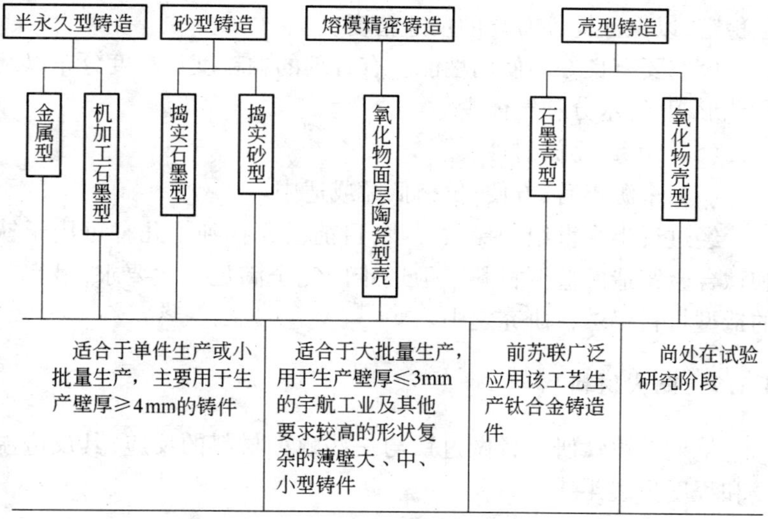

图 4-1 钛和钛合金铸造的造型工艺

4.1 铸造的造型材料

4.1.1 铸造对造型材料的要求

钛和钛合金铸造的造型材料包括两大部分：主要材料和辅助材料。主要材料为耐火材料和黏结剂等。辅助材料包括造型时所需的添加剂（如润湿剂、消泡剂等）和精铸用的模料、分型剂及清洗剂等。

钛和钛合金铸造的造型材料应满足如下要求：

(1) 应具有高的化学热稳定性。与熔融钛接触不发生物理化学反应;其次是耐火材料与黏结剂之间不发生化学反应。

(2) 应有高的耐火度和抗热冲击性能。浇注液态钛后,铸型在熔融钛的高温、高压(尤其是离心浇注)作用下,应不发生软塌和爆裂。

(3) 强度要高。在造型、运输和装炉过程中,铸型不变形和破碎。

(4) 低的线膨胀系数和热导率。铸型焙烧过程中尺寸变化小且稳定,以保证铸件有高的尺寸精度。

(5) 要有良好的使用性能。有合理的颗粒度和粒度分布以及颗粒形貌,含水分和气体少。

(6) 无毒、无放射性。

(7) 来源丰富、方便,价格低廉或适中。

经过近半个世纪的探索寻找,目前已经找到了几种可用于钛和钛合金铸造的造型材料。但还难以完全满足上述要求,最完美的造型材料仍然在研究之中。

4.1.2 耐火材料

早期的铸钛研究者做过钛与一些耐火材料的反应,其反应温度和程度见表 4-1。

表 4-1 钛与一些耐火材料的反应温度和程度

耐火材料名称	熔点/℃	反应温度和程度		
		1400℃	1600℃	1800℃
石英(SiO_2)	1713			剧　烈
型　砂				剧　烈
硅酸钠				剧　烈
碳化硅	2200			剧　烈
锆　石				剧　烈
氧化铍	2570		微弱	剧　烈
氧化钛	1840	无	微弱	高于二氧化钛熔点

续表 4-1

耐火材料名称	熔点/℃	反应温度和程度		
		1400℃	1600℃	1800℃
刚玉(Al_2O_3)	2015	无	微 弱	剧 烈
镁砂(MgO)	2800	微 弱	微 弱	剧 烈
氧化锆	2677	无	微 弱	剧 烈
氧化钙(再结晶)	2600		无	微 弱
氧化钍	3300		无	微 弱
碳化钛	3107			微 弱
石 墨	3900		无	微 弱

由表 4-1 可见,常用的耐火材料,如 SiO_2、MgO、刚玉等,都不能直接与熔融钛接触,不能用作浇注钛和钛合金铸型的前几层的造型材料。图 4-2 所示为用硅酸乙酯—刚玉熔模型壳铸出的 Ti-6Al-4V合金铸件。

图 4-2 在硅酸乙酯—刚玉熔模型壳中铸出的 Ti-6Al-4V 合金铸件

目前可以用于钛和钛合金铸造的耐火材料有石墨、部分金属(铸钢、铸铁、铸铜)和难熔金属、部分难熔氧化物等。

4.1.2.1 *石墨*

石墨有天然石墨和人造石墨两类,可用于钛和钛合金铸造的是人造石墨。人造石墨的性能在很大程度上取决于原材料和制备工艺。人造石墨是以石油焦、炭黑、沥青焦等为主要原料,经过2000℃以上的高温处理,使无定形碳转化为石墨。其特点是含碳量在99%以上,灰分一般不超过0.5%,生产工艺比较复杂。普通人造石墨的密度为1.4~1.8 g/cm^3,存在较大的孔隙度。

对于钛而言,人造石墨的优良特性为:

(1) 热化学稳定性和耐火度高。石墨是目前最耐高温材料中的一种,它的熔点高达3850℃,汽化温度高达4500℃。在7000℃的超高温电弧下加热10 s,石墨的质量损失仅为0.8%,铸造工业中常用的刚玉质量损失高达6.9%~13.7%,而极耐高温金属,如W、Mo等的质量损失却已达到了12.9%。由于这样,在钛和钛合金的浇注温度下,石墨与液态钛只发生微弱的反应,可以铸出表面洁白、玷污层厚度比较小(≤0.15 mm)的钛合金铸件。

(2) 强度高。温度升高时,人造石墨不但不软化,强度反而增加(见表4-2)。

表4-2　温度对人造石墨强度的影响

温度/℃	20	500	1000	1500	2000	2500
拉伸强度 σ_b/MPa	34.0	34.5	36.5	48.5	50.5	
压缩强度 σ_{bc}/MPa	9.0	11.5	13.0	15.0	17.0	15.5

(3) 线膨胀系数低。表4-3为人造石墨的线或体膨胀系数与温度的关系。由表中数据可见,石墨加热,温度升高,体积变化是很小的,不会产生裂纹。因而,采用石墨作铸型可以铸造出几何形状正确、尺寸精度高的铸件。

表4-3　人造石墨的线或体膨胀系数与温度的关系

温度/℃	20~125	20~525	20~1025	20~1525	20~2025
平行于挤压方向的线膨胀系数 $\alpha_{//}$/K^{-1}	3.7×10^{-6}	4.5×10^{-6}	5.1×10^{-6}	5.5×10^{-6}	5.85×10^{-6}
垂直于挤压方向的线膨胀系数 $\alpha_{\perp}$/K^{-1}	4.1×10^{-6}	4.8×10^{-6}	5.4×10^{-6}	6.1×10^{-6}	6.3×10^{-6}
体膨胀系数 α_V/K^{-1}	11.5×10^{-6}	13.8×10^{-6}	15.6×10^{-6}	17.1×10^{-6}	18.0×10^{-6}

(4) 石墨对熔融钛有很好的润湿性,在常温下比氧化物陶瓷材料高出20%~30%,这有利于钛液对铸型的充填和铸出轮廓

清晰的铸件。但随着铸型温度的升高,钛液对石墨的润湿角趋向于0°。因此,石墨型的预热温度应适当,尤其是捣实石墨型和熔模石墨型壳。随着铸型预热温度的升高,铸件表面渗碳也逐渐趋于严重。熔模石墨型壳温度升高到一定值后,就会发生渗漏反应。

但人造石墨对于钛及钛合金铸造也存在着下列缺点:

(1) 在空气中加热易氧化。人造石墨在空气中加热,从430℃起就开始氧化,随着加热温度的升高,氧化速度逐渐加快。温度到达1200~1300℃时,氧化速度达到最高值。表4-4为石墨在空气中加热时的氧化速度。因此,石墨铸型的焙烧必须在还原性或惰性气氛下,或真空中进行。这给铸型的制备增添了复杂性,也增高了成本。

表4-4　石墨在空气中加热时的氧化速度

石墨种类	加热温度/℃	氧化导致质量损失到如下量时所需的时间/h	
		1%(质量分数)	6%(质量分数)
高纯致密石墨	500	200	
	600	7	25
	700	0.6	1.8
普通人造石墨	500	6	
	600	0.75	2.5
	700	0.2	0.7

石墨在水蒸气和二氧化碳气氛中同样要被氧化,但氧化较慢。另外,石墨在氢气中于600℃下开始反应,而在氮气中到2500℃下还是稳定的。因此,可以用氮气作为石墨高温焙烧的保护性气体。

石墨的氧化速度受石墨本身性质、石墨化程度和体积大小以及杂质含量等因素的影响。表4-5为杂质含量对石墨在空气中加热氧化速度的影响。

表 4-5　杂质含量对石墨在空气中加热氧化速度的影响

杂质名称	高纯石墨中的杂质	Mn	Fe	Co	Ni	Cu	Mg
杂质含量（质量分数）/%	2×10^{-6}	2×10^{-4}	2×10^{-4}	2×10^{-4}	2×10^{-5}	2×10^{-4}	5×10^{-6}
氧化速度 /kg·(kg·℃)$^{-1}$	8.4×10^{-5}	25.4×10^{-5}	19.6×10^{-5}	28.0×10^{-5}	53.2×10^{-5}	30.8×10^{-5}	9.52×10^{-5}

（2）吸附气体能力强。石墨放置在空气中会自行吸附空气、水蒸气。吸附气体的量与石墨的制备工艺、石墨的致密度和状态，石墨的除气温度和其他因素等有关。加热石墨时，首先释放出的是 CO_2、CO，然后是水蒸气和氢气等。表 4-6 为石墨在真空下加热时释放出气体的成分。表 4-7 为石墨状态对放气量的影响。从表 4-7 中可见，石墨状态对石墨的吸气能力影响很大，石墨砂吸附气体的能力大约是同牌号石墨块的 10 倍。试验表明，石墨的放气要在真空下加热至 2000~2200℃，并保温一段时间后才可能停止。除气后的石墨铸型如果不保存在温度为 100℃左右的炉内或真空下，而是直接放在空气中，它又要重新吸附气体。

表 4-6　石墨在真空下加热时释放出气体的成分（体积分数）　（%）

石墨类别	加热温度/℃	CO_2	CO	H_2O	H_2	其　余
普通人造石墨	300~600	35	5	25	5	30
	600~900	20	25	15	30	10
致密高纯石墨（密度 1700 kg/m^3）	300~600	20	15	30	10	25
	900~1000	5	40	5	50	
	2100		16		82	2

表 4-7　石墨状态对放气量的影响

石 墨 状 态	石墨块	石墨砂
未经焙烧的料加热至 1000℃后的放气量/cm^3·g^{-1}	0.12~0.14	1.02~1.05
在真空中于 1000℃下焙烧后在干燥大气中存放 2 d 后的放气量/cm^3·g^{-1}	0.05~0.06	0.71~0.70

(3) 热导率比氧化物耐火材料高。通常它的热导率为氧化物耐火材料的170倍、铝的3~3.5倍、钢的近2倍。在常用金属材料中,石墨的热导率超过铝和钢,而且它还具有异常热导率,即热导率随温度的升高而降低(见表4-8),在极高温度下几乎近于绝热。因此,当用机加工石墨型浇注钛铸件时,钛铸件的最小壁厚不得低于4 mm。由于热导率高,产生激冷,还常易使铸件表面出现微裂纹。在300℃以下,石墨的热导率随温度的提高而增加;300℃以上时则相反(见表4-8)。石墨的热导率还与石墨的密度有关(见表4-9)。表4-10为石墨与其他几种常用材料的传热系数与蓄热系数的比较。

表4-8 石墨热导率随温度的变化

温度 t/℃	20	300	500	1000	1500
热导率 λ/W·(m·K)$^{-1}$	75	130	110	60	45

表4-9 石墨热导率与其密度的关系

热导率 λ/W·(m·K)$^{-1}$	75	100	140	190
密度/kg·m^{-3}	1400	1500	1600	1700

表4-10 石墨与其他几种常用材料的传热系数与蓄热系数的比较

材料名称	石墨	铝	钢	铸铁	干砂黏土混合料
传热系数 /W·(m^2·℃)$^{-1}$	0.172×10^{-4}	0.85×10^{-4}	0.139×10^{-4}	0.139×10^{-4}	0.0006×10^{-4}
蓄热系数 /kW·℃$^{\frac{1}{2}}$·(m^2·K)$^{-1}$	10.0	22.9	14.5	14.5	1.395

(4) 石墨的另一特性是它的内部存在发达的孔隙。普通的人造石墨,孔隙对其所有性能(如强度、吸气性、热导率等)都有很大的影响。

用于钛和钛合金铸造的铸型材料人造石墨必须符合表4-11的技术要求。

表 4-11　用于钛和钛合金铸造的铸型材料人造石墨的技术要求

项目名称	技术要求
石墨化程度/%	100
含碳量/%	≥99
灰分/%	≤0.5
真密度/kg·m^{-3}	2190~2300
假密度/kg·m^{-3}	1550~1750
孔隙率/%	22~32
抗压强度/MPa	≥19.6
氧化起始温度/℃	430
晶体结构	六方晶格(a=0.246 nm,c=0.67 nm)
热导率(20℃)/W·(m·K)$^{-1}$	75
使用状态	石墨块或电极用作机加工型,规格需按市场供应情况和铸型尺寸确定
	石墨砂、粉用于捣实型或熔模石墨型壳

4.1.2.2　部分金属和难熔金属(粉)

用作钛和钛合金铸型材料的金属主要包括铸铁、铸钢和铸铜等,以及钨、钼等难熔金属。表 4-12 为铸钛用几种金属铸型材料的主要物理性能。

主要应用及特点为:

(1) 铸铁、铸钢和铸铜主要用于制造形状比较简单的中小型铸件(如人体植入物,即人工关节等)的铸型。因铸件小,冷却快,虽然它们的熔点低于钛的熔点,但注入钛液后,铸型表面温度一般达不到它们的熔点,所以仍然可用。使用寿命取决于铸件的形状与尺寸以及模具设计得是否合理和操作维护,正常情况下为 10~30 次。

(2) 钨、钼等难熔金属的熔点高,真空下与熔融钛接触时化学稳定性好。钼在铸钛铸型材料方面目前用得不多,主要用作钛合金压铸用压型的镶块和压机活塞的冲头,以提高压型和冲头的使用寿命。

表 4–12 铸钛用几种金属铸型材料的主要物理性能

物理性能	铸铁①	铸钢②	铜③	钨④	钼
熔点/℃	1220	1525	1082	3400	2615
密度/$g\cdot cm^{-3}$	6.8~7.0	7.8	8.9	19.3	10.2
抗拉强度 σ_b/MPa	≥150	≥400	≥150		
热容量/$J\cdot(kg\cdot K)^{-1}$	449~594	545			
线膨胀系数/$℃^{-1}$	13.0×10^{-6}	13.92×10^{-6}	16.92×10^{-6}	4.5×10^{-6}	5.2×10^{-6}
热导率(20℃)/$W\cdot(m\cdot K)^{-1}$	54.43~58.61	58	390	174	137

使用牌号和状态:① HT150 或 HT200;② ZG200~400;③ 铸造纯铜;④ 钨粉。

4.1.2.3 难熔氧化物

到目前为止,可以直接和熔融钛接触的氧化物有 ZrO_2、CaO、Y_2O_3、ThO_2 及其他一些稀土氧化物等。其中,ThO_2 有放射性不能使用。而含 SiO_2 和 Al_2O_3 的耐火材料虽然不能用作铸钛熔模精铸型壳的面层和邻面层材料,但常作为背层材料使用。表 4–13 为几种可用作铸钛造型材料的氧化物的主要特性。下面对其做简要介绍。

表 4–13 几种可用作铸钛造型材料的氧化物的主要特性

主要特性		SiO_2	Al_2O_3	CaO	$ZrO_2$①	Y_2O_3	ThO_2
晶体结构		六方型	六方型	立方型	立方型		立方型
相对分子质量		60.06	101.92	56.08	123.22	225.84	264.12
熔点/℃		1713	2015	2600	2677	2410	3300
耐火度/℃		1680	1590	2400	2500		2700
密度/$t\cdot m^{-3}$		2.32	3.97	3.32	5.56	4.84	9.63
热导率/$W\cdot(m\cdot K)^{-1}$	100℃		28.89	13.94	19.51		8.50
	1000℃		5.86	7.18	2.29		2.55
线膨胀系数(20~1000℃)/K^{-1}		13.9×10^{-6}	8.6×10^{-6}	13.8×10^{-6}	7.7×10^{-6}~8.1×10^{-6}		10.2×10^{-6}
化学性质		酸性	两性	碱性	弱酸性②	碱性	

① 稳定化的 ZrO_2;② 有的研究者认为是中性。

A　氧化锆

未经稳定化处理的氧化锆不能用作铸钛的铸型材料，这是因为它存在着三种同质异晶体：常温下为单斜晶体，高温下为四方晶体，温度更高时则转变为立方晶体。晶体的转变如下：

$$\text{单斜 } ZrO_2 \underset{\text{约 }1000℃}{\overset{\text{约 }1200℃}{\rightleftharpoons}} \text{四方 } ZrO_2 \xrightleftharpoons{\text{约 }2370℃} \text{立方 } ZrO_2$$

单斜晶体转变为四方晶体时，伴随着 9% 左右的体积变化。图 4-3 所示为 ZrO_2 的线膨胀曲线，图 4-4 所示为 ZrO_2 的差热分析曲线。由图可见，这种收缩与膨胀并非发生在同一温度，前者发生在 1200℃，后者发生在 1000℃ 附近。若用未经稳定化处理的 ZrO_2 作铸型，在焙烧和冷却过程中势必要开裂。为解决这个问题，通常采取向 ZrO_2 中加入氧化钙（CaO）、氧化镁（MgO）、氧化钇（Y_2O_3）、氧化铈（CeO_2）等，一般都采用 CaO，加入量为 4%~8%。经高温电熔或煅烧后就可以得到从室温直至 2000℃ 以上都稳定的立方晶型的氧化锆固溶体，称为稳定氧化锆。铸钛工业中大多采用电熔氧化锆。

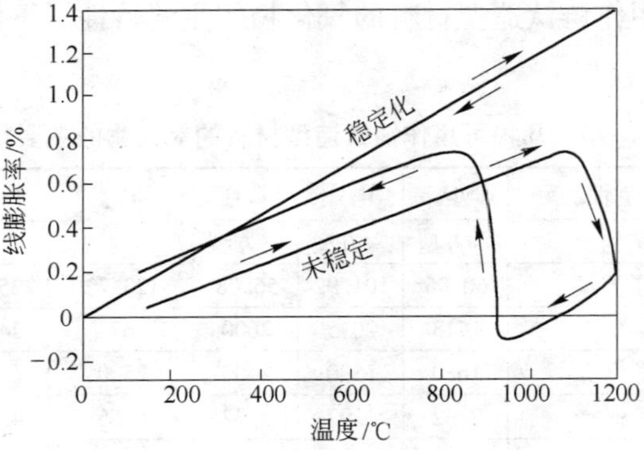

图 4-3　ZrO_2 的线膨胀曲线

经过高温电熔稳定化处理后的氧化锆，常温抗压强度可达 2100 MPa，在氧化性气氛中十分稳定。表 4-14 为用于钛和钛合金熔模精铸的电熔稳定的 ZrO_2 粉、砂的粒度和典型化学成分及主要物理性能。

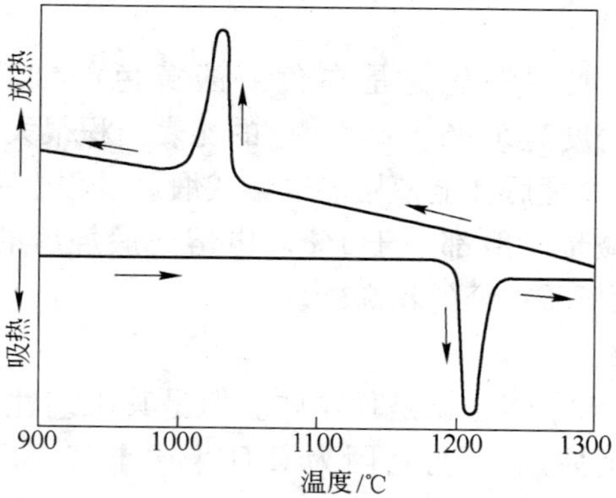

图 4-4　ZrO_2 的差热分析曲线

表 4-14　电熔 ZrO_2 粉、砂的粒度和典型化学成分及主要物理性能

粉、砂粒度/mm(目)	典型化学成分		主要物理性能		
	组　分	质量分数/%	项 目 名 称		技术指标
0.043(325)	ZrO_2+HFO_2	94.85	晶　型		立方晶格
0.542~0.175(30~80)	HfO_2	1.5	熔点/℃		2550
1.397~0.542(12~30)	CaO	3.8	真密度/$g\cdot cm^{-3}$		5.6~5.7
	SiO_2	0.40	不同粒度的松装密度/$g\cdot cm^{-3}$	粒度 1.397~0.542 mm(12~30 目)	2.84
	TiO_2	0.30			
	Fe_2O_3	0.05		粒度 0.542~0.175 mm(30~80 目)	3.12~3.36
	Al_2O_3	0.55			
				粒度 0.043 mm(325 目)	2.96
			努普硬度		1160
			热导率/$W\cdot(m\cdot K)^{-1}$	425℃	0.69
				870℃	0.79
				1100℃	0.85
			平均线膨胀系数/K^{-1}		5.2×10^{-6}
			化学性质		中　性

注:表中数据来源于美国 Norton 公司。

B　氧化钇

从矿物提取的氧化钇是白色或淡黄色的细粉末，熔点为2410℃，理论密度为5.96 g/cm³。它的比表面积很大，必须经电熔或煅烧稳定化处理后才能使用。电熔或煅烧过程中不发生晶型转变，它的总灼减量一般都小于1%。电熔或煅烧后的氧化钇团块经破碎筛分成所需粒度的粉和砂。

C　氧化钙

氧化钙相对于熔融钛是稳定的。但是其工艺性不好，容易吸潮，阻碍了它的应用。但是，因为CaO来源丰富，价格低廉，人们一直希望CaO获得应用。

为了避免CaO作铸型材料时在空气中的吸潮和水合作用，可改用碳酸钙作铸型材料。铸型经1000℃焙烧使$CaCO_3$转化为CaO，并在700~800℃下浇注钛和钛合金，铸出质量良好的钛合金铸件。详细工艺将在后面介绍。

不论是CaO或$CaCO_3$用作铸型材料，都要经过预先处理。CaO必须进行电熔或煅烧除去其中的有害杂质，使其化学成分达到表4-15要求，才能使用。$CaCO_3$必须经过致密化处理，去除杂质，达到较高纯度后才能使用。采用$CaCO_3$的目的：

(1) 解决了CaO的吸潮和水合作用；

(2) 降低成本和解决原料来源；

(3) 减少了铸件表面磨削和化学铣量；

(4) 可以生产出高精度的铸件。

表4-15　用作钛和钛合金铸造的氧化钙的化学成分要求

处理工艺	化学成分(质量分数)/%				
	CaO	MgO	Al_2O_3	SiO_2	Fe_2O_3
电熔或煅烧	>99.1	0.01~0.41	0.006~0.04	0.005~0.09	0.005~0.02

4.1.2.4　背层材料

用作钛和钛合金熔模精铸背层的耐火材料应满足如下要求：

(1) 在物理性能和工艺性能上应与面层和邻面层材料相

匹配;

(2) 应具有高的强度和耐火度;

(3) 有良好的使用性能;

(4) 价格低廉、来源丰富,对操作人员健康无害。

目前可用作钛和钛合金熔模精铸氧化物陶瓷型壳背层材料的有电熔刚玉、莫洛卡特、上店土、煤矸石、铝矾土等硅铝系耐火材料。

4.1.3 黏结剂

钛和钛合金铸造的面层黏结剂应满足如下要求:

(1) 黏结剂与耐火材料基体之间不发生化学反应,经高温焙烧后,生成的产物应具有高的热化学稳定性,与熔融钛接触不发生物理、化学反应;

(2) 与耐火材料基体混合后有良好的工艺性能,如流动性、黏度、湿强度和附着强度等;

(3) 能使制备的铸型(型壳)和型芯具有要求的强度和透气性,在铸型制备、运输和铸造过程中不被损坏;

(4) 铸型(型壳)和型芯在热处理过程中不应当出现大的体积变化;

(5) 无毒,不污染环境,不危害操作人员健康;

(6) 价格适中。

目前采用的黏结剂有两类:碳质黏结剂和氧化物黏结剂。虽然这两类黏结剂可以用,但严格说它们在工艺性和经济性方面尚不能令人满意,还需要寻求新的黏结剂。

4.1.3.1 碳质黏结剂

碳质黏结剂用于制备捣实石墨型和熔模精铸石墨型壳,这类黏结剂有合脂和合成树脂。

A 合脂

合脂是制皂工业中合成脂肪酸生产过程的副产品,即以石蜡(主要成分为 C_{20}~C_{30} 的烷烃)为原料,经过氧化、皂化分离、真空蒸馏出中碳(C_{10}~C_{20})的脂肪酸产品后剩余的残渣。

国内钛和钛合金铸造中使用的合脂的性能(QB 522—1966)见表4-16。表中的酸值和黏度是衡量合脂质量的两项重要指标。

(1) 酸值:由于合脂的硬化作用,主要靠羟基酸,因此羟基酸含量的多少是合脂的一项非常重要的指标,目前国内采用酸值间接地表示。合脂的酸值不宜过高,否则合脂中脂肪酸含量多,相对的羟基酸就减少了。

(2) 黏度:黏度是合脂的另一项重要指标。

表 4-16　国内钛和钛合金铸造中使用的合脂的性能

牌　号	项目名称	性能指标
HZ①	酸度(KOH)/$mg \cdot g^{-1}$	<70
	黏度(30℃)/s	15~60
	外　观	棕黑色

① HZ是未经稀释的。

合脂在常温下是膏状物,不溶于水,但溶于煤油和溶剂油中。用作铸钛捣实石墨型的合脂一般不稀释,而通过加热到不大于70℃,使其具有较好流动性,直接加入混合料中混匀使用。

合脂属于化学硬化,是一个由低分子化合物转变成高分子化合物的不可逆过程。当合脂被加热时,首先是合脂中的一些相对分子质量最低的组分逐渐挥发,合脂变稠,与此同时,不饱和脂肪酸混合物发生氧化聚合反应,不溶物中的羟基酸相互间进行缩聚反应和羟基酸与脂肪酸之间的脱水缩聚反应。通过上述几种缩聚反应和氧化聚合反应的连续进行,使合脂的相对分子质量逐渐增大生成复杂的网状结构的聚合物,最后形成坚韧的固体。然后随着加热温度继续升高,到300℃以上时,硬化了的合脂开始分解,挥发出气体产物,最后生成类似于石油焦的碳质体。

B　合成树脂

钛和钛合金铸造中常用的是甲阶酚醛树脂,对其要求:

(1) 于常温在固化剂的作用下或加热能较快地发生缩聚反

应,转变成不溶或不熔的三维网状结构;

(2) 常温下黏度适中,便于配料,固体含量较高,含有害物,如游离酚等应尽可能低;

(3) 能很好地润湿蜡模,且又不与蜡模料发生化学反应;

(4) 高温焙烧过程中分解碳化温度适中,释放出的分解产物不会严重污染环境,焙烧后生成焦炭率应在 50% 以上,强度高且不脆,收缩率稳定;

(5) 价格低廉。

表 4-17 为 2127 甲阶酚醛树脂的主要性能指标。

表 4-17　2127 甲阶酚醛树脂的主要性能指标

项目名称	自由酚含量(质量分数)/%	固体含量(质量分数)/%	水　分(质量分数)/%	流杯黏度/s	外　观
性能指标	<21	>80	<20	120~150	透明、棕红色黏稠液体

该树脂加入酸性催化剂即固化。图 4-5 所示为 2127 甲阶酚醛树脂的差热分析曲线,由图可见,加热后树脂发生缩聚反应析出吸附水和化合水,温度继续升高,树脂开始热分解碳化,释放出 CO_2、CO、C_2H_4、CH_4、H_2 等(见图 4-6),到了 350~800℃之间发气量最大。因此,在这个温度区间应控制升温速度,而且应在 500℃

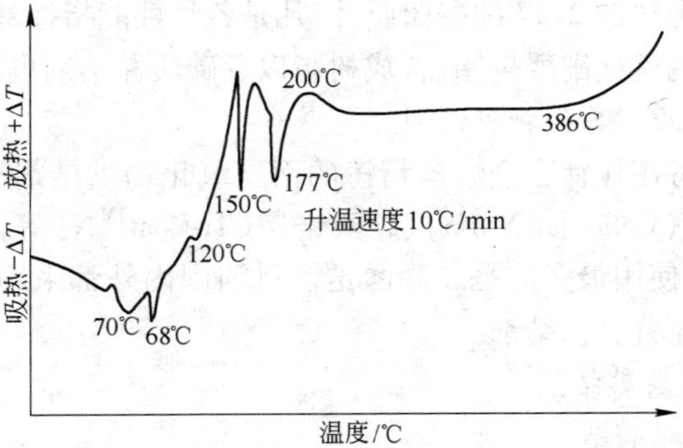

图 4-5　2127 甲阶酚醛树脂的差热分析曲线

下保温 0.5~1.0 h,在 700℃下保温 1.0~1.5 h,以防升温过快,发气太激烈,破坏铸型内腔的表面层质量。

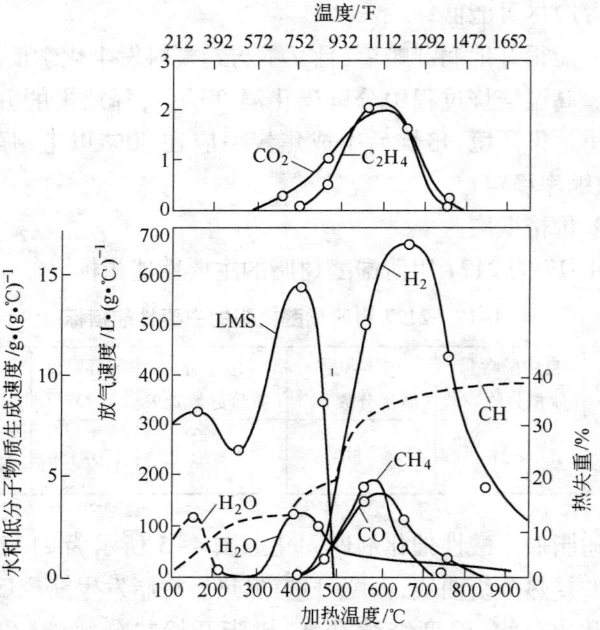

图 4-6　酚醛树脂加热分解时水、低相对分子质量物质和各种气体生成的速度及热失重与加热(热解)温度的关系

除了上述的 2127 酚醛树脂外,凡是各种性能指标基本能满足上述要求的其他酚醛树脂、合成树脂以及碳质黏结剂也可采用。

4.1.3.2　氧化物黏结剂

目前可用作钛合金熔模精铸的面层氧化物黏结剂有:二醋酸锆、钇溶胶(Colloidal Yttria)、碳酸锆铵(Ti-Coat™ N)等,其中工艺性能最好、使用最多的是二醋酸锆。目前国内外都采用硅酸乙酯或硅溶胶作背层黏结剂。

A　面层黏结剂

a　二醋酸锆

二醋酸锆是一种锆的有机化合物,其化学通式为:ZrO

$(CH_3COO)_2 \cdot 2H_2O$。化学结构式为:

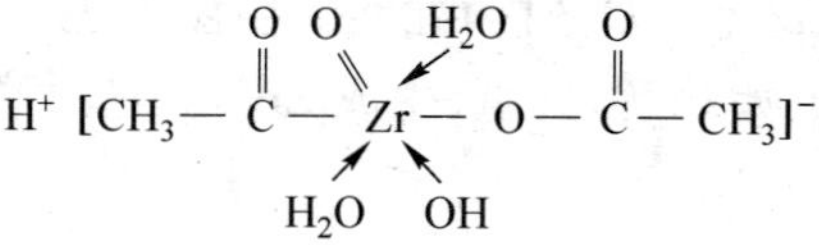

它通常是以水溶液形式存在。从上述结构式中可见,由于一个分子中有多个氧,因此有聚合的倾向,聚合后的结构为:

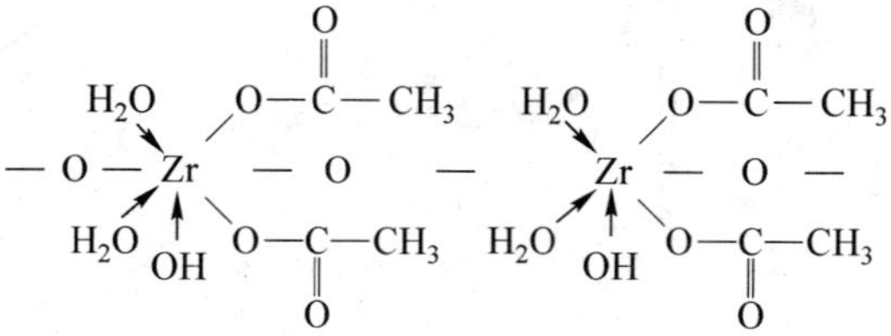

商业上提供的二醋酸锆实际上是一种具有不同聚合度的醋酸锆分子的聚合物混合体。它有良好的黏性,且溶于水。表 4-18 为二醋酸锆的主要成分和性能。

表 4-18 二醋酸锆的主要成分和性能

主要成分(质量分数)		主要性能	
ZrO_2/%	22.0~24.0	冰点/℃	-7
氯化物(Cl)/%	≤0.5	密度/$g \cdot cm^{-3}$	1.23~1.43
硫酸盐(SO_4)/%	≤0.5	pH 值	3.8~4.2
碱与碱土金属(以硫酸盐计)/%	≤0.3	运动黏度/$m^2 \cdot s^{-1}$	$(3\sim8)\times10^{-6}$
		外观	琥珀色或淡黄色透明稠性液体

二醋酸锆对蜡模料和耐火氧化物均具有较好的润湿性能和黏结性能。由于二醋酸锆分子中有多个氧,非常容易聚合。因此,它在大气下干燥时,水分子挥发,二醋酸锆含量提高,分子间碰撞几率增加,分子聚合度增加,逐渐成冻胶,最后胶凝将耐火材料颗粒黏结在一起,形成具有一定强度的涂层。但是它与硅酸乙酯和硅溶胶相比,胶凝的速度较慢,且是可逆的。胶凝后的二醋酸锆在水中还会发生回溶,从蜡模上脱落。

胶凝后的二醋酸锆加热时要发生脱水和分解。图 4-7 所示为二醋酸锆的 ADT(示差分析)曲线。由图可见,二醋酸锆加热到 190℃以上时就开始分解、失重,生成 ZrO_2。经过高温 1000℃焙烧后,生成稳定的 ZrO_2。

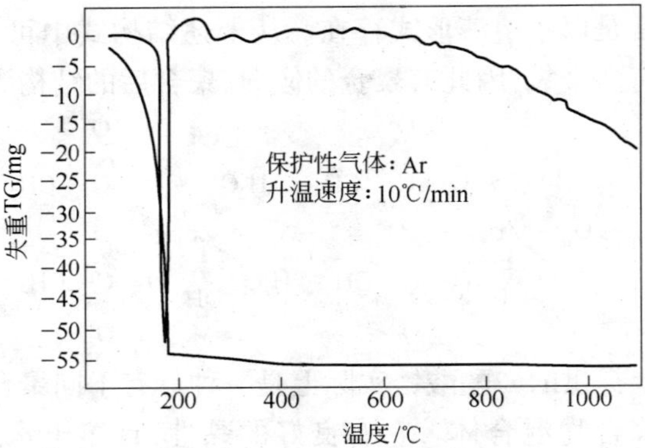

图 4-7　二醋酸锆的 ADT(示差分析)曲线

b　钇溶胶

钇溶胶(Colliodal Yttria)在正常情况下是一种透明的液体,有时会有白色碳酸钇沉淀物,这是钇溶胶与空气中的 CO_2 作用造成的,使用时应把白色沉淀物滤去。表 4-19 为钇溶胶的主要性能。

表 4-19　钇溶胶的主要性能

产地	氧化钇含量(质量分数)/%	胶粒尺寸/μm	pH 值	胶粒电荷	补偿离子(Counterion)	密度/g · cm^{-3}	黏度/Pa · s	外　观	寿　命
美国	14	5	7 ±0. 2	阳离子	1 mol 氧化钇补偿 2. 5 mol 醋酸	1. 17	10	透明的液体,有时会有白色碳酸钇沉淀物	4. 5℃下(冰冻)至少 6 个月,常温下约 2~3 个月
中国	15		7~8. 5			1. 27	10	浅黄色半透明状胶体	常温下半年

使用此种黏结剂配制料浆时，对添加物的加入顺序和 pH 值的控制要求都非常严格，任何影响料浆 pH 值的添加物都有可能使料浆的性能发生变化，甚至很快胶凝。

c Ti－CoatN 黏结剂

Ti－CoatN 黏结剂是一种碱性的碳酸锆铵溶液，它可用作钛和钛合金铸造的黏结剂。表 4-20 为 Ti－CoatN 黏结剂的典型性能。该黏结剂的 pH 值低于 9.6 时，应添加未稀释的氢氧化铵，将 pH 值提高到 10 或更高些，以延长涂料浆的寿命。

表 4-20 Ti－CoatN 黏结剂的典型性能

产地	黏结剂固体总含量（质量分数）/%	ZrO_2 固体含量（质量分数）/%	pH 值	密度 /g·cm^{-3}	黏度 /Pa·s	外 观
美国	32±2	18	9.1~10.2	1.37~1.41	7~10.5	
中国	32±1		9~11	1.37~1.41	7~10.5	无色或浅黄色透明液体

该黏结剂与稳定化的 ZrO_2 粉配制成的料浆在使用过程中必须精细管理和控制，料浆用过后应加盖密闭以防氨挥发损失，因为氨是黏结剂的稳定剂。在使用过程要定期检查黏结剂的固体含量，使其固体总量保持在 32%±2%，高于此值时可添加稀释的碳酸铵溶液或氨水。低于此值时，应添加 Ti－CoatN 黏结剂。

B 背层黏结剂

背层黏结剂用硅酸乙酯或硅溶胶。表 4-21 为熔模铸造用硅酸乙酯的性能要求，表 4-22 为熔模铸造用硅溶胶的性能要求。

表 4-21 熔模铸造用硅酸乙酯的性能要求

性 能	技术指标	
	硅酸乙酯 32	硅酸乙酯 40
外 观	无色或淡黄色澄清或微浊液体	
二氧化硅质量分数/%	32.0~34.0	40.0~42.0

续表 4-21

性　能	技术指标	
	硅酸乙酯 32	硅酸乙酯 40
盐酸质量分数(HCl)/%	≤0.04	≤0.015
110℃以下馏分质量分数/%	≤2	≤3
密度/$g \cdot cm^{-3}$	0.97~1.00	1.04~1.07
运动黏度/$m^2 \cdot s^{-1}$	$\leqslant 1.6 \times 10^{-6}$	$\leqslant (3.0\sim5.0) \times 10^{-6}$

表 4-22　熔模铸造用硅溶胶的性能要求

牌　号	化学成分		物理性能				其　他	
	SiO_2 /%	Na_2O /%	密度 /$g \cdot cm^{-3}$	pH 值	运动黏度 /$mm^2 \cdot s^{-1}$	SiO_2 粒子直径/nm	外　观	稳定期
GRJ-26	24~28	≤0.3	1.15~1.19	9~9.5	$\leqslant 6 \times 10^{-4}$	7~15	乳白或淡青色，无外来杂物	≥1 年
GRJ-30	29~31	≤0.5	1.20~1.22	9~10	$\leqslant 8 \times 10^{-4}$	9~20		

4.1.3.3　辅助材料

捣实型需要的辅助材料主要有稀释剂(如酒精、煤油等)、分型剂等。熔模精铸所需的辅助材料主要有模料和各种辅助添加剂，如润湿剂、消泡剂等。

A　模料

对模料的基本要求：

(1) 要有好的涂挂性；

(2) 模料化学稳定性要好，不能与面层黏结剂发生化学反应，模料中灰分要低；

(3) 模料凝固后的线收缩和体收缩(缩陷)要小，且稳定；

(4) 有比较高的强度和合适的塑性(韧性)，以及好的流动性及复模性；

(5) 熔点要求在 50~80℃之间，便于操作；

(6) 无毒，不污染环境；

(7) 价格适中,来源方便。

符合上述要求的用作钛和钛合金熔模精铸的模料大多是石蜡— 松香基或石蜡—树脂基模料;表 4-23 为目前国内外用于钛和钛合金精铸的一些模料及其主要性能。

表 4-23 国内外用于钛和钛合金精铸的一些模料及其主要性能

序号	牌号	产地	抗弯强度/MPa	线收缩率/%	滴点/℃	熔点/℃	针入度/(10 mm)$^{-1}$	流动性/mm	灰分/%	黏度(100℃)/mm^2·s^{-1}	涂挂性
1	T-8.5	北京航空材料研究院	7.01	0.5	56		5	7.5	<0.05		好
2	C-642①	抚顺石油化工研究院	8.60	0.61		78.4	4		0.015	179.23	好
3	C-646	抚顺石油化工研究院	8.91	0.59		76.9	4		0.015	109.09	好
4	C-864	抚顺石油化工研究院	8.55	0.91	75.3		6	63.95	0.018		好
5	KC303	美国	6.58	1.12	77	71	4.9	7.4	<0.05		好
6	KC2683KE	美国	8.06	1.04	87	80	3.9	7.8	<0.05		好
7	CL162	美国	5.27	1.4	81	71	4.1	7.5	<0.05		好
8	K512	日本	7.76	1.48	80	72	5	12.2	<0.05		好

① C-642 的密度为 0.9949 g/cm^3。

B 辅助添加剂

为了改善模料对精铸涂料浆的涂挂性,需要在涂料浆中加入适量的表面活性剂(润湿剂)。目前所用黏结剂的 pH 值都不超过 7,因此,宜选用以各种环氧乙烷加成物为主的非离子型表面活性剂。这类活性剂的润湿和渗透能力好,泡沫较少,易于消除,加入量少且效果显著;溶于水后不电离,在酸或碱溶液中均较安定,在一般加入量情况下,不会降低涂料浆的稳定性。

环氧乙烷加成物非离子型表面活性剂有聚乙二醇型和多元醇型两类,钛合金精铸中常用的多是聚乙二醇型表面活性剂,属于这类的有 JFC、OP、OT 等。其加入量通常为黏结剂重量的0.05%~0.1%。

当钛和钛合金熔模精铸涂料浆中存在较多气泡时,可以加入少量消泡剂。目前国内常用的消泡剂多是正辛醇以及某些其他醇类。

4.2　铸造的造型工艺

4.2.1　半永久型铸造

钛及钛合金的半永久型铸造包括金属型铸造和机加工石墨型铸造。

4.2.1.1　金属型铸造

钛和钛合金铸造使用的金属型通常是用灰铸铁(HT150 或 HT200)、铸钢(ZG200~400)、铸铜(纯紫铜或黄铜)以及极少量难熔金属(例如钼)制造的。这些金属的主要性能参见表 4-12。从表中可见,这些材料除难熔金属外,其余的熔点都低于钛的熔点,它们能用作铸造钛合金的铸型,其原因是:

(1) 这些材料的热导率都比钛高,钛液浇进铸型后产生的热量迅速被传走;

(2) 钛的热导率低,钛液浇入铸型与型面接触后,立即凝固形成一层薄壳,从而可有效地加大铸型的温度梯度(见图 4-8)。

上述的几种金属铸型材料各有优缺点:

(1) 铸铁刚性好,易于加工,价格低廉,寿命较长,在较低温度下对熔融钛是稳定的。同时由于它内部含有片状石墨组织,因而钛液对它润湿性较好,有利于钛液的充填和铸件的成形。其缺点是线膨胀系数高,熔点较低。因此,它通常只适宜于制造铸件的外铸型,不宜用作型芯。

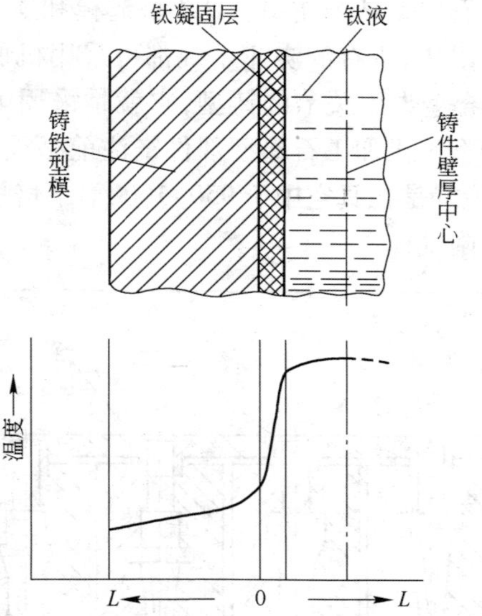

图 4-8 铸型浇注钛铸件时其温度场示意图

（2）铸钢与铸铁相似，比铸铁强度高，更耐用，但变形比铸铁略大。

（3）铸铜的热导率很高，但强度低，刚性差，只能用于制造小件的铸型，价格高，一般很少用。

（4）难熔金属耐高温，且硬度高、耐磨，但很脆，价格昂贵，加工性不好，主要用钼作压铸的冲头。

金属型铸造的关键在于铸型的设计，它直接关系到铸件的质量和尺寸精度、铸型的寿命、铸型的加工和制造成本。设计时除应遵循普通金属型设计原则外，还必须考虑钛和钛合金铸造的特点，归纳起来有如下几点：

（1）应尽可能采用底注方式；

（2）应采用开放式的浇注系统；

（3）尽量采用离心浇注，按离心浇注的要求设计金属铸型的结构和固定方式。

为了降低金属型的造价和提高金属型的使用寿命，可以把金属型与机加工石墨型结合使用。凡不好起模和易损坏的型腔部分可采用镶嵌石墨块，所有的浇注系统都可采用机加工石墨型。图4-9所示为钛合金人工关节的铸型，它就是采用了金属型与机加工石墨的组合型。机加工石墨型部件浇注前必须经较高温度（≤400℃）烘烤，最好是在真空中于950~1000℃下焙烧1.0~2.0 h，以除去其中的吸附气体。

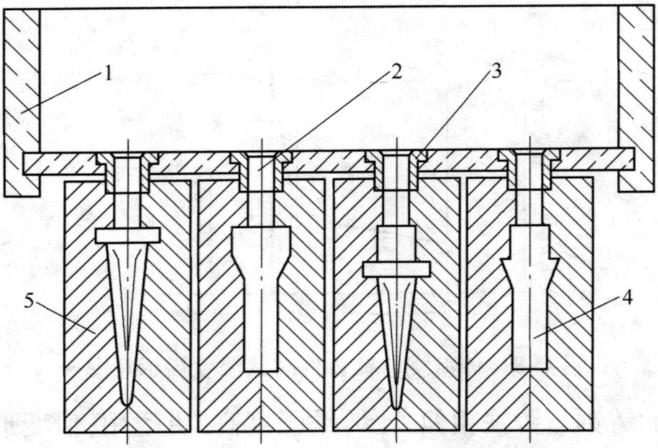

图4-9 钛合金人工关节的铸型

1—石墨浇杯；2—浇口；3—石墨套管；4—关节型腔；5—单套金属型

金属型的使用寿命取决于铸件的形状结构和铸型的设计与加工水平。在正常情况下，其寿命为10~50炉次。

采用金属型时应特别注意的几个问题：

(1) 铸铁、铸钢、铸铜等只宜做外模，不宜做型芯。因为这几种金属的熔点都低于钛合金的熔点。当钛液浇进型腔后，型芯四周被液钛包围受热，温度急剧升高，使型芯表面软化，可能与钛液熔合而失效；另一方面，金属型芯受热膨胀，而钛合金铸件冷却则收缩，两者综合作用会产生很大的应力，最终造成铸件产生冷裂，图4-10所示为实例铸件。

(2) 用铸铁做铸型时，其型腔内部不宜出现孤立的突起棱角结构（见图4-11）。

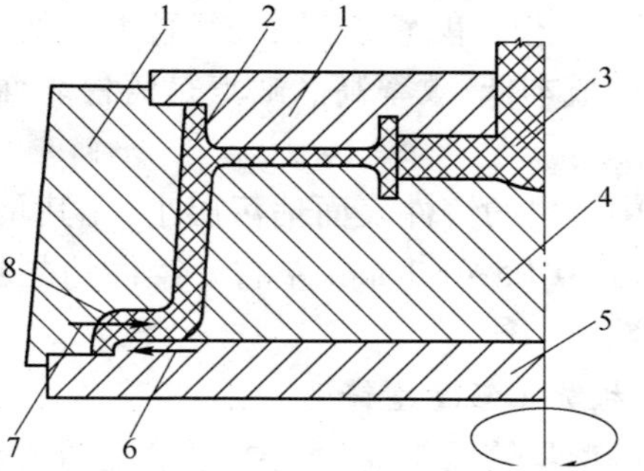

图 4-10　采用铸铁型芯导致铸件产生严重裂纹的钟罩式铸件

1—石墨模;2—铸件;3—浇道;4—石墨型芯;5—铸铁模;
6—膨胀力;7—收缩力;8—裂纹区

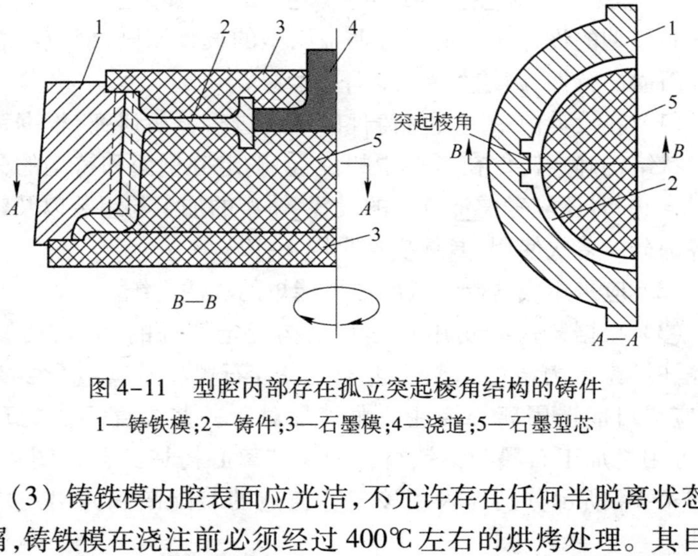

图 4-11　型腔内部存在孤立突起棱角结构的铸件

1—铸铁模;2—铸件;3—石墨模;4—浇道;5—石墨型芯

(3) 铸铁模内腔表面应光洁,不允许存在任何半脱离状态的车屑,铸铁模在浇注前必须经过 400℃ 左右的烘烤处理。其目的为:1)将上述存在半脱离状态的车屑氧化去除;2)使新加工的铸铁模表面被钝化,避免新加工的高活性表面与钛液反应。实践证明,凡加工表面粗糙而又未经烘烤处理的铸铁外模,很容易使铸件表面产生冷隔、流痕或欠铸等缺陷。特别是头一两次使用,这种现象最为明显。

金属型铸造工艺简单,铸件尺寸精确,生产某些小型铸件(如人体植入物等),成本低,效率高。缺点是铸件表面有时会出现冷隔、流痕等缺陷。

在金属型中铸出的铸件表面玷污层小,尤其是第一炉以后浇注的铸件,通常在 0.05~0.1 mm 左右。铸件的晶粒较细,力学性能较高且分散性小。

4.2.1.2 机加工石墨型铸造

机加工石墨型是铸钛工业生产中最早使用的铸型,采用高纯度(w(C) >99.0%)完全石墨化的人造石墨电极或块,通过机加工或手工制成部件,然后组合而成。石墨型整个生产过程的两大关键技术直接关系到铸件的质量和生产成本。

A 机加工石墨型及其组合夹具的设计与加工

石墨型的设计原则上可遵循金属型的设计原则,但应结合铸钛和石墨的特性,归纳起来有以下几点:

(1) 在设计前一定要对铸件的结构进行分析研究,根据铸件的形状结构确定铸件在铸型中的位置,确定分型面和铸型的分块与组合,同时还应考虑浇冒口的设置、铸型的加工与组装以及铸型的各部分能多次使用(具体实例见图 4-12)。

(2) 应采用底注开放式的尽可能短的浇注系统。

(3) 根据铸件的功用和形状结构确定铸件的浇注方式(离心浇注还是重力浇注),然后再考虑设计石墨型及其组合装夹固定;应尽可能选用离心浇注。尤其是对于一些高度不高的环形件,可用机加工石墨与铸铁组合型无芯离心铸造工艺。图 4-13 和图 4-14 所示分别为采用该工艺铸造的装配图和铸出的环形铸件。

(4) 铸型的壁厚应根据铸件尺寸、壁厚和形状结构来确定,在正常情况下,其厚度不得小于 20 mm。

(5) 由于石墨型强度高,退让性差,铸件表面常易产生微裂纹,其深度一般在 0.3~2.0 mm 左右,因此有内腔的铸件不宜用石墨型芯,而应用捣实石墨型芯。

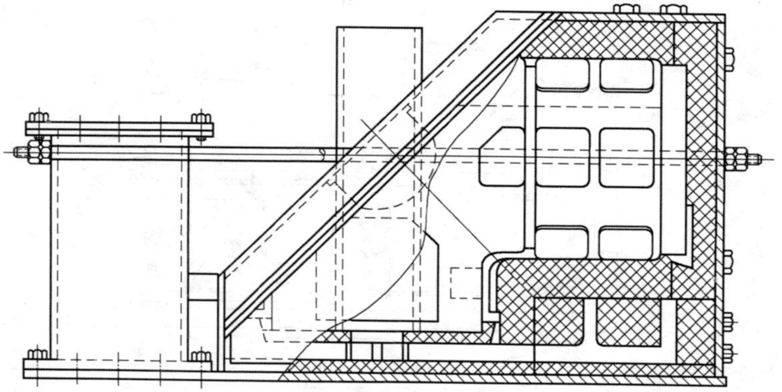

(a)

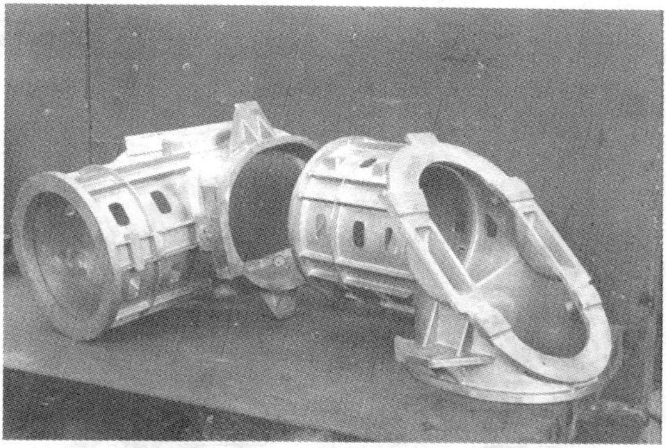

(b)

图 4-12 铸型和铸件图
(a) 铸型;(b) 铸件

B 机加工石墨型的焙烧处理

由于石墨具有很强的吸气能力,再加上它内部有很发达的孔隙。石墨型浇注前的焙烧工艺对铸件中的气体缺陷影响很大。在还原性气氛中焙烧的石墨型与在真空下于1100℃焙烧后的铸型相比,最终铸出铸件的内部气体缺陷相差很多。不仅如此,石墨型

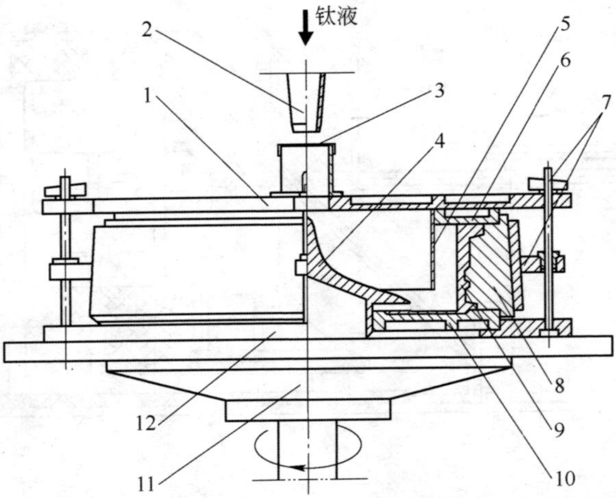

图4-13 机加工石墨型与铸铁组合型无芯离心铸造的装配图
1—盖板;2—漏斗;3—铝箔;4—分流塔;5—挡板;6—上模板;7—夹具;
8—石墨模;9—钛铸件;10—下模板;11—离心装置;12—底板

图4-14 无芯离心铸造工艺铸出的环形铸件

浇注前的处理状态还要影响铸件的表面质量。可以看出,为了获得质量好的铸件,石墨型在浇注前最好能经真空高温焙烧。

C 机加工石墨型的浇注及其铸件质量

石墨型的浇注应根据铸件的形状、尺寸、壁厚、重量以及质量要求进行选择:凡形状简单、厚壁尺寸和重量很大、质量要求一般的铸件，可采用重力浇注，而形状比较复杂、壁厚接近 4 mm、质量要求高的铸件，应用离心浇注。

石墨型铸出铸件的晶粒度比在熔模型壳中铸出的铸件小，其力学性能的分散性也小些。铸件表面的 α 层厚度与铸型浇注前的准备工艺有关。铸型浇注前经真空高温焙烧，其 α 层厚度通常在 0.10~0.15 mm 范围内。图 4-15 所示为石墨型铸出的各种钛和钛合金铸件。

(a) (b) (c)

图 4-15　石墨型铸出的各种钛和钛合金铸件

(a) 光学仪器框架；(b) 壳体；(c) 化工用泵

4.2.2　砂型铸造

钛和钛合金的砂型铸造与铝合金、钢的砂型铸造相似，不同的是耐火材料采用石墨砂或特种耐火砂，黏结剂用碳质黏结剂或专用黏结剂。目前在铸钛工业生产上所用的铸型主要有捣实或压制石墨型和捣实的特种砂型。

4.2.2.1　捣实或压制石墨型

A　概述

造型工艺过程与普通砂型基本相似(见图 4-16),所不同的

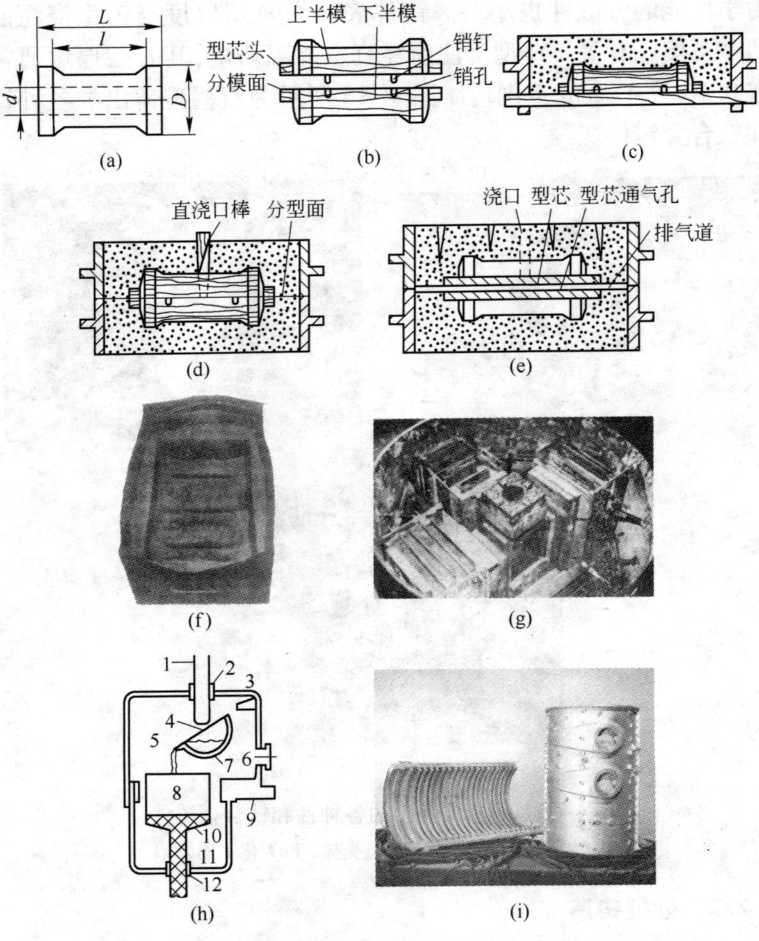

图 4-16　钛和钛合金的砂型铸造工艺过程

(a) 铸件图;(b) 模样;(c) 造下型;(d) 造上型;(e) 铸型;(f) 高温焙烧;(g) 铸型浇铸;(h) 凝壳炉熔炼铸造;(i)铸件

1—自耗电极;2,12—密封;3—加料斗;4—电弧;5—炉体;6—真空系统;7—坩埚;8—铸型;9—闸板阀;10—升降离心盘;11—浇铸室

是铸型浇注前必须在还原性气氛下高温焙烧，使碳质黏结剂热分解。

铸型制备的工艺过程由下列几个阶段组成：

（1）配制造型混合物及其质量检验；

（2）制造半型和型芯；

（3）铸型冷固化或热固化；

（4）铸型的高温焙烧（包括真空高温除气）；

（5）铸型质量检验、组装以及存放。

造型可用手工捣实或机械振动捣实，用手工捣实或机械振动捣实造型时，造型用的模型通常用尺寸稳定的木材制造，个别也有用金属（铸铁、低碳钢、铝合金等）制造的。当采用机器压实造型时必须用金属制造，极个别的也用坚硬的木材。

B 捣实或压制石墨型造型混合物的组分与配比

造型混合物用不同粒度组成的石墨粉与碳质黏结剂及必需的添加剂，按比例配制而成。

捣实石墨型工艺是美国矿山局发展的一项可生产大、中、小型复杂钛和钛合金铸件的新工艺，这项工艺及由此派生的各种类似工艺迄今还在铸钛工业生产中使用。自美国矿山局发展了这项工艺后，世界一些主要铸钛生产国，如前苏联和我国等，根据本国的资源和工业发展的需求，也相继发展了自己的捣实石墨型工艺，根据使用黏结剂不同，捣实石墨型的造型混合物可归纳分成三类（见表 4-24）：

（1）多组元黏结剂的石墨造型混合物；

（2）单组元黏结剂的石墨造型混合物；

（3）水溶性黏结剂的石墨造型混合物。

表 4-24 中的 4 号合脂石墨造型混合物是由北京航空材料研究院与沈阳铸造研究所共同开发的，一直在国内铸钛工业生产中广泛使用。而 5 号和 6 号的水溶性黏结剂石墨造型混合物是美国的 Mitron 公司于 20 世纪 60 年代发展的。

表 4–24 捣实石墨型工艺几种造型混合物的组成及其配比

序号	分 类	组 成	配比(质量分数)	稀释剂	使用国家
1	多组元黏结剂石墨造型混合物	石墨粉(AFS - GFN85)	70%	水	美国
		沥 青	10%		
		碳质黏结剂	10%		
		淀 粉	其余		
		表面活性剂	其余(少量)		
2	单组元黏结剂石墨型砂	石墨粉	100 份(重量)	醇类	俄罗斯、德国、日本、中国
		可溶性酚醛树脂	7%~20%(以干残渣计算)		
		酸性固化剂	树脂重量的 10%~30%		
3		石墨粉	100 份(重量)	醇类	俄罗斯
		酚醛树脂	7%~20%(以干残渣计算)		
		六亚甲基四胺	树脂重量的 6%~14%		
4		石墨粉	100 份(重量)	煤油	中国
		HZ 合脂	15 份(重量)		
5	水溶性黏结剂石墨造型混合物	石墨粉	100 份(重量)	水	美国
		卤化物黏结剂	20 份(重量)		
		淀 粉	2 份(重量)		
		水	10 份(重量)		
6		石墨粉	100 份(重量)	水	
		卤化物黏结剂	20 份(重量)		
		硅酸钠(水玻璃)	5 份(重量)		
		水	10 份(重量)		
7		纸 浆	8%~12%	水	俄罗斯
		淀 粉	5%~10%		
		碳质黏结剂	8%~9.5%		
		表面活性剂	1%		
		水	5%~18%		
		石墨粉	余 量		

注:2~6 号的造型混合物以石墨粉重量为 100 份,其他组分是外加量。

上述各种造型混合物的差别在于加入黏结剂的种类、数量和石墨粉的粒度组成以及其他等。由于黏结剂的种类不一样，造成由它们配成的石墨造型混合物的固化方法也不一样，依此被分为冷固型和热固型两种。冷固型石墨造型混合物是在混合物中加入酸性固化剂，使黏结剂聚合发生固化。如表4-24中的2号混合物。热固型石墨造型混合物黏结剂的聚合通过加热实现，如表4-24中的3号和4号混合物。

C 捣实或压制石墨型的石墨造型混合物的制备

制备过程包括如下工序：

(1) 准备石墨粉，并按要求级别加以筛分；

(2) 准备黏结剂和其他的辅助材料；

(3) 准备好的石墨粉倒入碾砂机（或其他混合器）内拌和，并加入准备好的黏结剂，使它们充分拌和均匀；

(4) 检查湿态下造型混合物的性能，合格后取出混合好的造型混合物，静置一段时间后，则可造型。

在制备石墨造型混合物前，首先把石墨粉进行烘烤，温度为150~250℃，时间为2~3 h。干燥后的石墨粉放到筛分设备上筛分，然后按造型混合物所要求的粒度组成称取必需的每种粒度的石墨粉量，倒入碾砂机内并加入黏结剂拌和均匀，最后取出混合均匀了的混合物，按要求检查其质量。

表4-25为国内的HZ合脂石墨造型混合物的性能。

用于制备捣实或压制石墨型的造型混合物必须具备的工艺性能有强度、透气性、塌垮率、收缩率等。这些工艺性能在很大程度上取决于石墨粉的粒度组成、加入黏结剂的种类与数量、造型混合物拌和的时间等。

在确定上述的工艺参数时，必须考虑到石墨粉的性能和特点，如石墨有棱角的外形，石墨颗粒高的孔隙率和比表面、低的压缩强度等。石墨颗粒的高比表面和高孔隙率常常是造成石墨造型混合物高消耗黏结剂的原因。

表 4-25　国内的 HZ 合脂石墨造型混合物的性能

序号	造型材料				湿态性能		200℃烘干后性能		1000℃焙烧后性能	
	石墨粉		HZ 合脂残渣							
	规格/mm(目)	重量/%	酸值(KOH)/mg · g^{-1}	配比(重量)/%	湿压强度/MPa	透气性	干拉强度/MPa	透气性	干拉强度/MPa	透气性
1	0.542~0.287(30~50)	100	57	12	1.2×10^{-4}	145	1.96×10^{-3}	200	7.84×10^{-4}	230
2	0.542~0.175(30~80)	100	57	14	1.3×10^{-4}	130	2.94×10^{-3}	190	1.96×10^{-3}	230
3	0.542~0.175(30~80)	100	57	15	1.3×10^{-4}	170	2.94×10^{-3}	300	4.70×10^{-3}	550
4	0.542~0.175(30~80)	100	57	17	1.4×10^{-4}	130	8.14×10^{-3}	460	5.88×10^{-3}	650

为了保证造型混合物混合后耐火材料颗粒之间有必须的结合强度,黏结剂应当在耐火材料颗粒的表面上形成一层薄膜,其薄膜厚度经热处理后应达到 0.1~2.0 μm 为最佳。

对任何石墨造型混合物,石墨粉的粒度组成会对制成铸型的下列工艺特性,如强度、透气性、表面粗糙度和塌垮率等产生重大的影响。如增加粒度组成中的细石墨粉量可提高铸型的强度,改善铸型表面粗糙度,降低塌垮率,但同时使铸型的透气性变差。石墨粉的粒度组成通常都是通过试验加以确定的。表 4-26 为国内的 HZ 合脂—石墨造型混合物中石墨砂的粒度组成。

表 4-26　国内的 HZ 合脂—石墨造型混合物中石墨砂的粒度组成

粒度/mm(目)	0.542~0.175(30~80)	0.175~0.121(80~120)
质量分数/%	75	25

此外,造型混合物的性能及其质量的均匀性还取决于石墨粉和黏结剂拌和的质量。增加混合物在碾砂机中拌和的时间可以促进黏结剂在砂粒间的分布更均匀,提高铸型在湿态或焙烧后的强度。造型混合物的最佳拌和时间通常为 15~25 min,获得的湿态混

合物的强度约为0.02~0.05 MPa。

石墨造型混合物中加入固化剂的浓度和数量对造型混合物的充分固化起着很重要的作用。对于冷固型的造型混合物,配好后直接送往造型时,固化剂可在混合物搅和的最后阶段加入;如果固化剂准备在造型前加入,可先把混合物从碾砂机中卸到封闭的储存设备内储存起来。但存放时间只能是1~3 d,然后再在混合物中加入固化剂,并充分拌和后送往造型。热固型造型混合物配好后,或者送往造型,但在进行造型前混合物应先预置1~3 h;或者卸到带盖的存储设备内,可在存储设备内存放1~3 d。

配好的造型混合物在造型前先按标准规定的3次冲击试验检查混合物的湿强度和透气性,合格后就可开始造型。

D 半型(铸型)和型芯的制造

半型和型芯的制造方法有手工捣实、机械振动捣实和机器压制等几种。通常大多采用手工捣实。因为该方法工艺装备比较简单,操作方便灵活,造价低。但是采用压制法制造半型和型芯的造型混合物有许多优点:

(1) 可以含有较少的黏结剂;

(2) 能提高半型和型芯工作表面的洁净度与强度;

(3) 高的生产效率;

(4) 在热处理过程中体积变化较小,有利于提高铸件的尺寸精度;

(5) 有好的劳动条件。

但该法需要较复杂、要求较高的设备与工艺装备,需要技术熟练经验丰富的操作人员,造价高,同时对压制的压力要求严格。手工捣实和机械振动捣实用于小批量和大型复杂铸件的生产;机器压制适用于大批量中、小型铸件的生产。

在开始造型前,先将造型装备的工作表面清理干净,并涂上一层分型剂,金属部分的表面涂上一层聚硅氧烷涂层或其他液体,木头部分表面涂一层银色的石墨粉。

(1) 手工捣实造型。用手工捣实造型面层时,造型混合物最好通过筛网装料，这一层的厚度为30~60 mm。用手工捣实制造半型和型芯，它们不同部位的密度很难确保均匀，整个铸型或型芯存在着较大的密度梯度，在以后的热处理过程中要出现不稳定和不均匀的收缩及产生裂纹。为了制备在整体上具有均匀密度的捣实石墨型或型芯，每层捣实的厚度不宜太厚，通常为30~60 mm 比较合适，而且在捣实过程用力自始至终应保持均匀。图 4-17 所示为正在手工捣实的铸型。

图 4-17　正在手工捣实的铸型

（2）机器压制造型。采用压制制备铸型的构件时，所有造型混合物可以一次装入砂箱型套和加料框架内。图 4-18 所示为用压制法压制石墨型的模型装备。

采用压制法压制石墨铸型，压制压力对铸型的强度、工作表面状态、透气性影响很大，压力选择不当会使压成的铸型出现大的密度梯度。为了使压成的铸型在整体上具有均匀的密度梯度，在黏结剂加入量最小的条件下具有所需的强度。В. П. Калининый 和 Г. Л. Ходоровский 两人研究了用压制法压制石墨铸型的压力对压实铸型的物理力学性能和工艺性能及钛铸件质量的影响，其结果如图 4-19~图 4-21 所示。图 4-19 所示为压制压力对热固型石墨造型混合物铸型沿高度方向密度的影响。从图 4-19 可

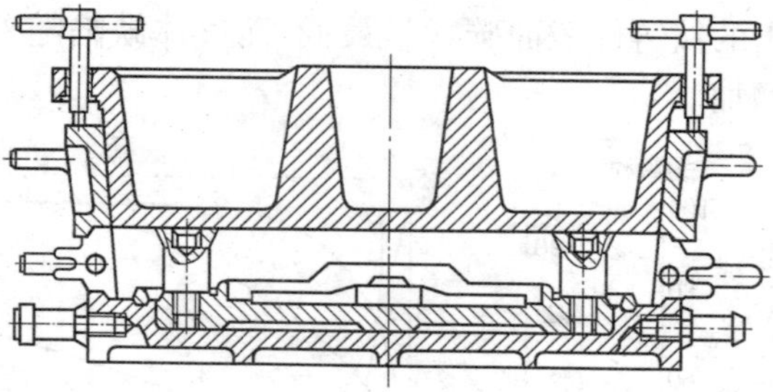

图 4-18 用压制法压制石墨型的模型装备

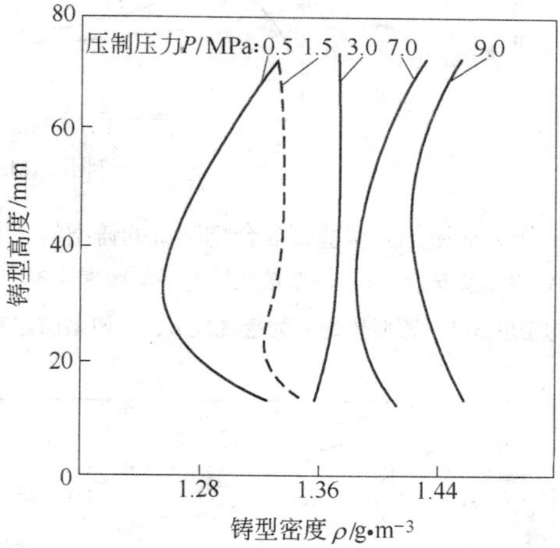

图 4-19 压制压力对热固型石墨造型混合物铸型沿高度方向密度的影响

见,随着压制压强的增加,铸型的密度提高了。从该图上还可以看到,在压制压力为 3.0 MPa 时,铸型沿高度方向的密度梯度最小,各部分的密度比较均匀。图 4-20 所示为压制压力对用热固型造型混合物制备的铸型的工艺性能的影响。从图 4-20 可见,在压制压力 P_{yg}≥2.5~3.0 MPa 时,压制的铸型焙烧后具有最高的强度(图中曲线 1)和最低的塌垮率(图中曲线 5)。图 4-21 所示为压制压力对在压制石墨型中铸出钛铸件表面层碳含量和铸件中气体缺陷的影响。从图 4-21 可见,在 2.96×10^4 MPa 压力下,压制的铸型中铸出的钛铸件表面碳含量最低，而气体缺陷随着压制压力的增大而增加。

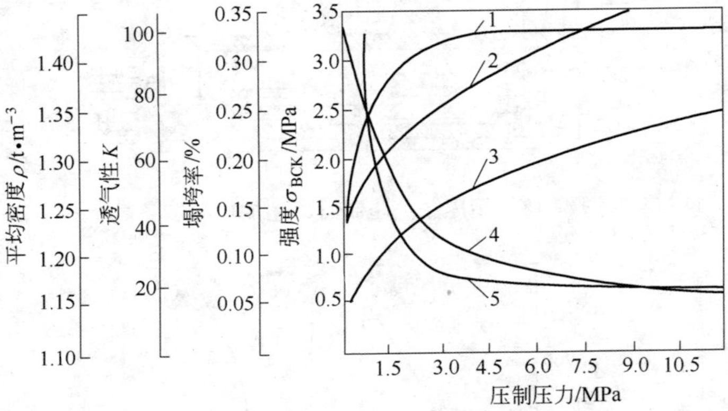

图 4-20　压制压力对用热固型造型混合物制备的铸型的工艺性能的影响

1—铸型焙烧后的强度 σ_{BCK}；2—铸型焙烧前的平均密度 ρ；3—铸型焙烧后的平均密度 ρ；4—铸型焙烧后的透气性 K；5—铸型的塌垮率

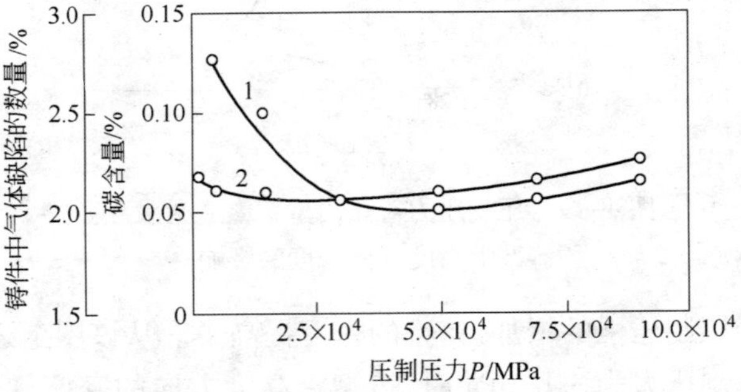

图 4-21　压制压力对在压制石墨型中铸出钛铸件表面层碳含量和铸件中气体缺陷的影响

1—压制压力对铸件表面层（离表面 0.5 mm）碳含量的影响；
2—压制压力对铸件中产生气体缺陷的影响

采用压制法可减少混合物中黏结剂的加入量。为此 Е. Л. Бибиков 对这方面进行了研究，结果如图 4-22 所示。采用压制法，在造型混合物中黏结剂的加入量为11.0%~12.0%（以干残渣计算）时，用压制压力3.0 MPa压制的石墨铸型组件仍可达到图4-19~图4-21的工艺性能水平。而用同样的造型混合物采用手工捣实或机械振动捣实造型，只有在黏结剂的加入量不少于14%（以干残渣计算）时，才能保证铸型达到上述的工艺性能水平。经试验证实，用压制法制备铸型构件时，可允许将黏结剂的加入量降低到7%~10%（以干残渣计算）。用这种混合物压制出的铸型具有更高的热化学稳定性和更低的收缩率（0.1%~0.2%）。表4-27为手工捣实和机器压制造型的石墨型焙烧后的性能。

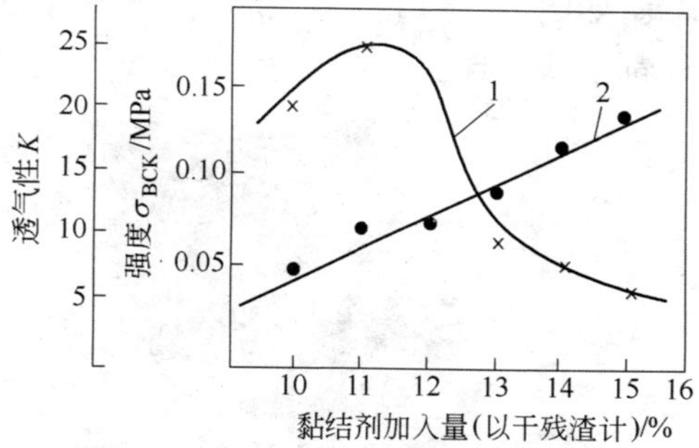

(a)

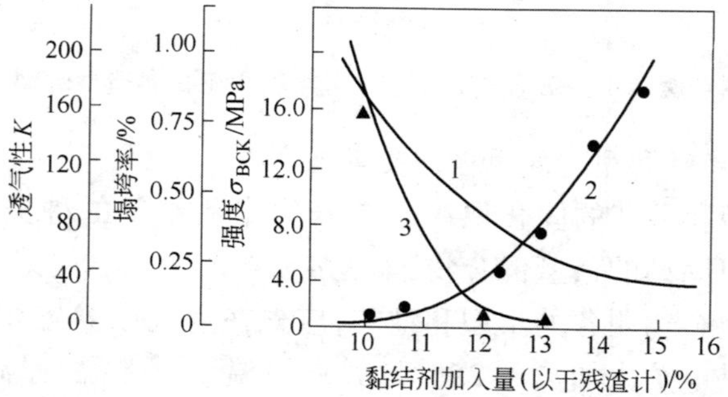

(b)

图4-22 采用压制法（压制压力2.94 MPa）成形的铸型的工艺性能与加入黏结剂数量的关系

（a）焙烧前；（b）高温焙烧后

1—透气性；2—强度；3—塌垮率

表 4-27　手工捣实和机器压制造型的石墨型焙烧后的性能

造型方法	拉伸强度/MPa	密度/$g \cdot cm^{-3}$	自由收缩/%
手工捣实	0.49~0.88	1.07~1.10	0.8~1.2
机器压制	0.69~1.18	1.10~1.20	0.8~0.9

国内发展的合脂石墨造型混合物都采用手工捣实。这种混合物与合成树脂石墨混合物比较各有优缺点。首先是它的湿态强度高；其次是脱模性好，变形小，焙烧后可保持足够高的强度。其缺点是合脂黏度大，每次混料前必须把它加热至100~130℃以降低黏度，保证混合物能拌和均匀；另外对于高大而细长的铸型和型芯，塌垮率高，如图4-23所示的型芯；第三是合脂的质量不稳定，每批的性能都不太一样。

图 4-23　用 HZ 合脂石墨造型混合物手工捣实造型的型芯

E　半型和型芯的固化以及高温焙烧

半型和型芯的固化取决于混合物中黏结剂的种类和性能。凡是用热固型的造型混合物，如表4-24中的2号酚醛树脂和4号合脂混合物制备的半型和型芯，应先在空气中静置6~20 h后才能放进电炉内加热到250℃，并在该温度下保温，保温时间长短取决于半型和型芯的体积大小和装炉量，中、小型铸件的半型和型芯一般为2 h，然后随炉冷至50~60℃就可出炉送往高温焙烧。冷固型的造型混合物，如表4-24中的3号酚醛树脂混合物制备的半型和型芯，制备好后应在模型内静置到完全固化才能取出送往高温焙烧，静置固化时间取决于半型和型芯的体积，通常为20~60 min。

由于石墨和加入的碳质黏结剂在加热到高温时要释放出CO_2、H_2O、CO、H_2和碳氢化合物等（见表4-6和图4-6），这些气体将导致铸件中形成气孔缺陷，因而半型和型芯需要进行高温焙烧。焙烧的方法有两种：

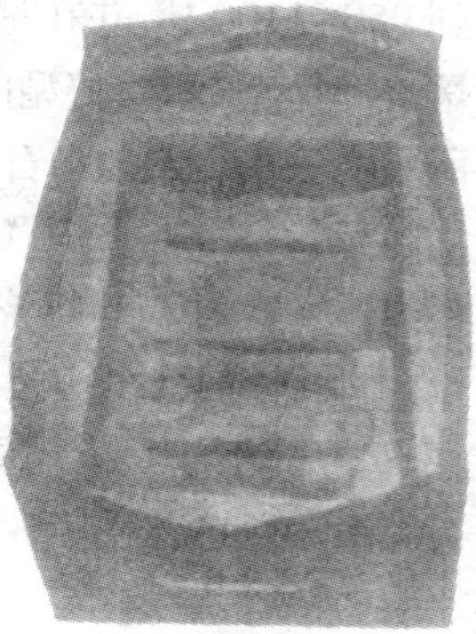

图4-24 高温焙烧砂箱

（1）将半型和型芯装入耐热钢制的可拆卸组合砂箱内，底部及四周填上不少于40~80 mm厚的石墨粉，顶部填上不少于120 mm厚的石墨粉（见图4-24）并加以振实，然后装入电炉内加热焙烧；

（2）将半型和型芯装入耐热钢制的可通氮气保护焙烧装置内（见图4-25）加热焙烧，焙烧过程应注意控制氮气的流量和装置内的压力。

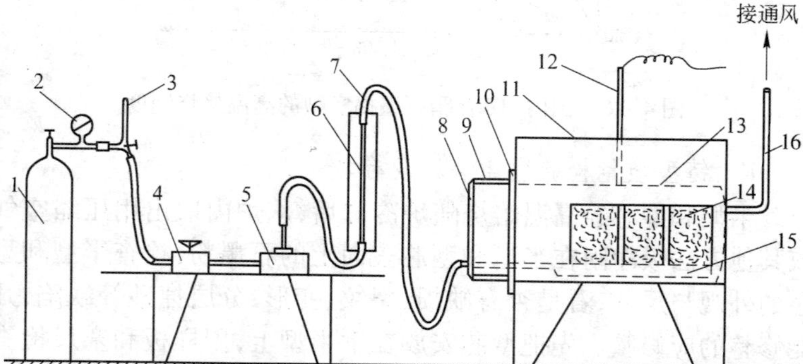

图4-25 焙烧装置

1—氮气瓶；2—压力表；3—流量计；4—手动阀门；5—电磁阀；6—流量计；7—氮气进气管；8—加热炉盖子（带水冷系统）；9—水冷套；10—加热炉盖子密封法兰；11—加热电阻炉；12—测温热电偶；13—耐热钢高温焙烧箱体；14—石墨半型或型芯；15—放铸型平板；16—废氮气排气管

捣实或压制石墨型的高温焙烧通常采用阶梯式的焙烧制度。室温入炉，在250~300℃以前自由升温，300℃以后应控制升温速度，以150~250℃/h的速度升温到500℃，保温1~2 h，此时正是黏结剂发生热分解的温度范围。然后以300~400℃/h的速度升温到950~1100℃，并在最高温度下保温2~5 h，保温时间长短取决于焙烧的铸型数量、铸型的体积大小以及对铸件的质量要求。图4-26所示为国内HZ合脂石墨捣实型的高温焙烧制度。保温结束后停止加热，随炉冷却到350℃以下出炉。除这种正常的高温焙烧制度外，还有其他3种高温焙烧制度，其区别在于焙烧介质不同。其中最常用的即先在还原性气氛下焙烧，使黏结剂热转变为碳产物；然后再在真空下焙烧。我国国内经常采用这种焙烧制度。

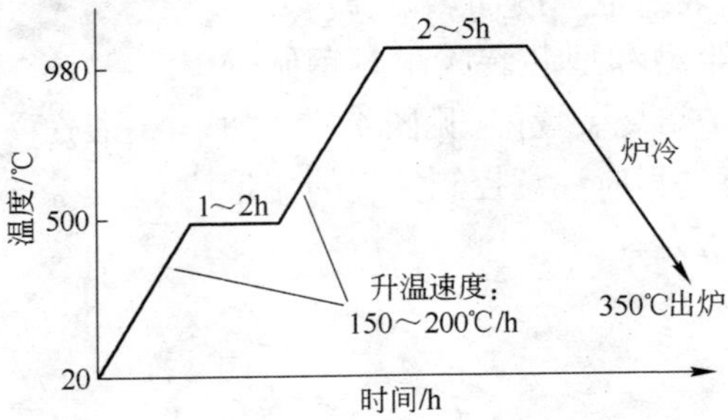

图4-26　国内HZ合脂石墨捣实型的高温焙烧制度

F　铸型质量检验和组装以及存放

半型和型芯经高温焙烧随炉冷却后，从炉内取出用压缩空气或其他方法吸净附在半型和型芯表面上的石墨粉，检查半型和型芯的外观与尺寸，看是否有缺损、裂纹、变形、分层掉砂等缺陷，凡能修整的应修整。先把型芯安放在下半型上，用样板和塞尺检查型芯安装得是否正确，然后安装上半型；若无型芯，直接把上半型安放到下半型上。组装好后整个铸型用固紧装置固紧，最后再连接到浇注系统上，成一个完整的待浇注的铸型系统（见图4-27）。

从上述可知，铸型从焙烧炉取出到浇注是要间隔一段时间的，这段时间一般为半天或更长些。在这段时间里，铸型要与空气接

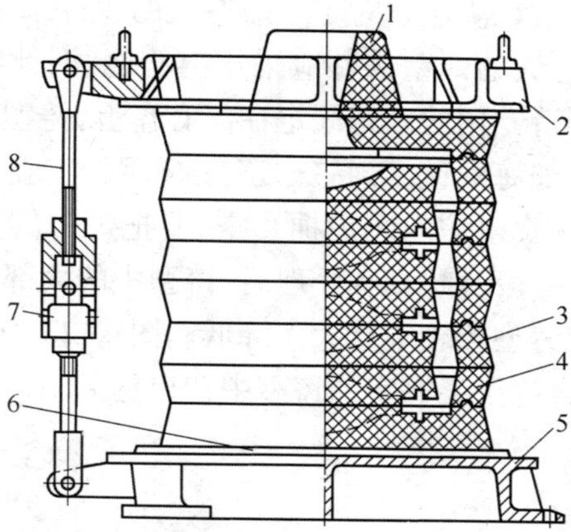

(a)

(b)

图 4-27 两种不同组合形式的待浇注的铸型系统

1—浇口杯;2—上盖板;3,4—铸型;5—底板;6—衬垫;7—螺母;8—拉杆

触。由于石墨和焙烧后的碳产物是强的活性吸收剂,要从空气中吸收大量的气体,铸型中的气体含量会增加。影响焙烧过的铸型从空气中吸收气体的主要因素有:

(1) 铸型原材料的化学成分和粒度组成;

(2) 铸型的制备工艺特性(制备方法、干燥和焙烧制度及其他等);

(3) 焙烧过的铸型的保存条件。

在生产过程中应十分重视这些因素的影响。

G 铸型浇注

经高温焙烧后检验质量合格的铸型,组装好后就可移入真空

凝壳炉内，准备熔炼浇注。对于一般厚大的铸件采用重力浇注；对于形状复杂尺寸大的薄壁铸件应采用离心浇注，此时应根据铸型的形状尺寸，制造专用的砂箱固定在离心盘上，铸型与砂箱间间隙可用合适材料，如海绵钛、经特殊处理的砂石、实心铝球及其他等填充。铸型移入真空炉内闭炉抽真空，要把炉内的真空度抽到高于1.0 Pa，经这一段时间真空处理后，铸型中的大部分物理吸附气体会被脱除，使铸型的放气量大大降低。图4-28所示为在HZ合脂石墨造型混合物手工捣实的铸型中铸出的ZTA7合金铸件。

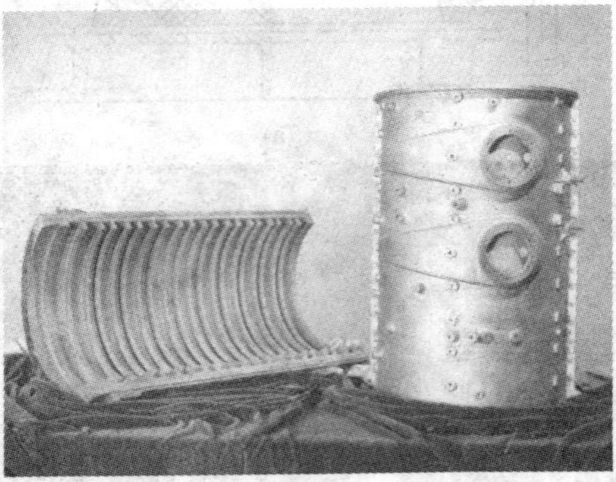

图4-28　ZTA7合金铸件

4.2.2.2　特种砂型

过去美国矿山局发展了一种适用了浇注钛和锆及其合金的特种砂型铸造工艺，以取代传统的捣实石墨型。它的造型工艺与铸铁和铸钢的砂型工艺十分相似。

4.2.3　熔模精密铸造

目前航空和航天工业上用的钛合金铸造结构件，98%以上都是熔模精密铸造的。迄今为止，在铸钛工业生产上使用过的和目前正在使用的钛和钛合金熔模精密铸造铸型系统有：

（1）熔模石墨型壳；

（2）钨面层陶瓷型壳；

（3）热解炭涂层氧化物陶瓷型壳；

（4）氧化物陶瓷型壳。

它们之间的差别在于面层使用的耐火填料和撒砂以及黏结剂不同，而工艺流程基本上是一样的。目前除前苏联等国家可能还在使用石墨型壳外，其他国家铸钛工业生产只用氧化物陶瓷型壳系统。下面主要介绍氧化物陶瓷型壳系统及其工艺。钛和钛合金熔模精密铸造的工艺流程与钢、高温合金的熔模精铸工艺基本相似(见图4–29)。

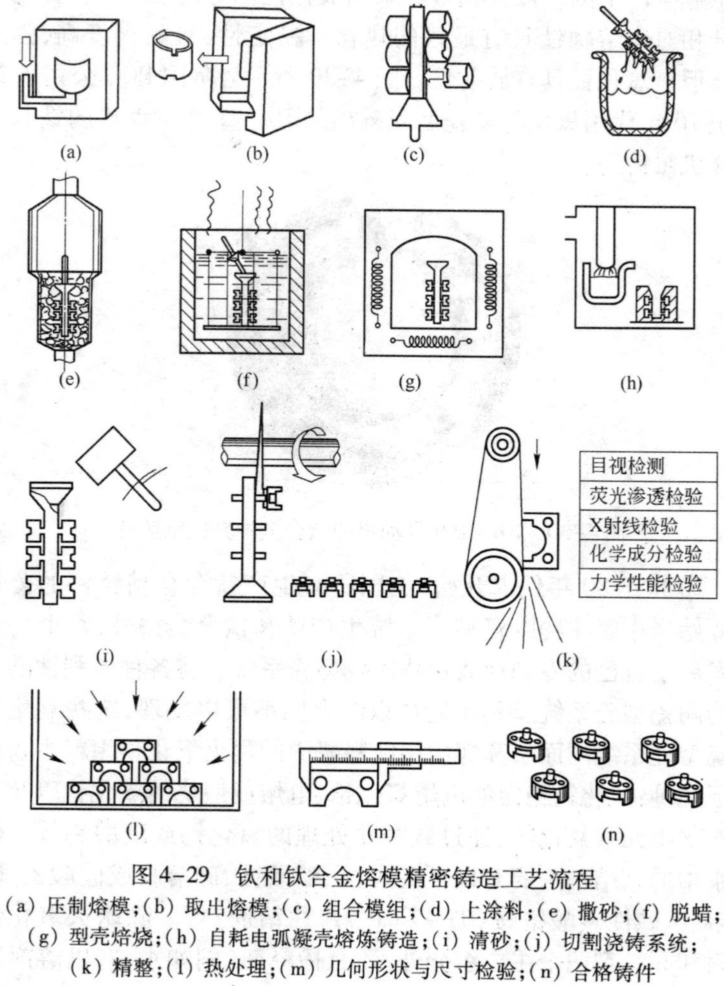

图4–29　钛和钛合金熔模精密铸造工艺流程

(a) 压制熔模；(b) 取出熔模；(c) 组合模组；(d) 上涂料；(e) 撒砂；(f) 脱蜡；(g) 型壳焙烧；(h) 自耗电弧凝壳熔炼铸造；(i) 清砂；(j) 切割浇铸系统；(k) 精整；(l) 热处理；(m) 几何形状与尺寸检验；(n) 合格铸件

4.2.3.1　概述

钛和钛合金铸造的氧化物陶瓷型壳系统，严格来说应称为特种氧化物面层陶瓷型壳系统，它与钢和高温合金熔模精铸型壳的差别在于前两层的耐火填料、黏结剂和撒砂不同。从第三层以后，它采用的造型材料和工艺，甚至设备都与钢和高温合金的熔模精铸相似。

美国的 PCC 公司是最早发展这项工艺并将它首先应用到铸钛工业生产上的。该公司最早采用氧化钍作为面层填料。因为氧化钍相对于熔融钛具有最好的热化学稳定性，且耐火度高，强度好。但是氧化钍具有放射性。图 4-30 所示为美国 PCC 公司于 20 世纪 70 年代用氧化物陶瓷型壳铸出的 RB－199 发动机的钛合金中介机匣铸件。

图 4-30　RB－199 发动机的钛合金中介机匣铸件

20 世纪 80 年代末开始，美国所有生产钛合金精铸件的公司都开始采用氧化物陶瓷型壳系统生产钛和钛合金铸件，每个公司都发展了自己的专利性氧化物陶瓷型壳系统。将各种专利性的氧化物陶瓷型壳系统及其工艺加以综合归纳可以发现，这些氧化物陶瓷型壳系统的面层和邻面层涂料浆中的耐火氧化物填料主要有以下几种：氧化钙稳定的电熔氧化锆、电熔或煅烧的氧化钇以及其他的稀土元素氧化物、经过致密化处理的氧化钙或碳酸钙等。涂料浆中的黏结剂主要有以下几种：二醋酸锆、硅溶胶或硅酸乙酯、钇溶胶、碱性碳酸锆铵（Ti－Coat™ N 黏结剂）等。除耐火氧化物填料和黏结剂两个主要组分外，还有稀释剂（例如水、有机溶剂）、润湿剂和消泡剂以及其他一些添加剂等。

4.2.3.2 蜡模和蜡模组的制备

蜡模型和浇注系统应采用表 4-23 中的钛及钛合金精铸专用模料制备。蜡模型和浇注系统压制的设备与工艺和钢、高温合金的熔模精铸基本相同。蜡模型和浇注系统的表面应平整、光滑，不允许有缺陷及污物等。蜡模型与浇注系统应严格按工艺设计的要求组装，组装时焊具的温度不宜过高，以免在连接处出现蜡的焦渣。连接处应平整、光滑，不允许有针孔(小气孔)、流痕、披缝、裂纹等缺陷，因为上述缺陷的存在会直接影响到随后成形的型壳和铸出铸件的质量。蜡模组组装好后应严格检查各部分的表面质量和牢靠性。为了清除蜡模组表面附着的分型剂、蜡屑和其他污物，提高涂料对模组的涂挂性(润湿性)，模组组装好后应进行仔细清洗。模组清洗使用的清洗剂及其清洗工艺见表 4-28。

表 4-28 模组清洗使用的清洗剂及其清洗工艺

预清洗	清洗剂组分及其配制		清洗工艺
模组组装好经质量检查合格后，先用 0.5%~2% 洗涤剂或中性肥皂水溶液进行擦洗，然后用清水冲洗并擦干或晾干	组分1	1∶1 的 F113 氟利昂和工业丙酮混合，搅拌均匀使用	将模组浸入 20~25℃ 的清洗剂中做旋转和上、下运动，5~8 s 后取出，晾干 2~4 h 再进行涂料
	组分2	7∶3 的三氯乙烷和工业乙醇或丁酮混合，搅拌均匀使用	
	组分3	将 1 份水分散型清洗剂(如 ZF－301 等)与 1 份水混合，搅拌均匀使用	将模组浸入 20~25℃ 的清洗剂中做旋转和上、下运动，20~30 s 后取出，晾干后即可进行涂料

4.2.3.3 面层涂料浆的配制

A 面层涂料浆的组分与配比

表 4-29 为几种典型的面层和邻面层的涂料浆典型组分与配比。由表 4-29 可知，在所有配方中，耐火填料和黏结剂是它们的主要组分。它们的配制方法与钢、高温合金的涂料浆类似。

表 4-29　几种典型的面层和邻面层的涂料浆组分与配比（质量分数）　　（%）

配方＼组分名称	稳定型电熔 ZrO_2（<0.043 mm，即小于 325 目）	电熔或煅烧 Y_2O_3（<0.043 mm，即小于 325 目）	稀土氟氧化物（<0.043 mm，即小于 325 目）	碳酸钙	乳胶	氢氧化四乙基铵（40%溶液）	分散剂	TiO_2	二醋酸锆	硅溶胶	去离子水	有机溶剂	润湿剂	消泡剂	钨钼阻化剂
1			43.6①						21.5		8.2	1.6②			25.1
2	76.2				6.7③				12.2				1.5④	3.4⑤	
3		80.8⑥			1.9⑦			4.0		7.9⑧	5.1		0.2⑨	0.1⑩	
4		84.5⑪			3.4⑫	2				5.8⑬	4.3		外加 2.0 mL⑭	外加 5 滴⑮	
5				67%⑯			1.9⑰			9.3⑱	21.8				
6		18.2			冰醋酸（99）10.9				钇溶胶 60.6			尿素 10.3			

① 钇和铒及其他稀土元素的氟氧化物；② 变性醇类（Denatured Ethanol）；③ Latex460NA；④ Victawet 12；⑤ 10% DCH－10；⑥ 电熔的 95% Y_2O_3 + 5% ZrO_2 的复合耐火料；⑦ Dow 460NA；⑧ Ludox SM（商品名）；⑨ 气溶胶 OT；⑩ Dow Corning Additive 65；⑪ 煅烧氧化钇粉（<0.043 mm，即小于 325 目）；⑫ Dow 308A Latex；⑬ 与⑧一样，为 Ludox SM（商品名）；⑭ 润湿剂 Niacet 7；⑮ 消泡剂 DB110A；⑯ 碳酸钙经致密化处理，然后与黏结剂、去离子水和分散剂一起球磨 20 多小时后使用；⑰ 分散剂为 Varvan821A；⑱ Ludox Remet30（商品名）。

耐火填料和黏结剂的比例(即粉液比)直接影响到配制涂料的性能和随后成形型壳的性能,以及铸出铸件的质量。涂料浆的粉液比过低,料浆中耐火粉料少,黏结剂多,由于黏结剂是水溶性的,其中60%~70%是水,料浆黏度小,涂层薄,面层撒砂时易穿透涂层。涂层干燥后黏结剂中的水分挥发,涂层孔隙多,且粗糙不致密。粉液比过高,耐火填料多,涂料浆黏度大,其流动性、流平性差,难以获得厚度均匀的涂层。这样成形的型壳在随后的焙烧过程中,在涂层过厚的地方收缩应力大,就可能发生开裂或分层起皮剥落。尤其是在铸件的内空腔,料浆黏度大,涂层不易干燥,更会加剧上述现象的发生。这样的型壳浇注钛液后,铸件表面发生严重化学粘砂,甚至可能渗漏。表4-29中所列的涂料浆组分,由于它们的黏结剂和耐火填料不同,它们的黏度和密度也不一样,因而每种组分合适的粉液比也是不一样的。粉液比大小应根据要涂挂的铸件复杂程度和尺寸大小确定。具体多大合适,可通过试验确定。

涂料浆中除耐火填料、黏结剂和水外,还必须添加表面活性剂。添加表面活性剂可以降低涂料浆的表面张力,改善涂料浆的性能,尤其是流变性能。表4-29中所列组分都是水基涂料浆,水的表面张力为$75\times10^{-5}/cm^2$,而钛合金精铸所用蜡模料的表面张力在20×10^{-5}~28×10^{-5} N/cm^2范围内。由于水的表面张力远远大于模料的表面张力,蜡模组表面难以被涂料浆充分润湿,涂挂性差。加入表面活性剂后,可以将水基涂料浆的表面张力降低到小于25×10^{-5} N/cm^2,从而可使蜡模组表面易被涂料浆润湿,改善涂挂性。

在钛合金熔模精铸氧化物陶瓷型壳涂料浆中,通常都是使用环氧乙烷加成物非离子型表面活性剂,这类活性剂有聚乙二醇型和多元醇型两种。常用的是聚乙二醇型表面活性剂,如OT、OP、JFC等,其加入量通常为黏结剂量的0.1%~1.0%。

表4-29中涂料浆组分耐火填料的颗粒度都是小于0.053 mm(270目)的,比表面积很大,易吸附大量的气体,在配制料浆过程

中会产生很多气泡，而且随着润湿剂的加入会产生更多的气泡。气泡的存在会使涂料浆的流动性和流平性变差、涂层厚度不均匀、多孔隙。因此必须添加消泡剂，常用的有有机硅树脂、正辛醇等，其用量为黏结剂量的0.05%~0.3%。

B 面层和邻面层涂料浆的配制

面层和邻面层涂料浆配制应采用低转速连续式平稳搅拌，搅拌桨叶可调且与桶底几乎是零距离的设备，料浆应没过搅拌桨叶。这样在配制料浆时不易将气体卷入，同时保证耐火填料不会沉淀在桶底，使各组分相互充分混合和润湿，均匀分散在黏结剂中，确保涂料浆粉液比的准确性，以获得性能优良的涂料浆。

配制时先加黏结剂，再加润湿剂，搅拌混匀，然后边搅拌边缓慢加入耐火填料，保证耐火填料均匀地分散在黏结剂中不成团；若出现“成团”在液面上漂动时，应用手工搅棒将粉团弄碎，以防它在料浆中形成“团粒”结构，影响涂料浆性能。耐火填料加完后，最后加消泡剂。

涂料浆搅拌时间长短取决于选用的黏结剂和耐火填料相互间匹配的相对稳定性，相对稳定性好的搅拌时间可达4~12 h，甚至24 h或更长时间；相对稳定性差的搅拌时间不宜过长。尽管这样，但搅拌的时间也不能过短，必须保证耐火填料充分均匀地分散在黏结剂中，相互很好润湿，没有“团粒”后才能进行涂料。

4.2.3.4 涂料浆性能的控制

涂料浆的性能包括黏度、密度、流动性和稳定性等这些直接关系到随后成形型壳的质量与涂料浆的使用寿命。

(1) 涂料浆的黏度。涂料浆的黏度是涂料浆流动时它内部质点间内摩擦的表征，通常用流杯黏度法测定，测出的值是一个相对值。每次测定时至少应连续测定3次，3次测定值相差不能太大。黏度大小即涂料浆从流杯流出时间的长短反映了涂料浆中质点的多少，流出时间长，说明料浆中质点数多，黏度大，粉液比高，料浆稠，流动性差。因此，料浆的黏度不仅决定了涂料浆的流动性，而且也关系到涂层的厚度和均匀性。涂料浆的黏度过大，料浆流动性差，在模组的拐角、内腔处等容易残留较多的料浆，造成涂料层厚薄不均，在以后干燥和焙烧时导致不均匀的收缩应力，在涂层厚的地方，涂层易发生分层“起皮”剥落；黏度过小，涂层太薄，撒砂易穿透涂层，直达模组表面，导致型壳内表面粗糙，且不致密。涂料浆的黏度多少合适，也和粉液比一样，应根据要涂挂铸件的结构和尺寸大小以及复杂程度进行选择。

（2）涂料浆的密度。密度过大，表明涂料浆中耐火填料多，黏结剂量少，涂层强度低，型壳焙烧后涂层上的耐火填料易脱落；反之，型壳高温焙烧后涂层孔洞多，不致密。涂料浆稠密度通常用容重法或密度计测定。

涂料浆的黏度和密度在涂料过程中会不断变化，必须随时注意监控。它们的变化可通过补加耐火填料粉或者黏结剂进行调节。

4.2.3.5 涂层的涂挂与撒砂

（1）涂层的涂挂。涂料浆配制好后就可开始涂挂涂层，涂挂的方法有浸涂或浇涂，甚至刷涂。不管采用什么方法涂挂，都应让模组各个部分均匀牢固地挂上料浆，尤其是盲孔或内腔处。如果发现有没涂挂上涂料浆的地方，可用毛笔或毛刷沾上料浆刷补；若发现涂层上有气泡，可用压缩空气细管轻轻吹除或用嘴吹除。当整个模组都涂挂上料浆后，应缓慢匀速转动模组，让多余的涂料浆流淌走，以获得厚度均匀的涂层。当模组多余料浆淌滴得差不多时，应立即进行撒砂。根据铸件的质量要求选择前 1~2 涂层的涂料浆组分。对于质量要求高的铸件可选用表 4-23 中的 1 号、3 号和 4 号配方的涂料浆组分。从 3~4 层以后采用与钢、高温合金熔模精铸相近的涂料浆和工艺。涂层数的多少根据铸件的尺寸大小和重量确定。

（2）撒砂。撒砂的目的是固定涂料浆，增强涂层强度，防止涂层干燥时由于黏结剂胶凝收缩产生穿透性裂纹。撒砂种类的选择应根据涂料浆中采用的耐火材料种类和涂层性质确定。面层和邻面层的撒砂应采用和涂料浆中耐火粉料一样的材料砂或相对于熔融钛是惰性的耐火材料砂。撒砂的粒度应合适，通常用人工撒砂。

钛及钛合金熔模精铸的面层和邻面层采用表 4-29 中所列的涂料浆组分及相对应的撒砂，而从 3~4 层以后就采用与钢、高温合金熔模精铸相近的涂料浆和撒砂及工艺。涂层数的多少根据铸件的尺寸大小和重量确定。

4.2.3.6　涂层的干燥

模组涂料后应放在恒温恒湿的房间内干燥，尤其是面层和邻面层应严格控制干燥的温度、湿度和干燥的时间。随着涂层的干燥，料浆中的水分子挥发，黏结剂中的固体含量增加，黏结剂的分子聚合度增大，逐渐变成溶胶，然后胶凝形成冻胶、凝胶，将耐火材料和砂牢固地黏结在一起，使涂层获得强度。从第三层以后，涂层的干燥工艺基本和钢、高温合金熔模精铸工艺一样。

4.2.3.7　脱蜡与焙烧以及型壳浇注

整个涂层干燥后就可脱蜡，脱蜡设备和方法也是与钢、高温合金的熔模精铸一样。型壳的焙烧通常在电炉内进行，焙烧温度为 900~1100℃。在最高温度下的保温时间长短根据型壳的尺寸大小和一次焙烧的型壳数量加以确定，通常为 2~4 h。焙烧后的型壳应在 12 h 内浇完，如果浇不完应存放到温度为 80~100℃ 的存放箱内。图 4-31 所示为焙烧后待浇注的氧化物陶瓷型壳。图 4-32 所示为

图 4-31　焙烧后待浇注的氧化物陶瓷型壳

在特种氧化物陶瓷型中铸出的 Ti－6Al－4V 合金铸件。图 4-33 所示为在氧化钙面涂层的氧化物陶瓷型壳中铸出的工业纯钛铸件。

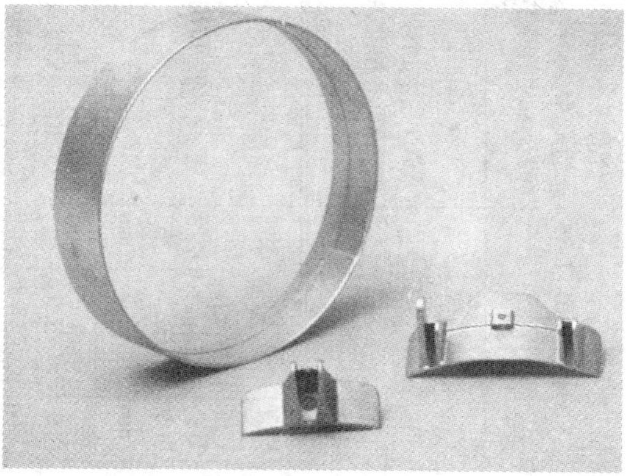

图 4-32 在特种氧化物陶瓷型中铸出的 Ti－6Al－4V 合金铸件

图 4-33 在氧化钙面涂层的氧化物陶瓷型壳中铸出的工业纯钛铸件

上述各种工艺各有长短。到底选用哪一种造型工艺，应根据铸件的功用、形状结构、尺寸大小、重量、壁厚、质量要求、所需数量等综合考虑后再选择。钛和钛合金铸造各种造型工艺铸出铸件的质量见表 4-30。

表 4－30 钛和钛合金铸造各种造型工艺铸出铸件的质量

造型工艺		铸件质量	适宜铸造最小壁厚/mm	尺寸精度	表面粗糙度 R_a/μm	表面玷污层厚度/mm	应用范围
半永久型铸造	金属型、机加工石墨型	铸件表面易出现冷隔、流痕，甚至微裂纹，表面无粘砂，质量稳定，力学性能比砂型铸件高，且稳定	>4	CT10～CT11	6.3	0.05～0.15	单件或小批量的，形状不太复杂的大、中型铸件，尤其是化工、海上运输用的铸件
砂型铸造	捣实石墨型、特种砂型	铸件表面平整，无冷隔、流痕和微裂纹，但铸件有时有气孔和局部粘砂。铸件质量和尺寸精度不如半永久型铸造稳定；表面玷污层比半永久型铸造大	>3	CT11～CT13	6.3～12.5	0.10～0.25	单件或中、小批量的，形状比较复杂的各种大、中、小型铸件

造型工艺		铸件质量											适宜铸造最小壁厚/mm	尺寸精度	表面粗糙度 R_a/μm	表面玷污层厚度/mm	应用范围
		表面碳玷污	表面 N_2、H_2、O_2 玷污	非金属夹杂	气孔、缩松	非金属、金属不纯物	冷隔、流痕	充不满	裂纹	表面粗糙	金属表面硬度升高或脆化	渗漏	氧化膜					
熔模精密铸造	氧化物面层陶瓷型壳	少有	经常	经常	经常	偶尔	少有	少有	有时	少有	经常	没有	有时	1.0（局部）	CT6～CT8	1.6～3.2	0.10～0.15	大批量的壁厚≤3 mm 的各种大、中、小型，质量要求高的铸件
	石墨型壳	经常	经常	有时	有时	偶尔	有时	少有	有时	少有	有时	有时	少有	2.0（局部）	CT7～CT8	1.6～3.2	0.10～0.15	大批量的壁厚≤3 mm 的各种中、小型铸件，特别是尺寸要求不太严格的铸件

5 钛及钛合金铸造的设备与工艺

5.1 钛熔炼和铸造的设备要求

钛在熔融状态下对间隙元素氢、氧、氮等特别敏感，而且要与常用的耐火材料发生化学反应，因此，钛及钛合金的熔炼与铸造必须在特制的专用设备上进行，且必须满足如下要求：

（1）在熔炼原材料加热、熔化及熔融金属液浇入铸型，铸件凝固与冷却等过程中，设备内部应始终维持在真空状态下或处于保护气氛中，以阻止外界大气或外来杂质进入设备内部，污染熔融的金属液；

（2）采用的热源能直接为熔化的钛及其合金提供高密度的热流，保证具有较快的熔化速度以及熔融金属具有较高的温度和过热度；

（3）工作过程中，装载熔融金属液的坩埚内壁能自动形成一层凝壳，把熔融金属液与坩埚材料隔离，防止坩埚材料污染熔融金属液。

5.2 钛和钛合金的熔炼铸造设备

在熔炼铸造设备中，真空自耗电极电弧凝壳炉应用得最普遍，目前世界上生产的绝大部分钛和钛合金铸件都是用真空自耗电极电弧凝壳炉浇注的。20 世纪 90 年代以来，为了寻找比凝壳炉更先进的熔炼铸造设备与方法，美国及其他一些发达国家开始使用真空感应水冷分瓣铜坩埚凝壳炉熔炼和铸造钛及钛合金铸件。但是真空自耗电极电弧熔炼炉（以下简称自耗炉）和真空自耗电极电弧凝壳炉（以下简称凝壳炉）仍然是目前铸钛工业中使用最多最频繁的两种熔炼铸造设备，自耗炉主要用于熔炼母合金棒料（铸造或锻造用）——自耗电极；凝壳炉主要用于重熔浇铸各种铸件。它们的熔炼原理、操作程序、熔炼工艺都极为相似，但在一些主要构件的结构和组件的配置上是有区别的。

5.2.1　自耗炉

图 5-1 所示为自耗炉的结构示意图，图 5-2 所示为自耗炉的外观。

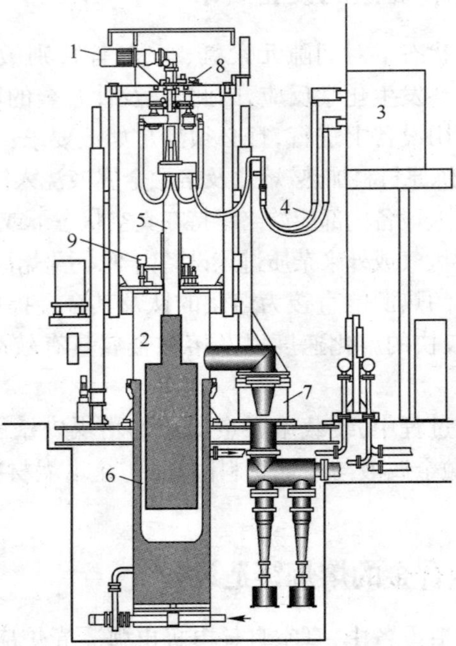

图 5-1　自耗炉的结构示意图

1—电极传动机构；2—熔炼炉室；3—熔炼电源；4—母排/电缆；5—电极导杆；6—铜坩埚/冷却水套；7—真空系统；8—X－Y 调节；9—负载传感系统

自耗炉的炉型虽然是多种多样的，但它们的基本结构大致是相同的，都是由炉体、电极传动机构和自动调节机构（包括电极杆及升降机构）、坩埚及其冷却系统和稳弧线圈装置、真空系统、电源、监测系统与控制系统等部件构成。凝壳炉除炉体、坩埚外，其余各部分与自耗炉几乎一样。

图 5-2 自耗炉的外观

5.2.2 凝壳炉

图 5-3 所示为凝壳炉及其主要构成组件的结构示意图。由图 5-3 可见,它的基本结构和组成构件,除离心铸造装置外,其他部分与自耗炉大致相似,由炉体、电极传动机构(包括电极杆及升降机构)、坩埚和稳弧线圈装置及其冷却系统、真空系统、电源、监测系统与控制系统等部件构成。但在某些重要构件和构成组件的配置上有很大不同。两者的区别在于凝壳炉有如下特点:

(1) 采用了大尺寸的熔铸室(炉膛)和与此匹配的具有大功率、大抽速的真空系统;

(2) 设置了大容量、短粗的可翻转的坩埚(结晶器);

(3) 增大了输入电功率,即配备了比自耗炉更大功率的电源,以获得较快的熔化速度和大的熔池,确保熔炼过程沿坩埚壁只形成一薄层保护坩埚的凝壳,使 75%~80% 以上具有一定过热度的金属液能浇注出来,以满足铸件的成形工艺要求;

(4) 为获得致密薄壁铸件,在炉膛内熔炼坩埚的下方增设了转速可调的离心铸造装置；

（5）增加了气动快速升降电极机构，以保证在尽可能短的时间内将坩埚内的金属液倾倒出来，以减小浇注过程中熔融金属液温度的下降，提高铸件的成品率。

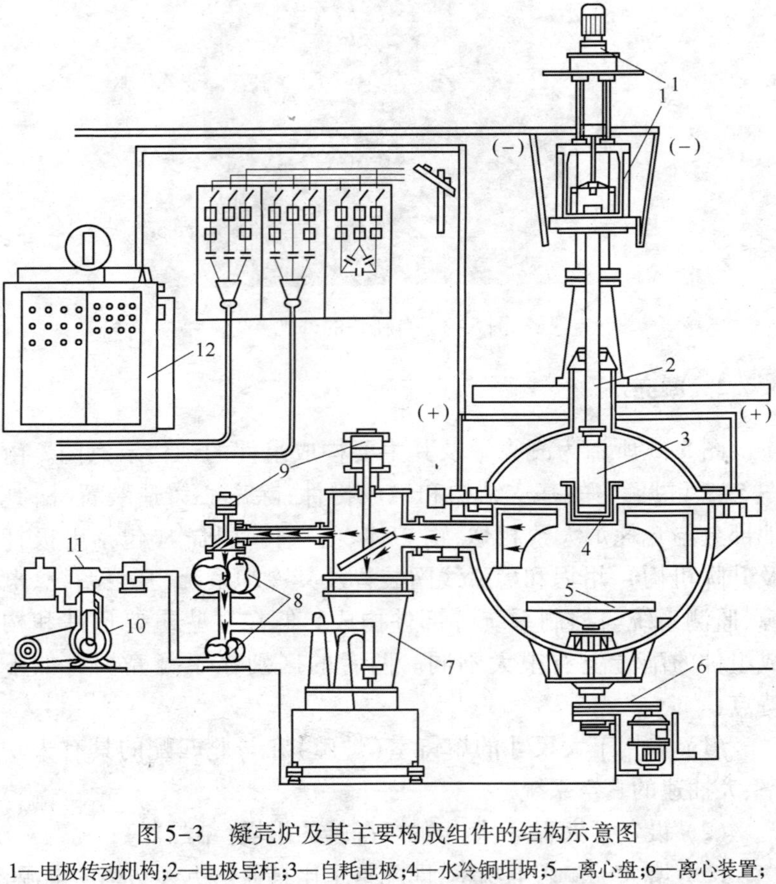

图 5-3 凝壳炉及其主要构成组件的结构示意图

1—电极传动机构；2—电极导杆；3—自耗电极；4—水冷铜坩埚；5—离心盘；6—离心装置；7—油增压泵；8—罗茨泵；9—阀门；10—机械泵；11—电磁阀；12—硅整流电源

5.2.2.1 凝壳炉炉体

凝壳炉的炉体结构形式决定着凝壳炉的炉型，根据已出现的炉体结构形式，可以将凝壳炉的炉型分为五种类型：卧式炉、立式炉、双室炉、多室炉和连续式炉等。

A 卧式炉

卧式炉是铸钛工业中最早使用的一种凝壳炉，它的炉体为卧式圆筒体，顶部（圆筒体上侧壁）开设有安装电极传动和升降机构的孔洞，坩埚安装在圆筒体内的中上部位置，圆筒体的下侧壁（坩埚的下方）开设有安装离心铸造装置的孔洞，坩埚和离心铸造装置都在同一炉室内。大、中型的工业电弧炉通常开设有两个炉门，只有小型的科研试验炉只开一个炉门。卧式炉结构紧凑，密封可靠，制造较容易。目前国产的凝壳炉大多都是卧式炉（见图 5-4）。

图 5-4 卧式凝壳炉的外观

B 立式炉

立式炉也是一种单室炉，它的空间利用率高，坩埚和离心盘的相互位置可以布置得更加合理，可减小真空系统的功率损耗。立式炉的炉体结构有直立圆筒体型和直立方匣型两种，圆形炉制造较为方便，且刚度也较好；方匣型炉在设计和制造时要高度重视炉壁的强度，要确保炉壁在负压下长期工作不变形，因此它的设计和制造成本比圆筒体炉型高，但方匣型立式炉便于炉内坩埚和离心铸造装置及其他部件的设计布置和装配，并且结构紧凑，操作方便。图 5-5 所示为德国设计制造的 L300SM 立式凝壳炉。图 5-6 所示为 L300SM 立式凝壳炉结构示意图。这种炉子的铜坩埚安装在炉门上，炉门和坩埚可沿设置在炉子侧面的滑动轨道拖离炉体，以便清理和检查坩埚，炉子的电源和真空系统分层安装在炉子旁

图 5-5　德国设计制造的 L300SM 立式凝壳炉的外观

边架子上，整个炉子结构十分紧凑，占地面积小。图 5-7 所示为德国设计制造的另一种结构形式的大型(750 kg)立式凝壳炉。由图 5-7 可见，立式炉炉体的上、下两部可以分离，两者间用斜向椭圆形法兰密封，安放铸型的下炉体可沿水平轨道滑动脱离固定的上炉体，便于装卸铸型。

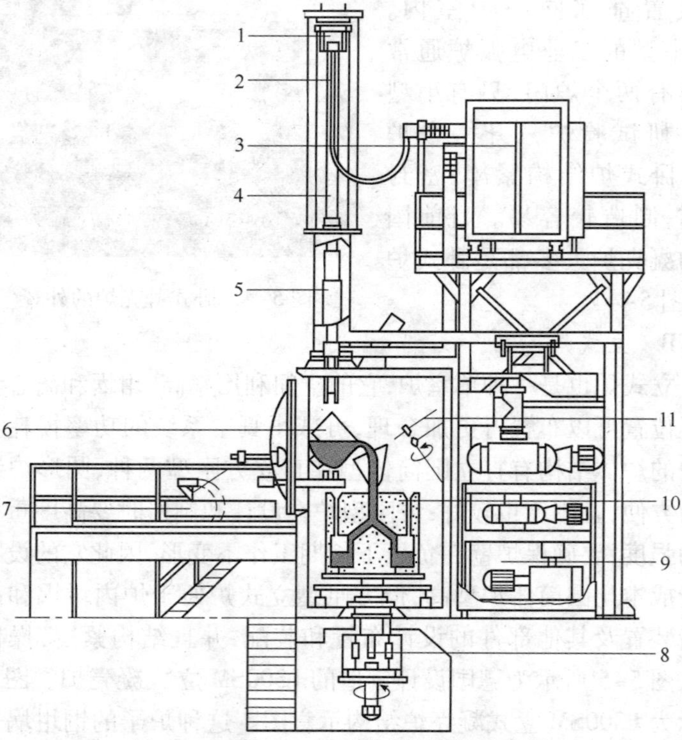

图 5-6　L300SM 立式凝壳炉结构示意图

1—电极快速提升机构；2—电源电缆；3—电源；4—电极导杆；5—自耗电极；6—坩埚；7—炉门与坩埚滑车；8—离心铸造装置；9—真空系统；10—型模；11—抽气口

图 5-7 德国设计制造的另一种结构形式的大型(750 kg)立式凝壳炉

C 双室炉和多室炉

由于凝壳炉在生产过程中铸件冷却时间很长,尤其是大型优质的钛合金铸件,它的冷却时间占了整个熔铸周期的一半以上。为缩短熔铸周期,提高生产效率,发展了双室炉或多室炉。双室炉是把原有的一个熔铸室分为熔炼室与铸型冷却室两部分,两者间用真空闸板阀隔开(见图 5-8)。当铸型浇注完毕,装有铸型的升降机构下降至铸型冷却室,关闭闸板阀,铸型即可在真空状态下或惰性气氛中继续冷却,而熔炼铸造室则可提前打开进行清理,准备下一炉的熔铸。对于 100~200 kg 的炉子,采用这种结构后,整个熔铸周期通常可缩短 30%。闸板阀的设计和制造质量是这种结构形式的炉子的关键技术。

多室炉是双室炉的进一步发展,它的结构形式是由一个可沿轨道移动或用吊车移动的熔炼室和两个以上的固定铸型预热和冷却室组成。当某一个固定铸型冷却室中的铸型浇注完毕后,该铸型室的闸板阀关闭,让浇注完毕的铸型在该铸型室中冷却,可移动的熔铸室移向另一个准备浇注的铸型室,图 5-9 所示的俄罗斯的 ВДЛ-160М 型多室凝壳炉就属于这种炉子。

图 5-8　双室凝壳炉的外观

图 5-9　俄罗斯的 ВДЛ－160М 型多室凝壳炉

D　连续式炉

连续式炉是多室炉的进一步改进与发展，它配置有多工位的铸型预热室与铸件冷却室，铸型预热室和铸型冷却室与中间的熔铸室之间用闸板阀隔开，按照生产工序将铸型预热、熔炼浇注、铸件冷却进行高机械化和自动化的连续生产。图 5-10 所示为连续式凝壳炉的结构示意图。

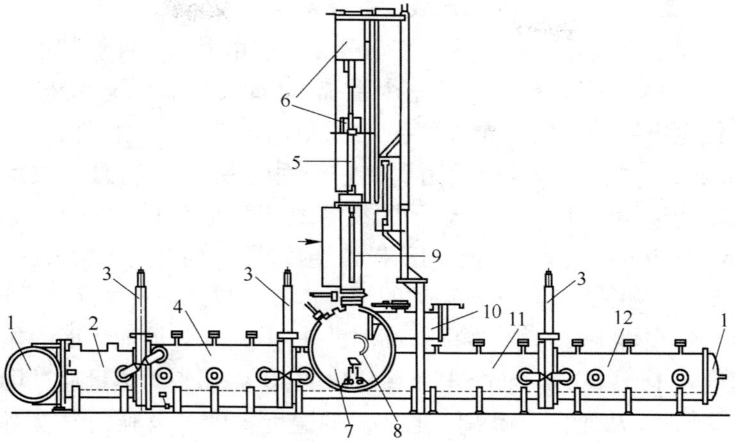

图 5-10 连续式凝壳炉的结构示意图

1—炉门;2—真空室;3—闸板阀;4—铸型预热室;5—电极导杆;6—电极升降机构;7—熔炼室;8—坩埚;9—自耗电极;10—进料室;11—铸件预冷室;12—铸件冷却室

不管是何种炉型的炉体,其作用是容纳自耗电极、坩埚及附属机构和离心铸造装置等,构成与外界大气隔离的空间。炉体应具有良好的气密性,同时要能承受电极、电极导杆及电极驱动系统、坩埚系统、离心铸造装置、监测系统等装置的重量,承受离心铸造装置启动、停止时的冲击震动作用。除上述主要部件外,炉体上通常还开设有观察窗、真空测量和防爆的孔洞。炉体都要进行充分冷却,因为在熔炼浇注过程中,它要承受很强的辐射热和大量金属液飞溅的作用,为此一般工业凝壳炉的炉体内壁用 12 mm 左右不锈钢板、外壳用 6~8 mm 普通碳钢板做成双层水冷式的,这种结构的冷却效果最佳,在冷却水进口温度处于常温的情况下,可以保证炉体各部分(尤其是连接法兰部位和真空密封处)及炉门冷却到 40℃以下。对于有些结构的炉体,例如方形斜法兰的立式炉和多室炉的炉体,要全部采用双层水冷式有困难或没必要(例如多室炉的铸型冷却室),则可以采用只冷却熔炼和浇注时热辐射最强的炉体上部及临近真空密封的法兰部位，即半双层水冷式的结构。总之炉体结构的设计应便于操作，安全可靠。

5.2.2.2　坩埚和稳弧线圈装置及其冷却系统

坩埚系统是凝壳炉的心脏。凝壳炉的坩埚与自耗炉的坩埚相比，是短粗型且可翻转的。整个系统由坩埚、冷却系统、翻转系统及馈电电缆等组成。在这个系统中，坩埚是最核心的构件，坩埚的结构尺寸、构成材料，以及附属在它外面的冷却系统，直接关系到被熔化金属的质量、整台炉子的技术经济效益和工作安全性。目前工业用的凝壳炉都是采用正极性连接，即坩埚为正极，自耗电极为负极（见图5-3），与自耗炉的极性连接一样。据有关文献报道，凝壳炉在熔炼过程中，在电弧高温的作用下，通过熔池表面的热流密度达150~180 W/cm^2，电弧释放出的40%~70%的热量通过坩埚传导出去，从而在坩埚壁上形成高的温度梯度。当凝壳内表面温度达到钛合金的结晶相应温度时，如果采用的是水冷金属坩埚，与金属坩埚内表面相接触的凝壳的表面温度可达300~450℃，而从凝壳表面温度传到坩埚外侧水冷套时就只有几十摄氏度了。由此可见，凝壳炉坩埚的工作条件是很恶劣的。因此，必须高度重视凝壳炉坩埚系统的设计和制造质量。

目前工业生产中凝壳炉使用的坩埚有两种：石墨坩埚和水冷铜坩埚。目前大多数国家的工业生产用凝壳炉都采用水冷铜坩埚。因为铜是良导热体，它在很长时间内都能够稳定地存储大量的热载荷。铜坩埚通常是用厚铜板冲压成毛坯，再经机加工而成。坩埚的内径 D 取决于炉子的容量和自耗电极的直径 d，通常电极直径与坩埚直径之比 d/D 在0.45~0.75之间选取；而坩埚的深度 H 与熔炼电流强度有关，通常铜坩埚的深度与直径比 H/D 大约为1.2~1.5；铜坩埚的壁厚直接关系到凝壳炉工作的安全性，壁厚太小，熔炼过程中易被烧穿。有文献介绍，铜坩埚的壁厚从10~12 mm增加到40~50 mm时就可大大减小坩埚被烧穿的可能。另外坩埚的翻转中心应尽可能靠近浇注嘴，这样在浇注时，金属液流在空间移动距离可减小。

铜坩埚外侧冷却系统的结构有两种形式：

（1）管状冷却式，即把水管贴焊在坩埚外侧的表面上。管状冷却式的冷却系统能够建立稳定方向性的水流，可以消除循环冷却回路中的死水区域，因为在坩埚循环冷却回路中一旦出现死水区域，就可能形成“蒸汽袋”，造成局部过热，使对应的坩埚壁冷却强度不够，易被烧穿。另外，采用管状水冷系统，在坩埚一旦被烧穿的情况下，可减小冷却水进入熔融钛的可能性，因为在这种情况下，水管有可能仍然没损坏。但管状式结构冷却系统的冷却效果没有水套式结构的效果好。

（2）整体水套式，即坩埚外侧装设一个整体密闭的水套，如图5-11所示。由图可见，水流的方向是自下而上的，在冷却水路中不易产生气泡。为了防止水套中的水发生膜状沸腾，铜坩埚外侧

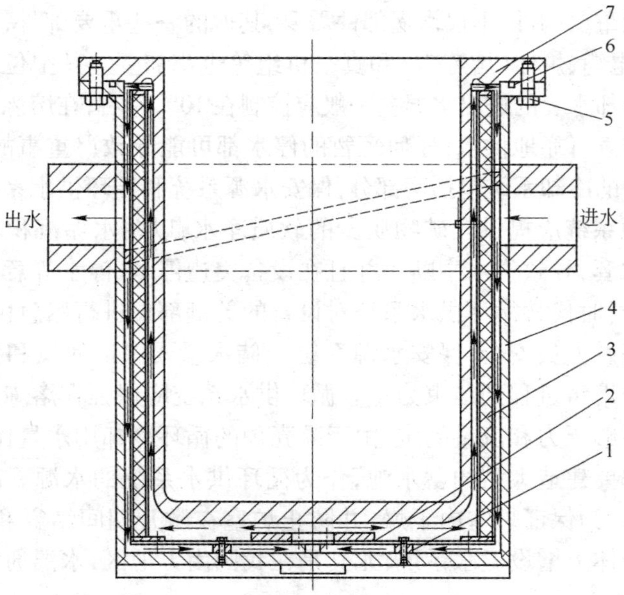

图5-11　可拆卸水套式铜坩埚冷却循环系统结构示意图

1—底板固紧螺栓；2—固紧中间隔水套的底板；3—带稳弧线圈的中间隔水套；4—外水套；5—坩埚固紧螺栓；6—橡胶密封圈；7—水冷铜坩埚

表面上水的流速应达到 3~4 m/s。为使水达到这样的流速，在外水套与坩埚之间增置一带有稳弧线圈的中间隔水套，既减小了水流通过的截面，又实现了熔炼时稳定电弧的目的，从而延长坩埚的使用寿命，保证凝壳炉的工作安全；另外水流从坩埚外侧壁表面的最高处排出，同样可以减小形成"蒸汽袋"的可能性。

不管是管状式结构还是整体水套式结构，坩埚的冷却系统都是采用不锈钢制成的。冷却系统各部分的结构和尺寸要合理，要保证整个系统的水流畅通，并有足够的流量；保证坩埚各部位都能得到充分均匀的冷却，避免出现"蒸汽袋"或膜状沸腾。

坩埚冷却系统的冷却强度直接影响到熔池的深度和直径以及熔池中金属液的过热度。

生产中凝壳炉使用的坩埚冷却系统的冷却剂大多是经软化处理的含矿物质少的净水。凝壳炉的冷却系统是保证凝壳炉安全生产的极重要构件，不仅坩埚部件需要，其他的一些重要部件，如电极导杆、电缆、炉体（熔炼室）和真空机组等也都需要。其中位于坩埚外的冷却水套的进出水温差一般应控制在 10℃左右，在熔炼过程中要求连续可靠地供水，任何短暂的停水都可能导致严重事故发生。凝壳炉的冷却系统包括两部分：保安水源系统和循环供水系统。保安水源系统应提供含矿物质少的软质净水，以防水垢沉积堵塞管道或水套，导致供水中断。并且在设备突遭停电、停水等意外情况下，能暂时代替循环供水系统对设备的关键部位进行紧急供水，保证设备及人员安全；保安水源系统的储水量要保证使钛和钛合金的整个熔铸过程到结束为止。循环供水系统应保证在熔炼过程中提供足够压力和流量的水，由于凝壳炉的循环冷却用水量比较大，通常都要建造大型的蓄水池，作为循环供水系统的水源。高温潮湿季节，为保证炉室内干燥，并防止炉室在敞开期间结露和吸潮，可在炉体上增设温水系统，尤其是在我国南方地区，水温通常设为 30~40℃。

大多数凝壳炉的坩埚冷却系统是采用水作冷却剂，一旦坩埚被烧穿，水进入熔融钛中，将发生激烈化学反应，产生气体（氢气、水蒸气）

混合气,增大炉子发生爆炸的危险性。为减小水冷铜坩埚爆炸的危险性,国外有些公司设计的凝壳炉的坩埚冷却系统采用气体或液态金属钠钾合金冷却,气体主要是氦气。坩埚冷却系统的冷却强度直接影响到熔池的深度和直径以及熔池中金属液的过热度。坩埚底的冷却强度过高,到底部凝壳的热流量减小,将使底部的凝壳增厚;为了在保持侧面凝壳厚度的情况下增加熔池的深度,只有减小坩埚底部的冷却强度。目前工业生产使用的凝壳炉,熔炼过程形成的凝壳通常都是底部比侧壁厚,因为冷却的水是先从底部进入的(见图 5-11);底部的冷却强度比侧面大。不仅如此,它还影响熔池的过热度,因此一定要控制适当。据文献报道,铜坩埚与钛凝壳接触表面的最高允许温度只能达到 500℃。在铜坩埚壁的厚度大于 30 mm、水冷系统总管压力为 0.25~0.30 MPa、坩埚水套内的流速不小于 3 m/s 的情况下,即使铜坩埚与钛凝壳接触表面的温度达到 500℃时,坩埚的冷却表面上也不会产生膜式沸腾,仍然可安全工作。

凝壳炉熔炼过程形成的凝壳有两个作用:(1)防止熔池中液态金属被坩埚材料污染;(2)使液态金属不与坩埚壁直接接触,保护坩埚的工作面不受到液态金属的破坏作用。凝壳厚度的均匀性取决于电弧弧柱相对于坩埚的轴线位置。

另外,必须十分注意凝壳炉坩埚系统的加工和装配质量,铜坩埚内表面的加工粗糙度 R_a 应达到 0.8 μm,水套在装配前一定要经过 0.5 MPa 的打压试验,坩埚与水套的密封要选择优质的橡胶密封圈,坩埚与水套应采用密集的沉孔铜螺栓紧固装配,要保证在高真空下受热不渗水。铜螺栓的直径应在 12 mm 以上,因为它们要传导强大的熔炼电流。

为消除熔炼过程出现偏弧,凝壳炉坩埚的供电系统应对称配置。目前国产凝壳炉的供电系统大多采用分别从坩埚两边进入,为此要求两边的馈电电缆应完全相同。

5.2.2.3 离心铸造装置

工业生产用凝壳炉的离心铸造装置都采用立式离心铸造机。国产凝壳炉的离心铸造机多采用皮带传动和变频调速。离心机的转速为0~600 r/min。离心盘直径的大小取决于炉膛的尺寸和炉子的容量,一般为600~1600 mm。有些炉子的离心机构带有升降装置,如双室炉的离心机,离心盘的高度可根据使用要求随意调节,国产凝壳炉的离心机绝大部分没有这种功能。离心机配置在熔炼坩埚的下方,离心盘中心到浇杯托架法兰的距离通常应在500 mm以上。坩埚翻转到浇注位置(翻转90°)后,浇杯托架法兰的中心孔线应与离心盘的中心重合或稍偏后20~40 mm。

5.2.2.4 电极传动机构和控制系统

电极传动机构是在熔炼和装炉过程中用以调节及传动电极杆升降的机构。要求它在熔炼过程中能调节电极进给速度,以维持正常的弧光放电过程,在发生短路时能在0.2 s的时间内迅速提升电极消除短路,恢复正常熔炼;在发生辉光放电和边弧时能迅速下降电极,保证正常熔炼,并且有较高的电极提升速度进行装炉操作,提高生产效率。

电极传动有双电动机单式差动和多电动机复式差动两种方式。

双电动机单式差动是由1台直流电动机和1台交流变频电动机构成(见图5-12(a)),熔炼过程中,电极杆升降采用交流变频电机和直流电机同时驱动1台差动减速器来实现,可分为两种控制方式:

(1) 交流电动机快速升降控制方式。开炉熔炼前为提高生产效率,在进行装卸电极操作时,只有交流电动机参与工作,并将开关扳在交流电动机的快速挡上,使得电极快速提升或下降。

(2) 直流电动机与交流电动机差动升降控制方式。调节接入交流变频电机的变频器,交流电动机变频工作,2台电动机通过差动减速器使传动机构差速传动,带动电极杆上升或下降,使电极正常熔炼。

而多电动机复式差动(工业上大多采用三电机传动)是由2台转向相反的直流电动机和1台交流电动机构成(见图5-12(b)),熔炼过程中,电极杆升降采用2台转向相反的直流电动机同时驱动1台差动减速器来实现的,也可分为两种控制方式:

(1) 两台直流电动机差动升降控制方式。转速方向相反的2台直流电动机通过差动减速器差速传动,带动电极杆上升或下降,使电极正常熔炼。

（2）交流电动机快速升降控制方式。开炉熔炼前，为提高生产效率，在进行装卸电极操作时，只有交流电动机参与工作，并将开关扳在交流电动机的快速挡上，使得电极杆快速提升或下降；熔炼过程中若发生短路，则直接用交流电动机快速提升电极杆消除短路，恢复正常熔炼。电极的传动是通过滚珠丝杠和电极杆实现的。

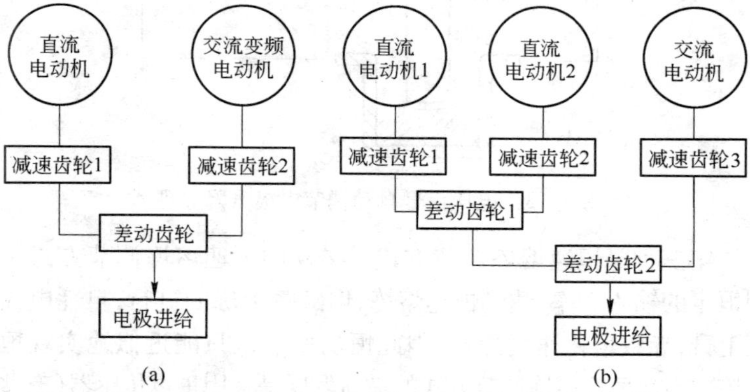

图 5-12 电极传动机构传动方式示意图
（a）单式差动齿轮双电机传动；（b）复式差动齿轮三电机传动

熔炼过程中，电弧长度的自动控制是通过电极升降调节来实现的。电极升降的自动控制调节有电压信号、脉冲信号和恒速熔炼调节方式等。

第一种是电压信号调节。电压信号调节是最普通和广泛使用的方式。图 5-13 所示为电压信号自动调节电极升降的原理。电压信号调节控制的可靠性差，因为电弧电压与弧长并非线性关系，在熔炼过程中出现辉光放电时，控制系统有时甚至无反应，因此这种控制方式不能单独使用，应与其他方式配合使用。

第二种电极升降调节方式是脉冲信号弧长调节方式。它的信号取自钛熔滴下降瞬间造成的电弧电压波动，而电弧电压波动的频率和振幅与弧长成反比，因此这种调节方式只在熔炼进入正常状态下才有效。由于弧长的变化对电弧电压的影响较大，所以该调节方式也不宜单独使用，需与其他方式配合使用。

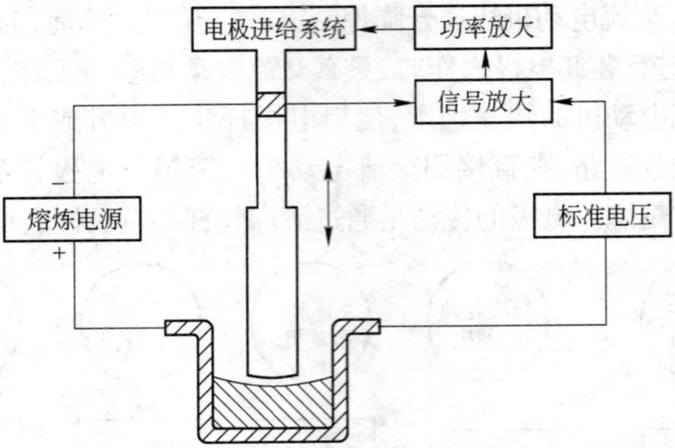

图 5-13　电压信号自动调节电极升降原理

第三种是恒速熔炼调节方式。早期的恒速熔炼调节方式是控制恒定的输入功率,达到恒速熔炼,但随着熔炼的进行,自耗电极温度上升,导致熔化速度加快,因此恒功率输入只能近似地实现恒速熔炼。当前恒速熔炼调节方式的最新发展是采用重量传感器(有些书上称为电极称量系统);在熔炼过程中连续地监测剩余自耗电极的重量,通过计算机分析并控制输入功率,达到恒速熔炼的自动控制。

不管选用上述三种电极升降调节方式中的哪一种,都是为了保证在异常状态下快速调节电极升降速度,使设备尽快恢复正常熔炼状态,因此在实际工业生产中,通常都在控制系统中加入手动快速提升按钮,人工直接控制交流电机升降电极,当弧长恢复正常后再转入选定的电极升降调节方式。

5.2.2.5　电源

凝壳炉主电源是为真空自耗凝壳炉熔炼铸造钛和钛合金提供能源的直流电源装置。从经济观点看,应选择交流电作为凝壳炉的主电源是比较合理的,但由于自耗熔炼钛时,交流电不能保证电弧稳定燃烧,当电压接近于零时,电弧就会熄灭,因而只能采用直流电源。真空凝壳炉熔铸钛及其合金对其配置电源的基本要求是:

(1) 在低电压下能提供大的电流;

(2) 具有近恒电流的良好下垂特性;

（3）短路时过载电流值要小；

（4）能承受短时间过载而不丧失工作特性。

目前工业生产上使用的凝壳炉都采用带有饱和电抗器的硅整流柜，以获得大的熔池，使75%~80%以上具有一定过热度的钛金属液能浇注出来，满足铸件成形的要求。图5-14所示为半导体硅整流器的特性曲线。这种电源不仅能够满足上述的各种基本要求，而且还具有工作效率高、操作容易的优点。为减少供电损失，熔炼主电源应安装在距炉子最近的位置，而且从电源到炉子最好采用对称连接，以减少线路磁场对电弧的偏转作用。

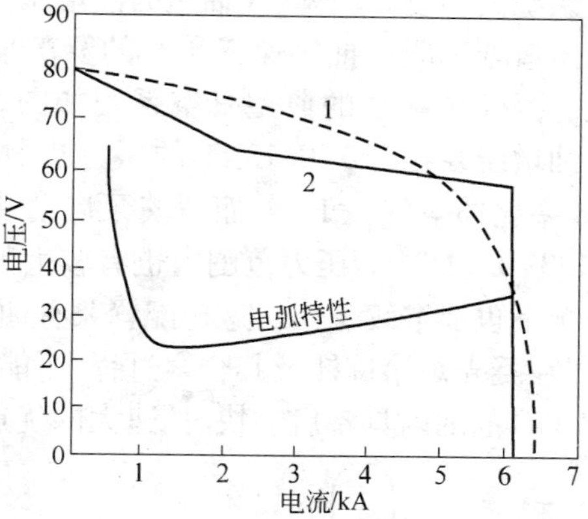

图5-14 半导体硅整流器的特性曲线

1—可饱和电抗器控制；2—封闭回路反馈控制

5.2.2.6 真空系统

真空系统是保证密闭炉体系统获得熔炼浇注所需的真空度，而且在遇到炉料大量放气出现辉光放电时，应能保证在最短时间内恢复到正常状态，因此凝壳炉的真空系统必须具有足够高的抽气速率。为了保证由于突然放气而使电弧熔炼炉的工作真空度骤然下降后在最短时间内迅速恢复到正常状态，保证熔炼质量，通常通过经验公式5-1及炉子的抽真空效率来选择相应的真空机组配置，以满足设备工作时所需的熔炼真空度：

$$s = 9500V_0G/p \tag{5-1}$$

式中 s——熔炼室的理论有效抽气速率（实际有效抽气速率应为理论值的1.5~2倍），L/s；

V_0——被熔炼金属的含气量，μmHg · L/kg（1 μmHg = 10^{-3} mmHg = 0.133 Pa）；

G——熔炼金属的熔化速率，kg/min；

p——满足熔炼室工作要求的真空度，μmHg。

在设备正常工作情况下，真空系统应在30~45 min内使熔炼室由101.325 kPa(1 atm)抽到所需的熔炼真空度。钛及其合金熔炼所需的真空度一般为0.67~1.3 Pa。熔炼钛和钛合金的凝壳炉所配置的真空系统大多以大功率、大抽速的油增压泵、罗茨泵为主泵，两泵并联，出口处串联一抽气速率稍小的罗茨泵，然后再与前级机械泵串联。凝壳炉配置的典型真空系统如图5-15所示，这种配置是基于油增压泵在1.3~0.13 Pa的压力范围内有较大的抽速，抽除氢的效率比抽空气大1倍；而罗茨泵启动和停止迅速，电机功率小，在133~0.13 Pa的压力范围内也有较大的抽速，即使在炉子进水的情况下也能继续工作。这种配置兼有油增压泵和罗茨泵的双重特点，在凝壳炉熔炼钛及其合金过程中，能在很宽的工作压力(130~0.1 Pa)范围内具备启动快、抽速大的优点。

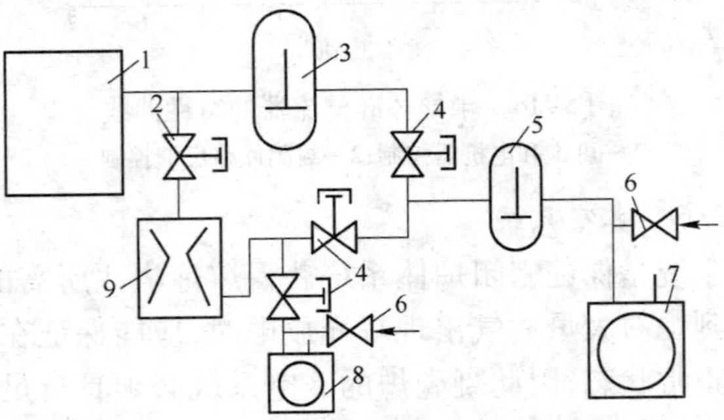

图5-15 凝壳炉配置的典型真空系统

1—炉体；2,4,6—阀门；3—罗茨泵；5—中间罗茨泵；7—前级机械泵；8—维持泵（机械泵）；9—油增压泵

5.2.2.7 监测系统和控制系统

为确保熔炼过程的安全，现代真空自耗凝壳炉上均装有监测

系统和控制系统，有的还采用遥控操作，在操作室内配置有一系列监测装置，包括观测装置、计量指示记录及各种继电保护仪器等。

观测装置有两种：光学潜望镜和电视。电视经过一段实践使用后，发现效果并不理想，因而没有获得广泛使用。目前应用最广泛的是由一系列透镜和棱镜组成的潜望镜装置（见图5-16），它可以从炉顶部反映炉内的实际情况，操作者可以通过操作台上磨砂玻璃显示的影像判断设备的工作状况。

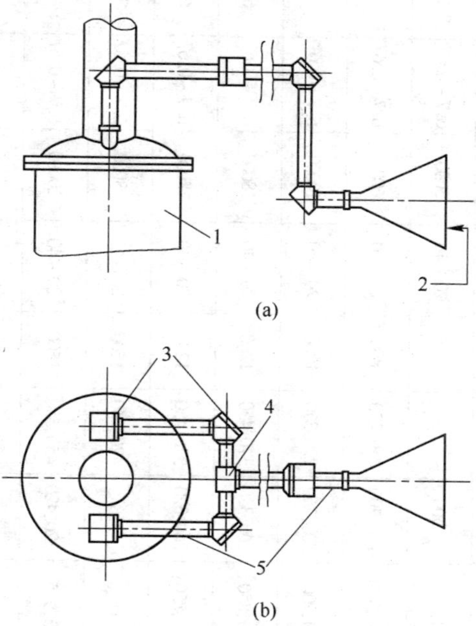

图5-16 目前常用的观测装置之一

（a）平视图；（b）俯视图

1—炉体；2—磨砂玻璃屏；3—反射镜；4—棱镜；5—透镜管

计量指示记录仪通常包括电流、电压、真空度和电极行程的指示和记录仪，此外，还有冷却水温、磁场线圈电流、真空系统和电源工作状态的指示仪。继电保护仪器包括水、电方面的各种继电保护仪器及限位开关等。

表5-1为国产的ZHN系列凝壳炉的主要技术参数。

表 5-1 国产的 ZHN 系列凝壳炉的主要技术参数

序号	型号	容量（钛液）/kg	自耗电极尺寸		坩埚尺寸		离心盘直径 /mm	电源		工作真空度 /Pa	冷却水消耗量 /t·h⁻¹	炉体外形尺寸	
			直径 /mm	可消耗长度 /mm	直径 /mm	深度 /mm		工作电压 /V	工作电流 /A①			占地面积 /m²	高度 /m
1	ZHN-10	10	60	1130	150	250	600	20~40	3000	6.7~0.67			
2	ZHN-20	10,20	60,100	1130,810	150,200	250,270	800	20~40	6000	6.7~0.67			
3	ZHN-50	20,50	100,150	810,900	200,260	270,370	1000	20~40	10000	6.7~0.67	40	8.6×4.2	7.5
4	ZHN-100	50,100	150,210	900,850	260,320	370,450	1200	20~40	18000	6.7~0.67	60	10.12×7.95	6.57
5	ZHN-100B	50,100	150,210	900,850	260,320	370,450	1200	20~40	18000	6.7~0.67	65	10.12×9	6.57
6	ZHN-150	100,150	220	1300	360	420,540	1500	20~45	28000	6.7~0.67	70	8.45×4.0	7.62
7	ZHN-200	100,200	210,280	850,965	320,420	450,550	1500	20~40	20000	6.7~0.67			
8	ZHN-260	130,260	220,300	1000,1100	350,450	500,600	1500	20~45	28000	6.7~0.67	80	8.33×4.2	7.59
9	ZHN-500	200,500	280,380	965,1025	420,540	550,750	1800	20~40	30000	6.7~0.67			

① 配置电源的供电容量应比表中数值大 10%~20%。

5.3 钛的熔炼与铸造工艺

钛和钛合金的工业生产,不论是重熔的自耗电极或锻造用的开坯料,或是异型铸件,大多都是通过真空自耗电极电弧熔炼来获得的。随着现代技术的发展和进步,钛和钛合金的熔炼与铸造除真空自耗电极电弧熔炼外,先后又发展了其他一些新的熔铸方法,其中比较成熟的有真空感应分瓣式水冷铜坩埚凝壳炉及其熔铸工艺。

5.3.1 电弧熔炼的基本原理及电弧的结构与特性

5.3.1.1 电弧熔炼的基本原理

真空自耗电极电弧熔炼时,是金属自耗电极棒置于真空或惰性气氛中,在直流电弧的高温作用下迅速熔化,形成液滴,当其重力和其他力(如电磁力、电弧放电产生的冲击力等)的作用超过金属液滴的表面张力时,金属液滴就脱离自耗电极端面下滴,通过近5000 K(约4700℃)高温电弧区向水冷铜坩埚内过渡,在这个过程中发生一系列的物理化学反应,易挥发元素和杂质挥发,一些物质发生分解电离,氢、氯化镁等挥发被去除,使金属致密化和纯化。单位时间内从电极端面滴落的钛液滴数量和液滴颗粒大小取决于熔炼电流大小、熔炼电弧长短、坩埚上稳弧线圈的安匝数、自耗电极成分和电极中气体含量等因素。熔炼电流大,单位时间内从电极端面滴落钛液滴数就多,颗粒小;熔炼电流小,滴落钛液滴数少,颗粒大。熔炼电弧短,电弧的集中程度高,电极端面的温度高,单位时间内从电极端面滴落的钛液滴数就多,颗粒小;但是熔炼电弧过短,如10 mm左右,这个长度与钛液滴大小相近,会造成电极和坩埚内熔池之间的短路(见图5-17(a)),导致电弧熄灭从而使熔炼中断,或者因频繁短路使熔池温度急剧变化。上述这两种情况都会破坏正常熔炼的进行,最终将影响钛液的过热度和流动性。因此,熔炼的电弧长度通常应控制在15 mm以上,比较合适的电弧长度应控制在20~30 mm(见图5-17(b))。钛液滴在掉落过程中,由于受到电磁力(电极和电弧周围的横向磁场力及稳弧线圈的电磁力)、电弧放电的冲击力以及荷电质点轰击力等的作用会被碎裂成许多小液滴,其中大部分的金属液滴落进坩埚后,在电弧高温加热下形成熔池(见图 5-18)并受到搅拌,一些易挥发杂质进一步被去除,金属或合金在此进一步得到合金化与致密化,使合金的化学成分达到充分均匀;对凝壳炉来说(另一极少部分的小金属液滴),在坩埚内的钛液比较少时就飞溅到坩埚侧壁上成凝壳的组成部分,而当坩埚内的钛液面达到离坩埚上部法兰 1/3 以上的位置时,这部分小液滴就可能飞出坩埚外,成飞溅黏附到炉壁或炉内其他部件上,尤其是在熔池液面超过坩埚深度 4/5 以后,这种飞溅现象会更加明显。因此,在整个真空自耗电极电弧熔炼过程中电弧的特性和行为,以及过程产生的各种力的作用,将直接影响熔炼金属或合金的质量以及熔炼铸造过程的工艺参数和铸出铸件的质量。

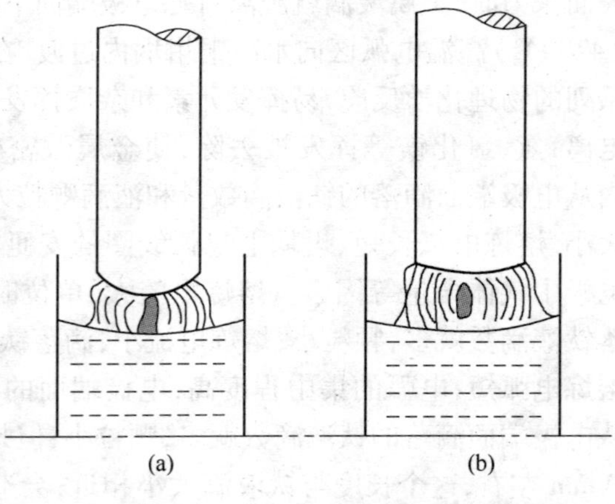

图 5-17　与电弧长度有关的两种可能发生的熔炼状态

5.3.1.2　电弧的结构和特性

A　电弧的产生

真空中的放电有辉光放电、弧光放电以及微光放电三种,辉光放电和弧光放电都是气体自激导电的形式。辉光放电的特点是电

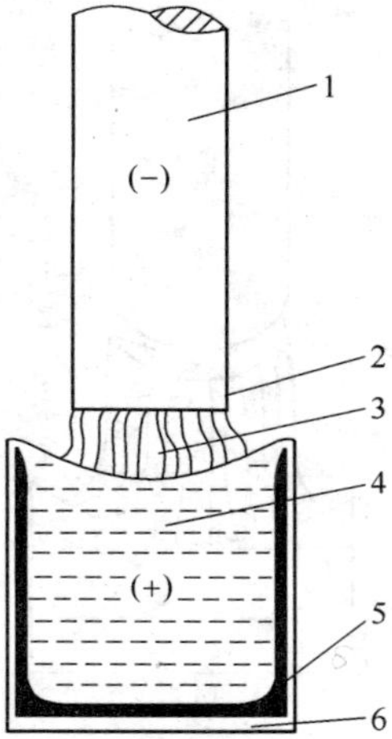

图 5-18 真空自耗电极电弧熔炼(正极性法)原理及各区域主要物理化学反应示意图

1—钛自耗电极;2—气相区(残余气体及反应气态生成物运动区);3—弧柱区(钛液滴在此发生脱气、分解、电离等物理化学反应);4—钛熔池(金属溶液在此进一步发生脱气、分解、纯化、合金化、杂质挥发等过程);5—凝壳;6—铜坩埚

压高、电流小,仅有少量电子和正离子参与导电过程,发出较弱的光,对自耗电弧熔炼来说,辉光放电是不希望发生的。

电弧的产生是一个弧光放电过程。弧光放电特点是气相中有大量的电子和正离子参与导电过程,产生大的电流密度,并发出耀眼的亮光。弧光放电不仅可以用高压引弧产生,也可以用低压引弧产生。在电弧熔炼中是采用低压引弧产生的。引弧时是先将两极短路后再拉开,在此瞬间两极间形成极大的电流密度而产生高温,使阴极发射出热电子而产生电弧。

B 电弧的结构

电弧是由阴极区、弧柱区、阳极区三大部分组成,如图 5-19 所示。

a 阴极区

由两部分组成,第一部分是在电极端面附近和弧柱交界处之

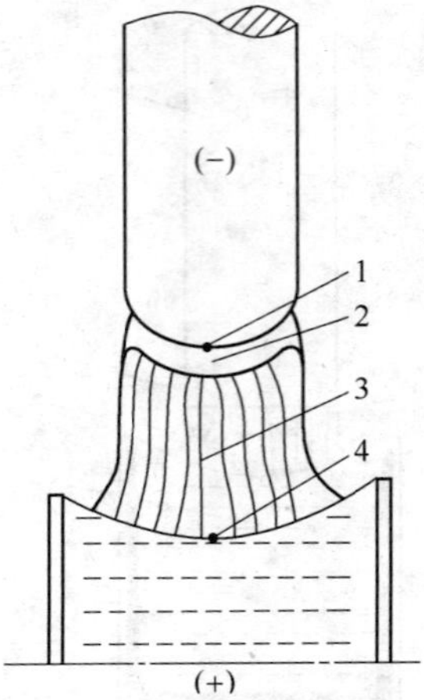

图 5-19　电弧构造示意图
1—阴极斑点;2—正离子层;3—弧柱;4—阳极斑点

间的正离子层,它与电极端面之间构成很大的电位降,该电位降促成电子从电极端面自发射,用以维持电弧的正常燃烧;另一部分是在电极(阴极)端面有一个光亮点,称为阴极斑点或阴极发射点。在正离子层形成的正电场的作用,电子集中在这里向外发射而产生弧光放电。

阴极斑点的大小与电弧放电所在空间气体介质的压力有密切的关系。气体介质压力高,阴极斑点的面积就小。图 5-20 所示为在不同残余气体压力下熔炼后自耗电极端面的形状示意图。由该图可见,电弧周围气体介质压力减少,阴极斑点面积增大,且高

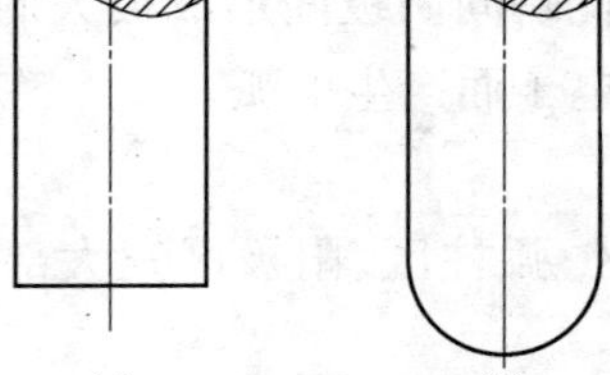

图 5-20　在不同残余气体压力下熔炼后自耗电极端面的形状示意图
(a) 6650 Pa; (b) 0.13 Pa

速移动,由电极端面游至侧表面,使电极端面熔成圆锥形。斑点越大,温度越低。在电弧熔炼过程中阴极斑点始终在阴极表面游动,它的大小直接反映电弧的稳定性,斑点越小越易游动,电弧越不稳定。斑点的温度与电极材料的熔点和熔化电流密度有关,电极材料熔点越高,熔炼电流密度大,斑点的温度就越高。

b 弧柱区

弧柱区位于阴极区和阳极区之间呈钟形分布,是一个由电子和离子混合组成的中性高温等离子体。它是电弧的主体,它的亮度最大,温度也最高(一般认为达 5000 K,即 4700℃左右)。它的温度与电极材料、炉内压力和熔炼电流密度有关。弧柱的截面积与阴极和阳极的表面积有关,除此之外,它还受电流密度、炉内压力和磁场的影响。在熔炼过程中,随着熔炼电流的增加,即电流密度的增大,弧柱断面积增大,电弧的束密度增加,温度升高,燃烧也更加稳定。炉内气体介质压力增大(即真空度降低),则弧柱断面积变小;反之变大。无限地降低弧柱区的气体介质压力(即提高真空度),会造成弧柱剧烈地膨胀,束密度降低,电弧放电变得不稳定,热效力急剧下降。同时,由于弧柱的剧烈膨胀,有可能导致主电弧熄灭,弧光放电转为辉光放电,其结果不仅使熔炼停止,而且还会给安全操作带来危险。在海绵钛电极一次熔炼时,在熔炼后期极易出现这种现象。

另外弧柱断面的大小还受外界磁场的影响。当对电弧施加一个纵向磁场时,在磁场力的作用下电弧会受到压缩,致使电弧断面变小,电弧长度相应增加,电弧稳定性提高。但是外施磁场的强度不能无限提高,因为磁场越强,电弧收缩就越厉害,其结果导致金属熔池热量分布的均匀状态恶化,这对合金成分的均匀化和提高熔池的过热度是不利的。

由于弧柱区的温度很高,熔炼过程钛和钛合金的除气,一些物质的分解、挥发、电离等的物理化学反应都是在此区域内进行的。

c 阳极区

阳极区位于阳极表面,它聚集了大量的负离子、电子,该区域内电位降很大。集中阴极电子的区域叫阳极斑点，由于阳极区气体介质压力较低，阳极斑点面积扩大而近似“消失”。阳极表面由于接受来自阴极电子和弧柱区负离子的高速连续轰击，这些带电粒子释放出大量的动能和势能，使阳极斑点被加热到很高的温度，使整个阳极区的温度超过阴极区表面温度（见表5-2）。由于钛熔池有较高的温度，不仅有利于精炼反应的进行，同时有利于提高钛和钛合金液的流动性和充填性，对获得薄壁铸件是有利的。

表5-2　钛电极熔炼端（阴极区）与钛熔池（阳极区）温度的比较

项目名称	钛的熔点	钛电极熔炼端温度（阴极区）	钛熔池表面温度（阳极区）
温度/℃	1668	1775	1850

阳极区的温度主要取决于阳极区中气体介质的压力，压力增加时阳极斑点的面积缩小。熔炼条件的变化会引起阳极斑点大小和温度的改变，从而使钛熔池的温度梯度、熔池深度和体积发生变化，最终影响提纯效果，改变铸件的结晶。

C　电弧的特性

a　电弧中的电压降

真空自耗电极电弧熔炼所利用的是弧光放电，这种放电是在低电压（十几伏到几十伏）和大电流（几千安到几万安）条件下产生的放电；放电过程产生强烈的白炽光和高温。弧光放电时两极间的电压降叫电弧电压。电弧电压 U 由阴极压降 U_K、弧柱压降 U_C 和阳极压降 U_A 组成：

$$U = U_K + U_C + U_A$$

式中，$U_K + U_A = U_S$ 称为表面压降。

表面压降与电极材料、气体成分、压力和电流强度等有关，与阴、阳极的距离无关。在电极材料、气体成分及压力不变的情况下，电弧电压的变化取决于弧柱压降 U_C，但 U_C 值很小，两极间距离的变化对电弧电压的影响很小，且不成直线关系（见图5-21）因此在熔炼过程中用电弧电压来控制弧长是很不可靠的。

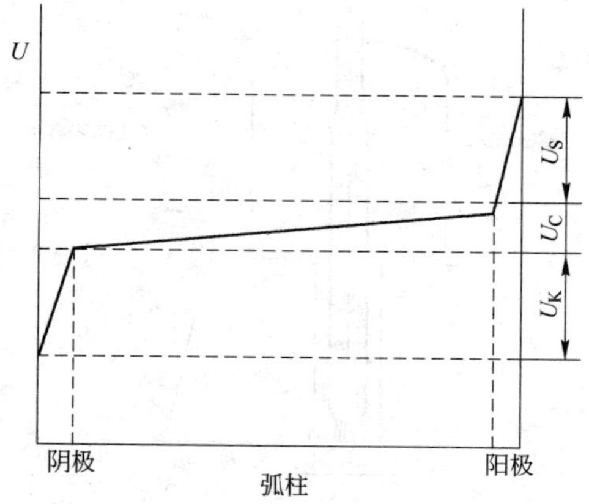

图 5-21 电弧电压分布

真空自耗电极电弧熔炼钛时，在一定弧长（自耗电极端面与熔池表面间的距离）范围内，弧长每变化 10 mm 便会引起 0.5 V 的电压变化。实践表明：真空自耗电极电弧熔炼钛的电弧电压降约为 28~45 V。

b 电弧的稳定性

真空自耗电极电弧熔炼时，炉内的压力自弧区至排气口是依次递减的（见图 5-22）。不管是自耗熔炼炉或凝壳炉，气相压力对电弧的稳定性影响很大，当气相压力变化和其他工艺参数控制不好时，电弧便不稳定，易产生边弧（即自耗电极和铜坩埚侧壁间产生电弧）和扩散弧，严重时会烧穿坩埚，造成严重事故。为此，在熔炼过程中要十分注意炉内气相压力变化（即炉内真空度的变化），确保电弧的稳定性。实践表明，气相压力在 $6.7\times10^3\sim10^5$ Pa 范围内电弧是稳定的，压力在 $67\sim6.7\times10^3$ Pa 时，电弧在坩埚内严重漂移，易产生边弧和散弧，这个气相压力范围称为危险区；气相压力降低至 67 Pa 以下，电弧又恢复稳定，称 67 Pa 能使电弧恢复稳定的气相压力为临界压力。在真空自耗熔炼过程中，气相压力必须避开危险区，要经常保持在临界压力以下。

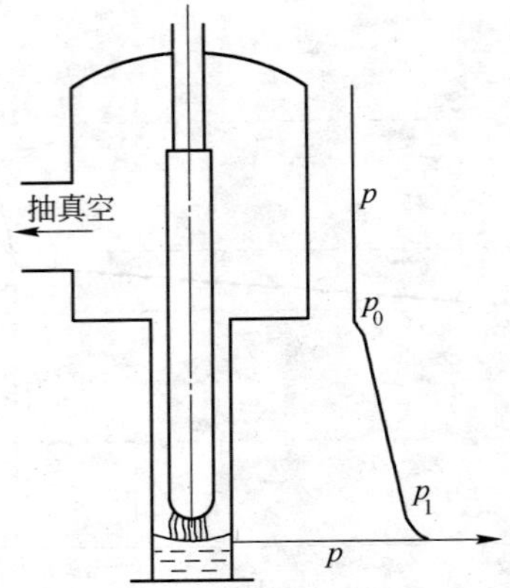

图 5-22　真空自耗电极电弧熔炼时炉内压力分布

钛的自耗电弧熔炼也可在惰性气体保护下于常压中进行。但与真空熔炼相比,真空熔炼具有加热温度更均匀、弧柱压降小、热效率高的优点。因此,钛在实际工业生产中大多采用真空自耗熔炼。

在真空自耗电弧熔炼钛的生产实践中,为了使电弧工作稳定,通常在坩埚外侧壁与冷却水套之间加稳弧线圈(见图 5-11 和图 5-23)。稳弧线圈的作用是当线圈通入直流电(或交流电)时便会产生纵向磁场,压缩电弧,减少边弧,稳定电弧。稳弧线圈产生的纵向磁场除能减少边弧外,还能使熔池中液态钛旋转产生搅拌作用,这对液态钛中合金组分的均匀化或杂质的扩散是有利的,从而可获得成分均匀的钛合金熔液。图 5-24 所示为外加纵向磁场对液态钛熔池的影响。

稳弧线圈中的稳弧电流大小要选择合适,电流过小起不到稳弧作用,电流过大,把电弧压缩得太厉害,会导致电弧熄灭,同时熔池旋转过于激烈,会加剧钛液的喷溅,尤其是在坩埚内钛液较满时。稳弧线圈合适的安匝数应以保证电弧稳定燃烧,熔池有平稳或微微旋转为准。

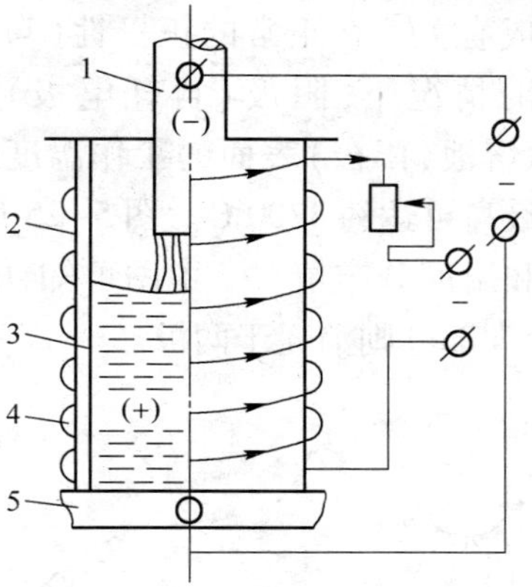

图 5-23　稳弧线圈示意图

1—钛自耗电极；2—铜坩埚；3—水冷套；4—稳弧线圈；5—底垫（底结晶器）

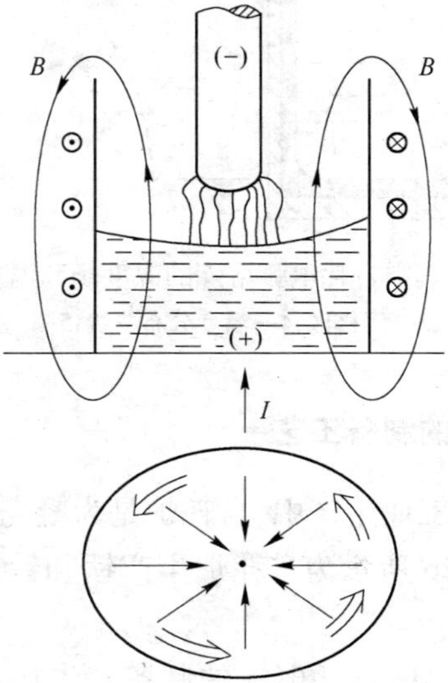

图 5-24　外加纵向磁场对液态钛熔池的影响

→—熔炼电流 I 的方向；⇒—磁场力 F 的方向；B—磁场方向（由纸面向外）；
⊗和⊙—稳弧电流方向

c　电弧的温度场和能量分配

电弧中温度场的温度分布情况很复杂，它与电极材料、输入电流大小和气相组成有关。在正常的正极性(自耗电极为阴极,坩埚为阳极)熔炼的情况下,阴极(自耗电极)端部的温度约为1775℃;坩埚内钛熔池(阳极)表面的工作温度约为1850℃;而弧柱区中心的温度最高可达约4700℃。图5-25所示为真空自耗电弧熔炼的温度场和温度分布情况。由图可知,电弧的能量一部分消耗于弧柱,其余大部分则消耗于两极。

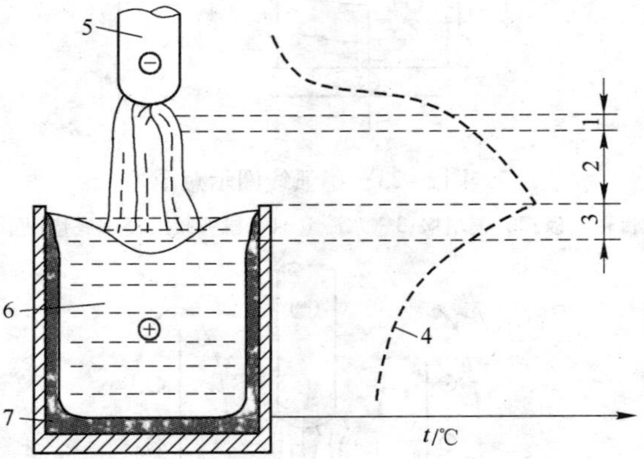

图5-25　真空自耗电弧熔炼的温度场和温度分布情况

1—阴极区;2—弧柱;3—阳极区;4—温度分布曲线;5—电极;6—熔池;7—凝壳

5.3.2　自耗电极的制备工艺

目前,在铸钛工业生产中,自耗炉是为凝壳炉提供自耗电极的主要设备。图5-26所示为自耗炉生产钛和钛合金自耗电极的工艺流程。

由图5-26可见,自耗电极的制备是先将经过处理后符合要求的海绵钛和合金元素合理搭配,压制成棒状或块状坯料,再组焊成一定长度的一次熔炼的自耗电极,经真空自耗(一次或二次)熔炼而成。小直径(ϕ200~400 mm)的铸锭可直接用作重熔的自耗电极;大直径(ϕ400 mm以上)的铸锭需经锻造开坯成小直径棒料,再经机加工扒皮成合适直径后才能作为自耗电极。

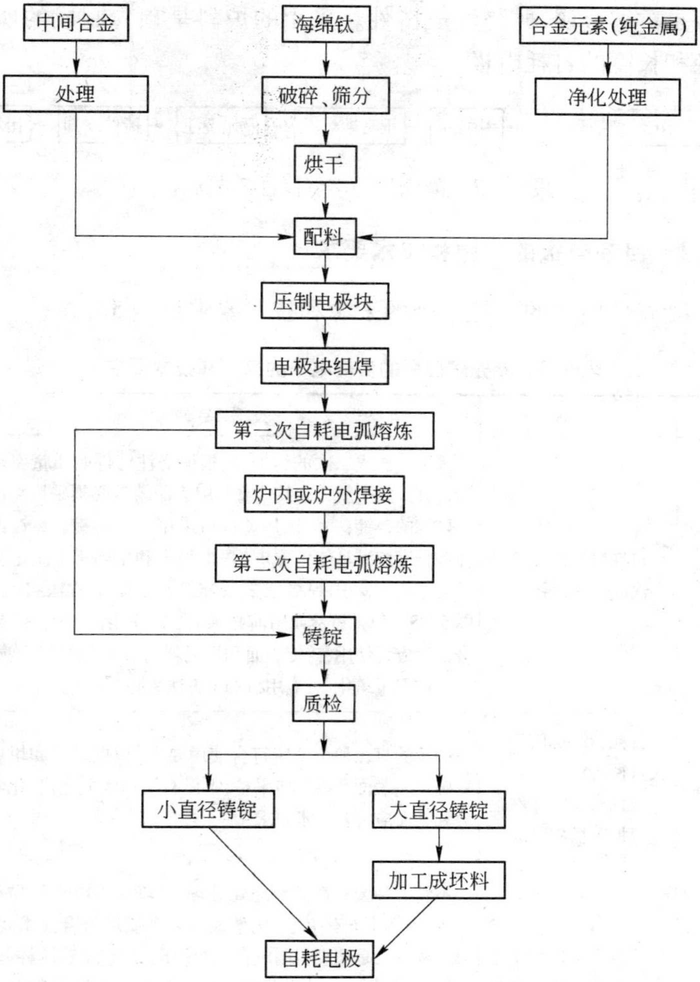

图 5-26　自耗炉生产钛和钛合金自耗电极的工艺流程

5.4　凝壳炉熔炼浇注工艺

5.4.1　概述

图 5-27 所示为凝壳炉的熔炼浇注工艺流程。凝壳炉的主要

任务是重熔金属,并浇注成铸件。采用的炉料是预先制成的所需直径和长度的自耗电极。

图 5-27　凝壳炉的熔炼浇注工艺流程

5.4.2　自耗电极的来源和技术要求

凝壳炉使用的自耗电极的来源和技术要求见表 5-3。

表 5-3　凝壳炉使用的自耗电极的来源和技术要求

品种	来　源	技 术 要 求
铸锭	自耗熔炼炉熔炼的一次或二次铸锭	采用一次或二次的铸锭,应根据浇注铸件的质量要求进行选择。航空航天和其他重要用途的铸件必须采用二次自耗熔炼的铸锭;一般民用铸件可采用一次铸锭。铸锭的直径和长度应满足使用要求(根据炉子和坩埚尺寸确定),若长度不够可采用焊接或螺纹连接加点焊的方法接长(见图 5-28)。每批铸锭使用前必须先检查其化学成分和杂质,合格后方可使用;铸锭表面和端面不得有氧化皮和污物,如果存在严重氧化皮,应用机加工方法去除
锻棒	自耗炉熔炼的二次大直径铸锭经开坯锻造成所需直径,然后经机加工扒皮制成	锻棒的直径和长度应符合使用要求(根据炉子和坩埚尺寸确定),表面和端部应平整,不得有污物和氧化皮,化学成分和杂质应符合技术要求
回炉料	铸造产生切割下的浇冒系统、报废的铸件、废凝壳、铸件机加工的切屑、炉内大块干净的飞溅、锻件或锻棒的切头、钛及其合金板的下脚料等	不管哪种废料都需经净化处理,其表面不得有污物和氧化皮,内部不能有夹杂,化学成分和杂质应符合技术要求。第一种方法是把废料制成自耗重熔电极,它又有两种办法:(1)把废料加工成块料装到石墨加工成的电极锭模里,然后用凝壳炉熔炼部分与所用废料同成分的液态金属浇入电极锭模内,把块料粘接成重熔自耗电极(见图 5-29(a));(2)直接把块料焊接成重熔电极(见图 5-29(b)),这种电极表面可能不规则,熔炼过程易产生爬弧和边弧,应尽量采用短弧熔炼,以防击穿坩埚。第二种方法是把清理干净符合要求的废料直接放在凝壳内,每次的加入量不得超过要浇注金属量的 5%~8%,以保证被熔金属的过热度

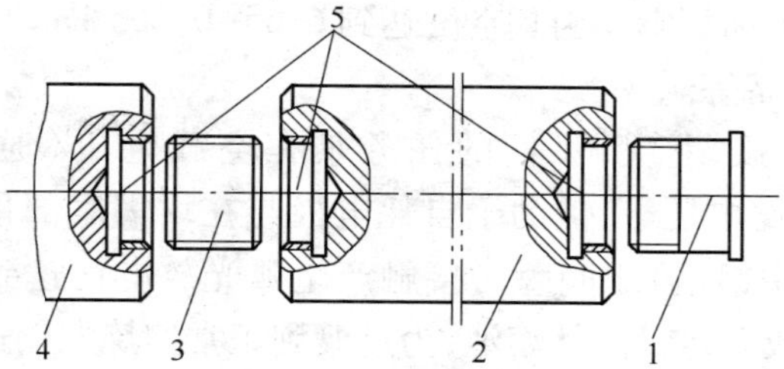

图 5-28 不够长的电极与端头残极的螺纹连接示意图
1—电极安装头;2—自耗电极;3—中间连接螺杆;4—自耗残极;5—阴螺纹

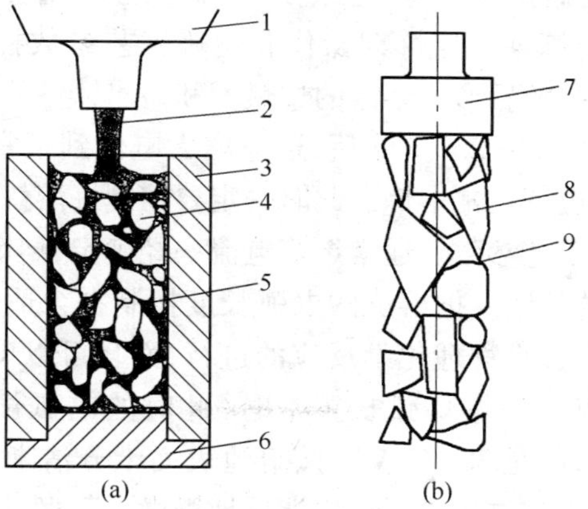

图 5-29 回炉料制成的重熔自耗电极的方法
(a) 铸造粘接成形法; (b) 焊接成形法
1—过渡浇杯;2—液态钛;3,6—石墨锭模;4—回炉料;5—浇进的液态黏结钛;
7—电极安装头;8—回收料块;9—焊点

5.4.3 凝壳炉的熔炼浇注过程

凝壳炉的熔炼浇注过程可分为5个阶段:

(1) 准备期。熔炼前应对凝壳炉各部件进行全面认真检查,设备正常后方可装炉。首先装夹电极,电极必须装正直、夹牢并调整使其对准坩埚的中心;清理安放凝壳,放置引弧料以及回炉料,引弧料与电极端面间的距离不得小于15 mm,一般为20~30 mm;同时装配和固定铸型;安放过渡浇杯;检查试转离心盘。上述工作完成后,闭炉抽真空。当真空度达到6.65~0.665 Pa时,检漏合格后就可开始熔炼。

(2) 引弧期。引弧期的任务是在空载电压(通常为70~80 V),即开路电压下,借助于自耗电极与在坩埚底部预先放置的引弧料(常用铝箔)之间瞬时接触产生弧光放电而达到稳定的电弧燃烧,造成一定量的钛熔池,为过渡到正常熔炼期创造条件。起弧后应采用正常熔炼的20%~25%的较小电流预热自耗电极和凝壳,以加快随后的熔化速度。

(3) 正常熔炼期。当引弧期结束以后,逐渐增加熔炼电流,迅速转入正常熔炼期。熔炼期操作和熔炼工艺参数控制得是否准确,直接影响到随后形成熔池的过热度和铸出铸件的质量,自耗电极和凝壳预热1.0~2.0 min后,迅速增大电流到正常熔炼工艺要求的设定值,进行正常熔炼。此时一定要控制好熔炼电压、熔化速率、真空度等工艺参数。通常熔炼电流一经确定,熔炼是否正常就取决于电弧的长度。把熔炼的电弧长度控制在合适的范围内,不仅有利于冶炼过程物理化学反应的进行,而且可以确保熔池中金属液的过热度。当熔炼弧长正常时(此时的电弧长度应是25~30 mm,电压值应是38~42 V),钛熔池表面十分清晰活跃,钛液徐徐波动,电流表和电压表指针周期性地微微上下摆动。

除电弧长度外,熔炼期真空度的控制也是一个特别重要的问题,当熔炼操作的真空度在66.5 Pa以上范围内时,弧光放电就可能转为辉光放电,继而产生边弧和扩散弧而烧穿坩埚。一旦发现真空度骤然下降,应当立即采取有效措施,适当减慢熔化速率,控制好电极的进给速度,以保持合适的弧长,防止边弧和扩散弧的产生,待真空度回升后再转入正常熔炼。

采用离心浇注时,在正常熔炼期结束前应使离心盘转速达到所要求的预定值,同时还应注意检查电极气动快速提升的压力,通常应控制在0.2~0.3 MPa范围,以确保停弧浇注时电极能在3 s内提升到最高位置。

在整个熔炼过程中,还应十分注意监控坩埚冷却水进出水的温度，通常出水的温度应控制在40℃以下，最高也不应超过45℃。

(4) 停弧浇注。正常熔炼期结束后，应立即切断电源，停弧，气动快速提升电极翻转坩埚，浇出坩埚中的钛合金液，通常整个过程的完成时间应控制在3~6 s内。浇注完毕后将坩埚恢复到熔炼的位置，并下降残余电极至合适位置，同时停止离心盘转动。

(5) 铸件冷却。浇注完毕后，铸件应随炉在真空或惰性气体保护下冷却至400℃以下，其中惰性气体保护的冷却效果比真空冷却好。

5.4.4 凝壳炉的熔炼浇注工艺

5.4.4.1 凝壳炉的熔炼工艺参数的选择

A 真空度

凝壳炉熔炼过程的真空度直接影响到被熔金属的质量和性能，以及电弧的行为及操作的安全性。而熔炼的真空度又与炉料的熔化速度和质量有关。为此在熔炼开始前必须把炉子的真空度抽到0.67 Pa以上，因为在起弧熔炼后，随着电极、坩埚和凝壳以及炉膛的被加热放气，会使炉膛内真空度短时下降，这样不至于使真空度降低到允许值(13 Pa)以下；凝壳炉正常熔炼的真空度应在6.7~0.67 Pa范围内。熔炼真空度过高会导致蒸气压高的合金元素挥发；过低会使合金增氧，同时还会引发辉光放电。在停弧浇注时，随着液态钛进入铸型，它们相互间的作用和铸型及其夹具的被加热要放出大量的气体，使真空度急剧下降。因此，凝壳炉通常都配置大抽速的真空系统，以确保浇注后炉膛内的真空度能在10~60 s内恢复到正常值。

凝壳炉的漏气率直接影响到铸件的质量与性能，是必须控制的主要技术参数之一。漏气率大，炉外的空气不断渗入，熔融的钛及其合金必定被氧和氮玷污，最终导致铸件性能变坏。目前工业生产用的凝壳炉的漏气率应控制在0.4~0.7 Pa · L/s范围内。

B 电极和坩埚的直径

电极直径 d 与坩埚直径 D 之比不仅关系到炉子熔炼操作的

安全性,而且也直接影响到熔池的过热度。d/D 过大,熔炼过程易引发边弧,使坩埚被击穿的危险性增大;d/D 过小,电极表面与坩埚壁间间隙过大,熔池的热损失增大,导致熔池的过热度低,液态金属的流动性和充填性变差,不利于铸件的充满。电极表面与坩埚壁边间比较适宜的间隙应在40~60 mm 范围内。目前工业生产用凝壳炉的电极直径 d 与坩埚直径 D 的比值 d/D 通常都在0. 4~0. 75 范围内。

C　熔炼电参数

凝壳炉熔炼采用低电压、大电流的电制度,在未起弧熔炼前的空载电压为45~80 V,起弧后的熔炼电压为30~45 V,这个数值与炉子采用电源的特性和熔炼时的电弧长度有关。为了获得较快的熔化速度和较高过热度的熔池,在不短路的情况下应尽可能降低熔炼电压,采用短弧操作。

从上述可知,凝壳熔炼过程电压的变化范围是比较小的,因而熔炼过程输入功率的调节主要靠熔炼电流。图 5-30 所示为凝壳熔炼过程电参数和压力随时间的变化。由图可见,在刚开始起弧熔炼时应采用较小的熔炼电流。因为在起弧时有一个瞬时短路过程,小电流可避免线路超载。起弧后在一段短时间内(通常 1. 0~1. 5 min)也要维持较小的电流(约为正常熔炼电流的20%~25%),以对自耗电极和凝壳进行预热,这样可以加快随后的熔化速度。在进入正常熔炼后,通过自耗电极的电流密度一般控制在 0. 4~1. 4 A/mm^2,随着电极直径和炉子容量的增大,电流密度可相应低些。凝壳熔炼的熔化速度与熔化电流和电压成正比,即:

$$v = KIV \tag{5-2}$$

式中　v——熔化速度,g/s;

K——常数(系数),取0. 33 g/(s · kW);

V——熔炼电压,V;

I——熔化电流,kA。

增加熔化电流可以加快钛的熔化速度,同时也伴随着使熔池深度变深。因而熔池的深度 h 也与熔化电流 I 成正比(见式5-3),随着熔池变深,熔池的过热度也提高了。

$$h \approx 1.5 \times 10^{-3} I \tag{5-3}$$

式中 h——熔池深度,cm;

I——熔化电流,A。

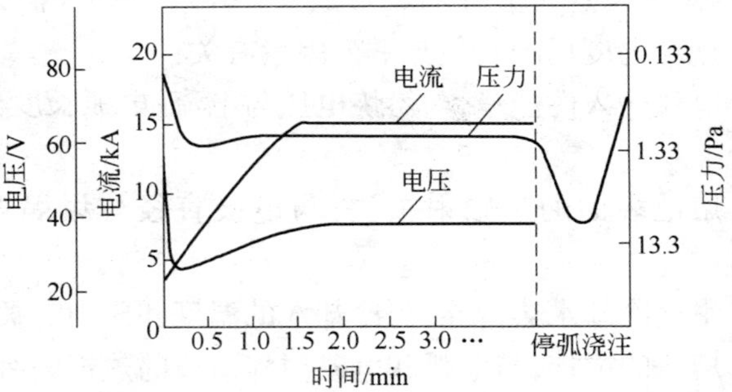

图 5-30 凝壳熔炼过程电参数和压力随时间的变化

D 金属熔化量的计算

凝壳炉熔炼金属熔化量的计算通常都以熔炼时间作为变量进行计算。在进入正常熔炼后,金属的熔化速度一般是比较稳定的,它与熔化电流和电压成正比。但在开始起弧和增加电流的 1 min 内,所输入的电能主要消耗在加热电极和凝壳,钛的熔化量很少。而到了熔炼后期,由于电极已被加热且变短了,电极上的电阻损耗功率下降,熔化速度提高。有经验的熔炼操作者经过长期的经验积累,估计每分钟的熔化量是比较准确的。因而通常在确定了要浇注铸型所需的金属量后,再加 3%~5% 的安全系数,据此就可计算出浇注该铸型所需的熔炼时间。对于同样的铸型,使用相同的电极和熔炼制度,只需经过两次熔炼浇注和调整,则可控制达到所需金属量在 ±2 kg 的范围内。

E 熔池的过热度

凝壳炉熔炼的最大缺点是浇注温度难以调节和控制,金属过热度不高,导致钛及其合金的流动性和补缩能力比铸钢差。这是由于熔融钛的高化学活性和采用了水冷铜坩埚的熔炼条件造成的。在熔炼过程中,电弧把热能传送到钛及其合金熔池表面,使熔池具有一定的过热度。为确保铜坩埚不被熔化,在铜坩埚内侧表面与液态金属熔池之间必须始终保持一个具有一定厚度的完整的凝壳,为此在熔池与凝壳的交界面的温度不能超过金属结晶的温度,从而在熔池与这个交界面就形成了一个存在很大温差的变化温度场。这个温度场的变化与下列因素有关:

(1) 电弧输入的能量,与熔炼电压与电流、电弧长度与熔化速度有关;

(2) 熔池表面的热辐射损失,与电极直径与坩埚直径之比有关;

(3) 坩埚冷却水热传导,与冷却水的温度和压力有关;

(4) 熔池的搅拌,与电弧和电磁搅拌造成的热损失有关。

上述变化的温度场及熔池的体积平均温度决定了浇注金属的真实过热度。熔池过热度是一个不断变化、不易准确测定的参数。人们曾经采用快速反应的远红外光学高温计和在坩埚浇注位置处设置热电偶的方法进行过测量试验,但因其浇注速度快、时间短、准确度差、数据分散,没有在工业生产中获得广泛应用。根据采用红外光学测温计几次测定的数据,熔池表面的温度大约在1730~1820℃之间,熔池的过热度大约在60~150℃之间。

5.4.4.2　浇注和浇注方式的选择

当熔化的金属量达到预定量时,立即停弧,采用自动或手动气动快速提升电极,翻转坩埚进行浇注。

铸型的浇注方式应根据浇注铸件的几何形状、尺寸大小、壁厚、重量和质量要求等综合考虑选择确定。对于形状复杂的薄壁(≤3 mm)铸件必须采用离心浇注;对于形状比较简单、重量大的厚壁(≥6 mm)铸件可以采用静止浇注(重力浇注)。

5.4.5　凝壳炉的安全操作

凝壳炉在熔炼过程中必须十分注意安全操作,避免发生炉子爆炸。自耗炉熔炼过程中可能发生的爆炸及其原因有:

(1) 水蒸气爆炸(良性爆炸)。爆炸原因是熔炼过程操作不当,如:1)自耗电极装偏;2)电弧过长,产生严重边弧;3)真空度过低,进入辉光放电区;4)冷却水供应突然中断;5)冷却水水压或流量不足等,使坩埚被烧穿,水落到被熔金属表面上,被高温金属加热而汽化,当水蒸气压力足够大时,就会冲开炉子的泄压孔。由于这种压力的升高不是瞬时产生的,危害性不大。

(2) 金属爆炸(恶性爆炸)。爆炸原因:由于熔炼过程操作不当,坩埚被击穿,水直接进入钛熔池内部时产生大量水蒸气,水蒸气可能把液态钛喷溅到炉壳上,从而把炉壳烧穿,一旦出现这种情况,就有极大可能发生恶性爆炸,这种爆炸被称为氢爆炸或混合气爆炸。在熔炼钛、锆时最可能发生这种爆炸。一旦坩埚被击穿,水进入熔池,与高温的钛发生反应。因 $2H_2O + Ti = TiO_2 + 2H_2\uparrow$ 释放出氢气。如果炉壳没烧穿,炉内缺少氧,则危险性不大;如果炉壳被烧穿,空气进入炉内,则 H_2 与 O_2 迅速反应,在很短时间内,炉内压力就可达到极限值,并以声波速度猛烈爆炸,这种爆炸危害性极大。

(3) 其他爆炸。由于海绵钛中的镁、钠挥发形成的尘埃引发的爆炸,通常发生在清理炉膛时。

防止上述事故发生的安全操作措施有:

(1) 合理地选择 d/D 比值,使电极与坩埚壁间间隙大于电弧长度。

(2) 自耗电极轴向方向上的挠度应尽量小,并应焊牢焊直。

(3) 熔炼过程应严格控制电弧长度,防止边弧产生。一旦产生边弧,可快速下降电极,缩短电弧长度,以清除边弧。若下降电极仍清除不了边弧,则应做短路清除。在短路后再立即提升电极,重新起弧熔炼,并严格控制电弧长度。

(4) 熔炼开始起弧时,防止电极与坩埚底直接接触,以防击穿坩埚。

(5) 熔炼时避免在13.3~66.5 Pa压力范围内或在3990~5320 Pa范围的氩气气氛下进行操作。

(6) 熔炼过程防止冷却水水温过高、水压过低、中途断水或冷却水进出水方向接反。

(7) 真空系统中应配置大抽速的罗茨泵和机械泵，因为罗茨泵在 133~1.33 Pa 压力范围内有最大的抽气能力，并且不受水蒸气的影响。

(8) 熔炼过程最好使用稳弧线圈，以限制电弧行为。

(9) 一旦坩埚被击穿，水进入炉内时，绝对不允许停水和停真空泵，而应当把冷却水开到最大，以密封漏水部位，防止空气进入，同时让机械泵和罗茨泵继续工作，以迅速抽走炉内的水蒸气和氢气。

(10) 炉子上应装设定向的防意外事故的泄爆孔洞。

(11) 炉子周围应建造防爆墙，尤其是大容量的炉子，很有必要实行远距离操作。

凝壳炉熔炼铸造过程中除发生上面的严重事故外，还可能发生的一些事故有：

(1) 增压泵油蒸气发生的爆炸。后果：损坏炉内构件，危及操作人员生命安全。原因：关错前级泵阀门或没开启前级泵，或其他原因造成增压泵内油蒸气压过高返回炉膛所致，其结果导致炉子构成部件损坏，严重时甚至会造成人员伤亡。预防措施：1）严格执行操作规程，防止误操作；2）在炉膛真空管道出口前加装安全阀。

(2) 短路。后果：1）自耗电极插在熔池内提不起来；2）线路超载跳闸。原因：1）电极下降速度过快；2）电弧长度太短。预防措施：1）采用自动控制熔炼；2）控制电弧长度。

(3) 自耗电极提不起来或提升速度过慢。后果：1）坩埚翻转不了，熔化的金属凝固在坩埚内；2）坩埚翻转将电极导杆碰弯；3）使熔化的金属不能从坩埚内全部倒出；4）金属液温度低，使铸件欠铸。原因：1）没开空压机；2）电极提升气压不够；3）电极导杆润滑不良。预防措施：1）严格执行操作规程；2）熔炼前应对电极升降和坩埚翻转机构进行检查；3）熔炼过程注意电极提升气压是否合乎要求；4）做好电极导杆日常润滑维护工作。

（4）坩埚翻转不了或翻转的角度不够。后果:1）熔化的液态金属凝固在坩埚内;2）浇注金属量不够,造成铸件欠铸,铸型报废。原因:坩埚翻转机构出现故障。预防措施:1）熔炼前认真检查坩埚翻转是否正常,若有故障应排除后再开始熔炼;2）加强日常的维护保养。

（5）铸型跑火。后果:1）铸件不成形或欠铸;2）炉膛内到处是金属飞溅。原因:1）离心盘转速太高,离心力过大;2）铸型强度不够;3）铸型没装夹好。预防措施:1）选择合适的离心盘转速;2）提高铸型强度;3）装夹好铸型,并进行认真检查,对准浇杯位置。

5.5　真空感应分瓣式水冷铜坩埚凝壳炉及熔铸工艺

在 20 世纪 50 年代末,感应熔炼就已经成为金属及合金的一种十分成熟和有效的熔炼方法。有人就期望能否将普通感应熔炼技术略加改造后用来熔铸钛。为此他们将普通真空感应炉进行了多种改进试验,结果都以失败告终。尽管如此,但人们并没有放弃这种努力。

1957~1965 年美国 BMI 研究所的 G. H. Schippereit 先后发表了有关这方面的专利,提出了用水冷整体铜坩埚取代普通氧化物坩埚,并把整体铜坩埚改换为由 4 块铜的弧形瓣块组合成的铜坩埚,块间用陶瓷绝缘,然后将铜坩埚与感应线圈一块浸到水套中,以此装置感应熔炼钛并获得成功。此后美国冶金矿山局的 P. G. Clites 等人在此基础上发展了以 CaF_2 作为绝缘层的感应渣熔炼工艺,成功地炼出了钛和锆的铸锭,进一步促进了水冷铜坩埚感应熔炼活性金属工艺的研究与发展。整体铜坩埚改为由多块弧形瓣块组合的铜坩埚后,根本改变了感应电源的集肤效应,避免了原先存在的整体铜坩埚本身首先被加热,坩埚壁上的电流过高,导致炉料的加热功率小、熔化慢、效率低的问题。整体坩埚被开缝切成弧形瓣块后,改变了坩埚内的磁场强度,美国的活性金属公司 BMI 研究所,在直径为 503 mm 的铜坩埚上开缝切断电流环路,然后测定在不同频率下坩埚内的磁场衰减变化,表 5-4 为测定结果

(以钛料为例)。由表中数据可见,在试验测定的频率范围内,当采用整体坩埚时,坩埚内的磁场衰减殆尽,功率主要集中到坩埚壁上,钛炉料只得到很少功率,所以熔化肯定慢;当坩埚开一条或几条缝后,坩埚内的磁场衰减就很少,熔化功率主要消耗在加热炉料上,因而熔化速度就快了。试验表明,整体铜坩埚切成弧形瓣块切断电流回路,是改善水冷铜坩埚感应凝壳熔炼和提高电效率的关键。

表 5-4　坩埚分瓣数和频率对坩埚内磁场及功率的影响

坩埚分瓣数	坩埚内磁场衰减/%						坩埚壁功率/kW	钛料上的理论功率/kW
	60 Hz	200 Hz	500 Hz	1000 Hz	2000 Hz	5000 Hz		
0	97	99	99	99	99	99	0.576	0.016
1	12	14	10	12	11	12	0.238	13.4
2	10	12	9	12	11	12	0.294	14.2
4	8	9	11	13	10	11	0.384	15.6

整体铜坩埚被切割成弧形瓣块后,各瓣块之间虽相互绝缘不形成回路,但在每个瓣块的截面中都产生感应电流,如图 5-31 所示。当感应线圈上的瞬间电流 I 为逆时针方向时,在每个瓣块的截面内同时产生了顺时针方向的感应电流 I',在相邻两个瓣块邻近截面上,电流方向是相互反向的,彼此在瓣块间建立的磁场方向都是相同的,由弧面向外,显示出磁场增强的邻近效应。因此,由弧形瓣块组合成的坩埚瓣块间的每一个缝隙处都是一个强磁场。由于环状效应所致,在坩埚内形成了一个强化的磁场。导致组合坩埚如同一个强流器一样,将磁力效果集中到坩埚内的炉料上。与此同时,由坩埚内壁处的磁场方向与该处炉料的感应电流方向产生了一个单向的将熔融金属液推向坩埚中心的电磁力,即磁压缩效应。随着组合坩埚弧形瓣块块数及输入功率的增加,强化的磁场促进了炉料的迅速熔化,而且这种组合式坩埚感应熔炼的高功率及强化磁场所产生的磁力,促使坩埚内的金属熔液形成一个比普通感应熔炼大得多的搅拌驼峰,从而使金属熔液温度和成分很快达到均匀,并能保持一定的过热度。

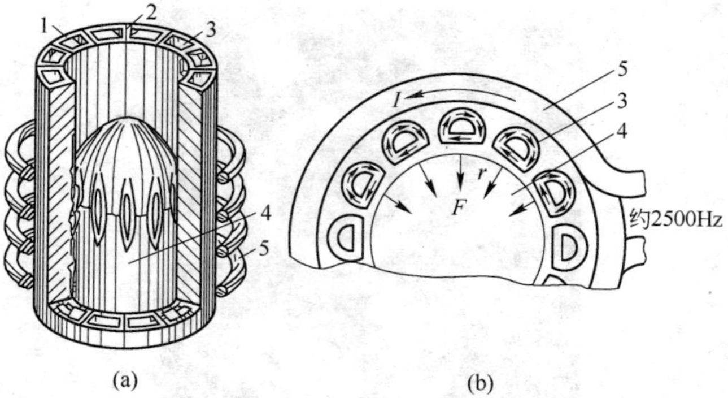

图 5-31 弧形瓣块组合水冷铜坩埚剖面图和瓣块中的感应电流、磁场及磁力线方向

1—弧形铜瓣块;2—绝缘层;3—水冷导管;4—金属熔液;5—感应线圈

由于这种分瓣式坩埚及其熔炼工艺具有一系列的优点和广泛的发展前景。从20世纪80年代开始,世界上一些工业发达国家,如美国、苏联、德国、日本、法国等都对真空感应分瓣式水冷铜坩埚凝壳炉及其熔炼工艺产生了极大的兴趣,并进行了广泛深入的研究,从而加快了分瓣式铜坩埚水冷感应凝壳熔炼工艺的工业化发展和应用,如前苏联已先后建立了 ϕ215.5 mm 和 ϕ508 mm 的分瓣式水冷铜坩埚感应凝壳炉(也称冷壁坩埚感应凝壳炉(ISM)),据报道,还正在研制 ϕ1016 mm 的大容量炉。美国的 Consarc 公司目前已经能够制造从 9 kg 至 100 kg 的批量式或半连续式的这种分瓣式水冷铜坩埚感应凝壳炉,广泛用于熔炼钛和钛合金及其他活性金属和超洁净的高温合金。其他国家也都开展了这方面的研究并进入了工业化应用。图 5-32 所示为美国 Consarc 公司生产的组合式水冷铜坩埚感应凝壳炉(ISM)。

感应凝壳炉及其熔铸工艺与目前正在广泛使用的真空自耗电极电弧凝壳炉相比,具有如下优点:

(1) 不需要专门制备电极,对熔炼炉料没有特殊要求,只要在尺寸外形上能够放进坩埚就可以了,如铸锭板坯、管材、切屑、海绵状料、废品压块和回收料等都可以用;

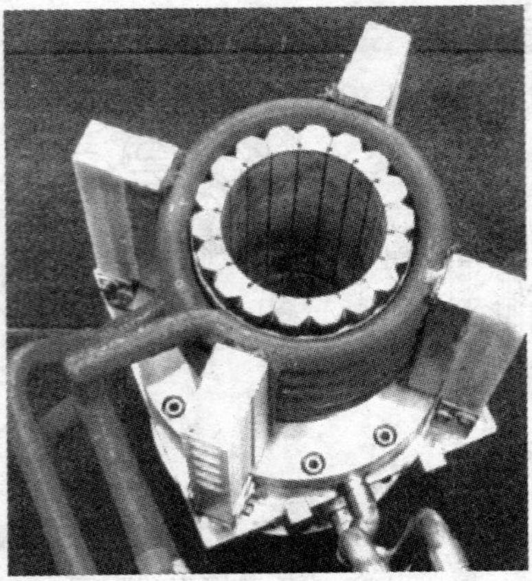

图 5-32　组合式水冷铜坩埚感应凝壳炉

(2) 由于金属熔液受到强烈搅拌，可使合金成分和熔池的温度非常均匀；

(3) 为炉料的装料和合金化提供了很大的自由度，熔炼炉料可在刚开始熔炼时直接加入熔化，也可在熔炼过程中加入，这为一些高蒸气压合金元素，如锰等的控制提供了方便；

(4) 熔池可长时间保持，这为一些难熔金属合金元素的完全熔化和开展一些新工艺研究创造了条件；

(5) 一个炉内可以熔铸多种金属及合金，凝壳取出容易，更换快，不必担心交叉污染；

(6) 在熔炼过程中，由于熔融金属和坩埚之间产生电磁排斥力，将熔融金属从坩埚侧壁推向熔炉中心，形成驼峰，使熔融金属与坩埚的接触面积大大减少，可大大降低热损失；

(7) 熔炼一炉所需时间比电弧凝壳炉短，成本比电弧凝壳炉低。

但是这种炉子经过实际应用，目前发现还存在下列缺点：

(1) 电源有效利用率(电效率)比较低，只有 0.2~0.3 左右，例如 10 kg 的炉子就需要配备 15 kHz、450 kW 的高频电源；

(2) 浇注薄壁的钛及钛合金铸件(壁厚 <1 mm)时成品率不高；

(3) 目前在实际工业生产上成功应用的炉子都是小容量

(< 100 kg)的炉子,主要用于研究新合金(如 TiAl 合金等)和其他方面的用途,还没有像凝壳炉那样大容量的炉子。

因此,这种炉子要像凝壳炉那样大量用在铸钛工业生产上还有许多技术问题尚待解决。

5.6 铸件成形工艺

目前铸钛工业生产上铸件浇注成形工艺采用两种方法:静止浇注(重力浇注)和离心浇注。

5.6.1 静止浇注

钛合金的静止浇注是一种最早、最简单、最经济的方法,它靠浇口杯和直浇道中金属压头的作用使金属液平稳地充填铸型,并建立铸件顺序凝固的条件,从而铸造出质量合格的铸件。

前苏联的 A. A. Неустpуев 根据计算和试验发现,静止浇注时液态金属对铸型的充填能力受浇注金属液在铸型中的流动速度、浇注金属的过热度、浇注铸型的起始温度、铸型蓄热系数和铸件的壁厚等因素的影响。图 5-33 所示为液态钛在石墨铸型中的流动速度 v、液态钛的过热度 Δt 和铸件的壁厚 δ 对液态钛充填石墨铸型能力的影响。由图 5-33(a)可见,在其他因素不变的条件下,钛液在石墨铸型中的流动速度从 0.5 m/s 增加到 4 m/s 时,可使钛液对石墨铸型的充填能力提高 3.2 倍。同样随着钛液过热度的提高和铸件壁厚的增大,它的充型能力也提高。从图 5-33(b)可见,当钛液的过热度从 105℃提高到 250℃时,钛液的充型能力提高了 1.6 倍。

研究还发现,提高浇注铸型的温度,即对铸型预热也可使静止浇注的钛液的充型能力大大提高。试验证实,当石墨铸型的温度从 20℃ 预热到 180℃ 时,可使充型能力提高 20%;若预热到 300℃,可使充型能力提高 25%~30%。但为避免钛液与铸型发生反应,铸型预热温度不宜过高。

通过分析发现,对静止浇注钛液的充型能力产生最大影响的基本工艺因素是液态钛在铸型中的流动速度 v 和钛熔体的过热度。由于

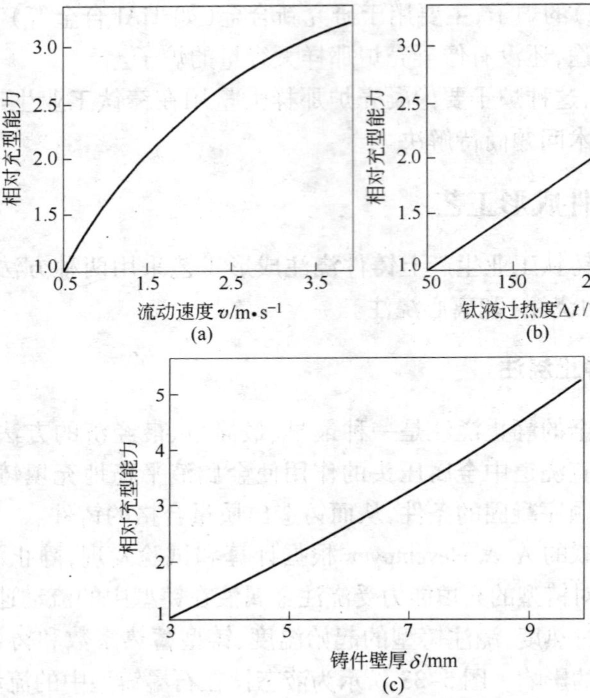

图 5-33　液态钛对石墨铸型相对充填能力的影响

(a) 流动速度 v；(b) 液态钛的过热度 Δt；(c) 铸件的壁厚 δ

铸钛都是采用凝壳炉熔炼,金属过热度的提高是受到限制的,另外静止浇注钛液在铸型中的流动速度是与金属的压头有关的,即:

$$v = \mu \sqrt{2gH} \tag{5-4}$$

式中　v——钛液在铸型中的流速,m/s;

g——重力加速度,为 9.81 m/s^2;

H——浇道中金属液(压头)高度,m;

μ——流量系数。

从式 5-4 可见,由于静止浇注金属液的压头的增加是很有限的,因而静止浇注钛液在铸型中的流动速度也是非常有限的,一般不会超过 1.5 m/s。所以静止浇注只适合于铸造一些大型、形状简单的厚壁钛和钛合金铸件。

5.6.2 离心浇注

钛及其合金在冷型浇注时凝固得非常快，而且由于液态钛与铸型的相互反应，在铸件成形过程中可能会出现大量气体，导致铸件出现气孔。解决上述这些问题的途径是使金属液迅速充填铸型并提高金属液中的压力。有人经过试验发现，要达到这样，金属液在铸型型腔内的运动线速度应当不低于0.8 m/s，金属液中的压力应大于0.12 MPa，而立式离心机的离心浇注可以满足这个要求。对于一些航空航天用的形状复杂的薄壁结构件，只能采用离心浇注等成形方法。

离心浇注时，浇注工艺和浇注系统的设计、离心盘转速的选择、铸件在铸型中的位置直接影响到随后铸出铸件的质量和性能。

5.6.2.1 浇注工艺和浇注系统的设计

浇注工艺和浇注系统设计得是否合理，直接关系到随后铸出铸件的质量和获得的经济效益。文献指出，离心浇注通常应采用底注，它的中心浇道的结构形状应使浇进的金属液流在其中发生旋转运动，从而使它滑动的现象降到最低限，为此通常把中心浇道做成图5-34所示的风扇型结构，这样可达到上述目的，并获得最大的空间。

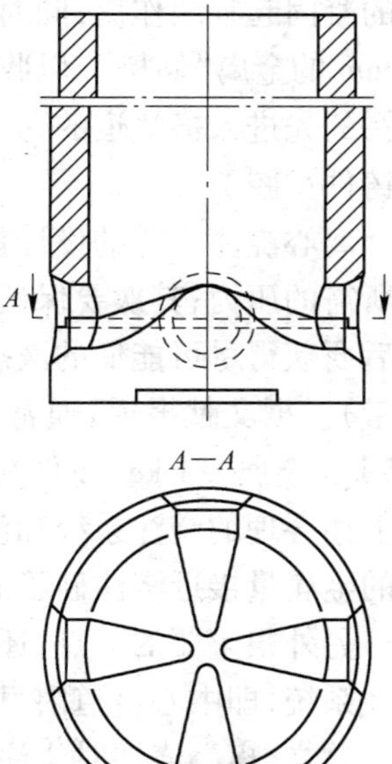

图5-34 风扇型的中心浇道

中心浇道的内腔侧壁应具有1°~2°的斜度，以避免金属飞溅。内腔的直径通常为120~200 mm。中心浇道的下部开设有浇注孔，一般采用偶数2、4、6、8、12等的孔。这个浇注孔的形状对金属液流的流量影响很大，即对流量系数μ影响很大。金属液流的流量Q_{lx}可表示为：

$$Q_{lx}=3.2\times10^{3}\mu R_{lo}^{2}v_{1} \tag{5-5}$$

式中　Q_{lx}——横浇道内金属液的流量，kg/s；

R_{lo}——单个浇注孔的横截面半径，m；

v_1——金属液流在横浇道内的相对运动速度，m/s；

μ——流量系数。

μ 值可在很宽的范围内变化，它对从中心浇道到浇注孔的形状(外形)很敏感，例如仅仅把浇注孔的边缘做成圆角，μ 值就从0.5增大到0.9。

与中心浇道相连的浇注孔应做成锥体形的或圆锥状的，并应具有足够大的截面(见图5-34)，以确保金属液流的连续性和足够的流量迅速充填型腔，其直径应做成30~60 mm。与浇注孔连接的横浇道也应具有足够大的截面，以确保金属液流的连续性和迅速充填型腔。横浇道与内浇口组成的系统应是开放型的，而且应尽量使内浇口最后凝固，以便在金属液充满型腔后离心力还能对铸件的凝固起补缩作用；同时在横浇道的末端最好是配置长度40~60 mm的金属"储槽"，以收集被从前面浇注系统表面解吸的气体玷污的先进入横浇道的这一部分金属液，应避免这部分金属液进入铸件型腔。

离心浇注工艺的设计首先要考虑能在浇入铸型的金属液中建立所需的压力；其次要保证浇入铸型的金属液流中间不出现断流；最后要获得尽可能低的液态金属比消耗(即1 kg铸件需消耗的金属量)。据文献报道，通常这个液态金属的比消耗值不应当超过2.5 kg(金属)/1 kg(铸件)。要降低浇注时金属的消耗，可通过采用上述合理的浇注系统和浇注砂箱(装置)的最大装载量(即使熔化的金属量接近浇注砂箱的最大装载量)以及消除金属喷溅来达到。另外很重要的一点，还应保证在浇注结束时金属液能够腾出浇注系统，即中心浇道内只残留一层薄壳。

总之，离心浇注时浇注系统和浇注工艺的设计应确保能在浇入铸型的金属液流中建立所需的压力，保持金属液流的连续性，并在最短时间内到达铸件型腔，液态金属的比消耗最低。

5.6.2.2 离心盘转速的选择

离心浇注时,离心盘转速的选择取决于铸件的形状结构、尺寸大小和铸型强度以及铸件的质量要求,同时装卡必须牢固。根据有关文献,离心盘的转速通常可按式5-6计算:

$$n = 299\sqrt{\frac{G}{R_0}} \tag{5-6}$$

式中 n——离心盘转速,r/min;

G——重力系数;

R_0——离心盘旋转中心到铸件的最短距离,cm。

根据国外的文献报道和经验证明,一般采用 $G>10$ 时的转速即可获得致密的钛和钛合金铸件。对于大型圆形对称的钛及其合金铸件,为了保证铸件的铸造表面可不加工,一般都把铸件的中心轴线选作离心浇注的中心,在条件允许的情况下,可把中心浇道设置在铸件的中心轴线上(见图5-35)。

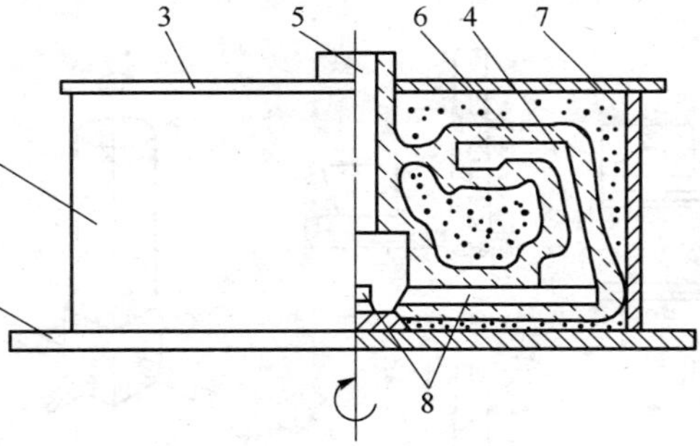

图5-35 大型钛及钛合金铸件离心浇注装配示意图
1—离心盘;2—砂箱;3—盖板;4—铸件型腔;5—中心浇道;6—型壳;7—填砂;8—横浇道

对于内外表面都需加工的环形件,可以采用无芯离心浇注。此时离心盘的转速可按式5-7计算:

$$n = \frac{5520}{\sqrt{rR_0}} \tag{5-7}$$

式中 n——离心盘转速,r/min;

r——金属密度，g/cm^3；

R_0——铸件的内表面半径，cm。

如果要控制铸件的上、下壁厚差，离心盘的转速可按式 5-8 计算：

$$n = 423\sqrt{\frac{h}{K(2R-K)}} \tag{5-8}$$

式中　n——离心盘转速，r/min；

h——铸件高度，cm；

K——铸件上、下壁厚差，cm；

R——铸件上部与离心盘旋转中心的距离，cm。

5.6.2.3　离心浇注金属液对铸型的充填

离心浇注时，金属液充填铸型型腔是一个很复杂的过程，充填状态是随时间变化的，Г. Л. Ходоровский 将这个充填过程划分为 4 个阶段（见图 5-36）。

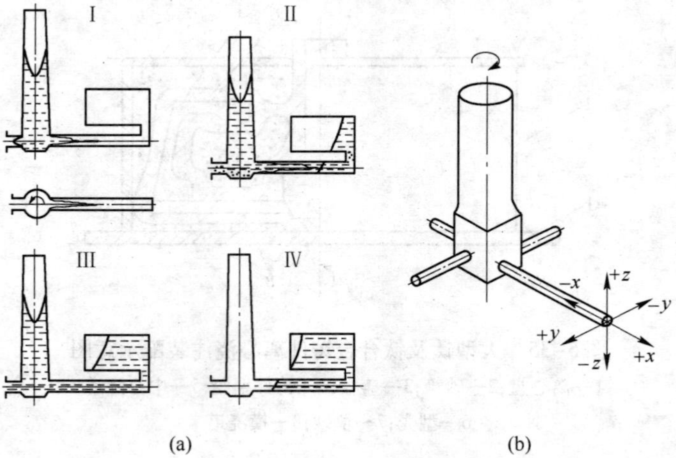

图 5-36　离心浇注时金属熔液充填铸型示意图

（a）充填铸型的 4 个阶段；（b）金属熔液的运动方向

第一阶段是金属液从中心浇道经浇注孔向 +x 方向的横浇道运动（见图 5-36（a）Ⅰ）。

当金属液流的前部到达离心盘的外沿时,在金属液流中就出现了对着离心盘旋转轴运动的自由表面,并开始了金属液流充填的第二阶段(见图5-36(a)Ⅱ)。在第二阶段,金属液流在型腔内的运动是具有无压头的特性。第二充填阶段是在金属液流的自由表面在横浇道消失的瞬间完成的,从而进入了第三充填阶段。

第三阶段(见图5-36(a)Ⅲ),型腔中金属液流的运动开始有压头了,此时整个浇注系统就像一个联合的流体动力系统,也即和离心泵一样工作着,金属液流在铸型型腔内的运动速度 v_3 是变化的,而且开始与自由表面的旋转半径有关系了。

$$v_3=\mu\sqrt{\omega^2(L_1-L_2)^2-2g(h_2-h_1)} \tag{5-9}$$

式中 v_3——金属液在型腔内的运动速度,m/s;

μ——流量系数;

ω——离心盘转动角速度,r/min;

L_1,L_2——金属液流所在位置离离心盘旋转中心的半径,m;

h_1,h_2——中心浇道内金属液柱的高度,m;

g——重力加速度,m/s^2。

第四阶段是铸型完全充满的阶段,金属液流的自由表面从中心浇道转移到了横浇道,也即 $h_1=0$(见图5-36(a)Ⅳ)。如果熔化浇注的金属量控制得合适,此时中心浇道中的金属液应被全部输送到横浇道内,而在中心浇道内仅仅残留下一层薄壳。这从减小金属消耗的角度来说是最理想的。

离心浇注时,铸型中铸件所处的位置与离心盘旋转轴的相对位置和金属液浇注位置的选择会对铸件的质量产生很大的影响。金属液流在浇注系统内的流动特性取决于浇注系统和铸件在浇注系统中的配置。为了保证金属液流在铸型型腔内流动的连续性,必须使金属液流朝着图5-36(b)中所示的 $-x$ 方向的铸型型腔运动,即应朝与离心力相反的方向运动。如图5-36(b)所示,铸件应配置在 $-x$、$+z$、$-z$ 或 $+y$ 的方向才可达到上述目标;如果把铸件安置在图5-36(b)中所示的 $+x$ 和 $-y$ 的方向上,第一批金属液流受到离心加速,将以很大的加速度在型腔内运动,这样不可避免要导致金属液流破碎断流，最终就在铸件的表面上形成冷隔。为了防止型腔中的金属液流断流，应把金属液流输送到离离心盘旋转中心最远的，相对滞后于铸件型腔的转动方向上，这样金属液流从横浇道进入铸件型腔后受的力从动压力变成了静压力，金属液流流动状态从紊流转变为层流，从而确保铸件获得良好的表面。

6 铸件的精整

钛及钛合金铸件浇完冷却一段时间后就可出炉，清理铸型或型壳、切割浇冒系统，对铸件表面进行精整修补和去应力退火，治愈缺陷以及矫形等加工处理，通常将这些加工处理统称为铸件后处理，即精整。其作用是通过这种处理得到合格铸件。图 6-1 所示为钛和钛合金铸件精整的工序流程。

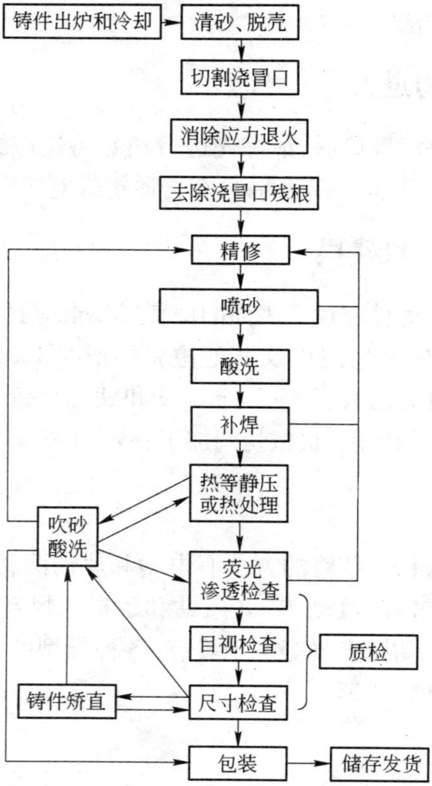

图 6-1　钛和钛合金铸件精整的工序流程

6.1　铸件清砂、脱壳

铸钛工业生产中铸件清砂、脱壳的方法有：

(1) 手工清砂、脱壳；

(2) 机械清砂、脱壳；

(3) 高压水清砂。

6.2　切割浇注系统

钛和钛合金铸件浇冒口的切割方法有氧—乙炔切割、砂轮切割、摩擦锯切割等。其中，氧—乙炔火焰切割的效率最高，目前普遍用这种切割方法。

6.3　消除应力退火

铸件切割完浇冒口后，最好先进行消除铸造应力退火。退火温度 550~750℃，时间 1~2.0 h，可在普通箱式电炉内进行。

6.4　去除浇冒口残根

钛和钛合金铸件非加工表面的浇冒口残根应打磨到与铸件表面齐平；在不影响 X 射线以及其他检验的情况下，待加工表面的浇冒口残余允许高出表面 3~5 mm。钛和钛合金铸件浇冒口残根的去除方法有砂轮磨削、机械切削加工、砂带磨削等。

6.5　精修

钛和钛合金铸件精修的方法有电动和风动两种，精修的动力装置有：电动旋转锉、风动工具（风钻和手提式风动砂轮机）和手动砂轮机以及电动抛光机等。工具有：各种异型的砂轮磨头和旋转锉以及抛光砂轮片等。

6.6　喷砂

钛及钛合金铸件去除完浇冒口残根后必须进行喷砂或抛丸清

理，以清除残留在铸件表面和内腔中的耐火材料及氧化玷污层等，使铸件表面和内腔清洁，色泽均匀，并在一定程度上降低铸件的表面粗糙度。钛和钛合金铸件喷砂的工艺参数见表6-1。

表6-1 钛和钛合金铸件喷砂的工艺参数

喷砂方式	铸件类型	砂料种类及粒度			喷射压力/MPa
		刚玉砂/mm(目)①	碳化硅砂/mm(目)①	石英砂/mm(目)①	
干喷砂	非精铸件	0.833~0.246 (20~60)	0.370~0.175 (40~80)	0.542~0.246 (30~60)	0.2~0.6
	精铸件	0.246~0.175 (60~80)	0.246~0.147 (60~100)	0.246~0.175 (60~80)	0.2~0.6
湿喷砂	精铸件	0.175~0.147 (80~100)	0.121~0.074 (120~200)	0.206~0.147 (70~100)	0.1~0.2

① 目为筛号。

6.7 酸洗

喷砂或抛丸清理后的铸件必须酸洗，酸洗不仅可除去表面的α玷污层和其他污物，而且还可去除少量的钛和钛合金。

钛和钛合金铸件的酸洗液组分和酸洗工艺见表6-2。

表6-2 钛和钛合金铸件的酸洗液组分和酸洗工艺

组分	酸洗液组分				酸洗工艺			
	配制顺序	材料名称	规格	组成	温度/℃	时间/min	酸洗后处理	氢的允许玷污量
组分1①	1	水	普通水	50%~84%(体积成分)	20~25	3~5	铸件酸洗完后取出，用清净水，最好用高压水喷射冲洗，然后在100~120℃的热空气流中干燥，以获得色泽均匀的铸件	
	2	硝酸	65% HNO_3	15%~45%(体积成分)				
	3	氢氟酸	40% HF	1%~5%(体积成分)				
组分2	1	水	普通水	58%~84%(质量分数)	24~60	1~5		去除0.028mm厚钛量，氢的允许玷污量为0~0.0015%
	2	硝酸	65% HNO_3	15%~40%(质量分数)				
	3	氢氟酸	40% HF	1.0%~2.0%(质量分数)				

① 体积分数(%)：φ_{HNO_3}18、φ_{HF}5，其余为H_2O。

酸洗过程中应严格控制酸洗的温度和时间,不能超过规定的范围,以防止铸件吸氢。据报道,根据合金的成分和酸洗的金属量,去除 0.025 mm 厚钛量,氢的玷污量应控制在 0~0.0015% 的范围内。表 6–3 为在由 φ_{HNO_3} 为 15%、φ_{HF} 为 1% 和 φ_{H_2O} 为 84% 组成的酸洗液中于 49~60℃下酸洗的钛合金的吸氢情况。要使氢的污染量(吸氢)保持在最低值,可通过把硝酸与氢氟酸的比例控制在 10:1 或更大些来实现。

表 6–3 酸洗过程钛合金的吸氢情况

合 金	酸洗件厚度/mm	吸氢量(去除 0.025 mm 厚钛量)/%
α 合金 Ti-5Al-2.5Sn	0.5	0~0.0004
	1.0	0~0.0003
α + β 合金 Ti6Al4V	0.5	0.0004~0.0007
	1.0	0.0003~0.0005
β 合金 Ti-13V-11Cr-3Al	0.5	0.0010~0.0015
	1.0	0.0005~0.0008

6.8 补焊

补焊是国内外铸钛生产中对铸件上各种缺陷进行修复的一项极为重要和必不可少的工序。

除零件图样或专用技术文件规定不允许补焊的部位外,铸件上所有便于修整去除、补焊和检查的部位上的各种缺陷,包括冷隔、流痕、裂纹、气孔、缩孔及夹杂等均允许用补焊的方法加以修补。

6.8.1 补焊的方法和设备

钛和钛合金铸件的补焊大多采用手工钨极氩弧焊(简称手工 TIG 焊)。绝大部分铸件,尤其是航空、航天用的以及其他重要用途的铸件都在真空钨极氩弧焊箱内(见图 6–2)进行。采用电源为钨极氩弧焊机，并配备有自动引弧、稳弧、电源衰减、保护气体提前及延时供给等装置，可方便地无级调节焊接参数。根据焊接所需电流大小，采用与焊机相配套的气冷焊枪或水冷焊枪。

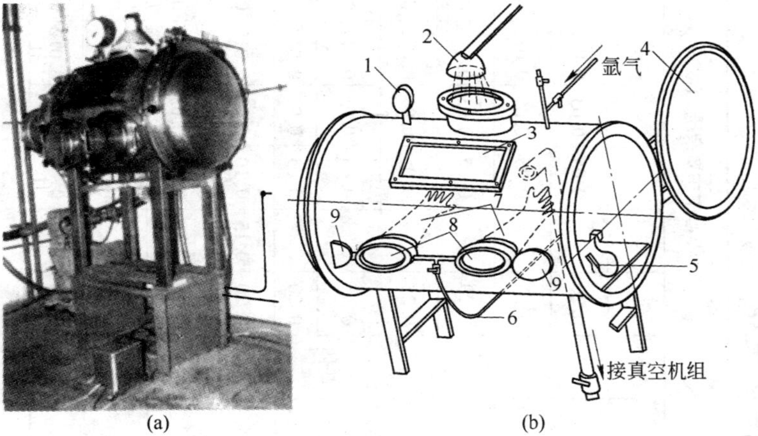

图 6-2　钛和钛合金铸件补焊用的真空钨极氩弧焊箱

(a) 焊箱的外观；(b) 真空焊箱结构示意图

1—真空表；2—照明；3—观察窗；4—进料口；5—焊接钳；6—压力平衡管；7—橡皮手套；8—操作窗口；9—操作窗口盖

6.8.2　补焊用材料

补焊用材料包括补焊焊丝、氩气、钨电极等。

(1) 用于补焊的焊丝，其化学成分应与补焊铸件的化学成分相同或接近，表面应洁净、无氧化皮、油污及其他污物等。不符合上述表面质量要求的焊丝应经砂纸打磨、吹砂、酸洗或丙酮清洗、烘干后才能使用。焊丝在使用前，最好应于 150~200℃ 下烘干。焊丝的牌号和化学成分见表 6-4。通常应采用低氧含量的优质焊丝。焊丝的直径一般为 1~3 mm。

(2) 保护性气体。补焊钛和钛合金铸件的保护气体可用氩气或氦气，一般采用一级工业氩气（Ar > 99.98%）。

表 6-4 焊丝的牌号和化学成分 （%）

基体金属牌号	焊丝牌号	焊丝中所含合金元素										焊丝中主要杂质，不大于						其他杂质，不大于
		Al	V	Zr	Mo	Sn	Cu	Fe	Si	Ce	Ti	Fe	Si	C	N	H	O	
工业纯钛 Ti-0. 2Pd	TA1										基体	0. 20		0. 05	0. 03	0. 012	0. 15	0. 4
	TA2											0. 25		0. 05	0. 05	0. 012	0. 20	0. 4
ZTA7	TA1											0. 20		0. 05	0. 03	0. 012	0. 15	0. 4
	TA2											0. 25		0. 05	0. 05	0. 012	0. 20	0. 4
	TA7	4. 0 ~ 6. 0				2. 0 ~ 3. 0						0. 45		0. 05	0. 05	0. 012	0. 15	0. 4
ZTA15	TA1											0. 20		0. 05	0. 03	0. 012	0. 15	0. 4
	ZTA15	5. 5 ~ 6. 8	0. 8 ~ 2. 5	1. 5 ~ 2. 5	0. 5 ~ 2. 0							0. 20	0. 15	0. 10	0. 05	0. 015	0. 10	0. 3
ZTC4	TC3	4. 5 ~ 6. 0	3. 5 ~ 4. 5									0. 25		0. 05	0. 05	0. 012	0. 15	0. 4
	TC4	5. 5 ~ 6. 75	3. 5 ~ 4. 5									0. 25		0. 05	0. 05	0. 012	0. 18	0. 4
	TA1											0. 20		0. 05	0. 03	0. 012	0. 15	0. 4

注：资料来源于 GB/T 3623—1998。

（3）钨电极。用于补焊的钨电极为纯钨极和含 1%~2% 钍或 2% 铈的钨极。

6.8.3 补焊前的准备

精修后的铸件在补焊前必须经过喷砂、酸洗以彻底清除铸件表面上的氧化皮和其他污物，然后用 X 射线或荧光渗透检查，以确定缺陷的类型、位置大小，用有色笔画出缺陷的位置及范围，用前述去除缺陷的方法将缺陷去除，并根据缺陷所在的位置的壁厚和缺陷的特点修整成适合于补焊的坡口（见表 6–5）。然后再用 X 射线检查，以确认缺陷是否完全去除。如果铸件表面洁净，补焊部位及附近可用丙酮或酒精清洗；如果表面已被污染，则必须进行喷砂酸洗后才能进行补焊。表面清洗对保证补焊质量是很重要的，表 6–6 为补焊区采用不同清洗方法对焊补质量的影响。如果要用磨削去除补焊部位附近的氧化皮或其他缺陷时，不得使用陶瓷类砂轮，必须用金属类磨削工具。另外要补焊的铸件表面必须充分干燥，最好烘烤到 150~200℃，这对于焊接性能较差的合金铸件，可以避免或减小焊缝及其周围出现微裂纹，对一般合金铸件也可防止焊缝区出现小气孔。

表 6–5　适合于补焊的坡口

序号	缺陷形态	坡口形态	说　明
1	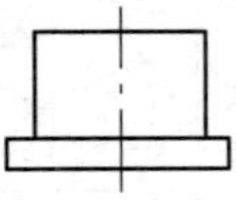	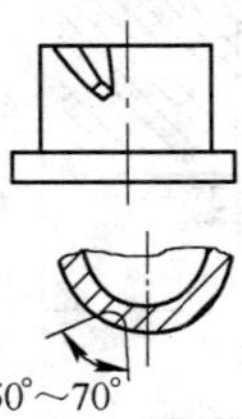	对于未穿透裂纹或孔洞，应修整成“U”形坡口
2	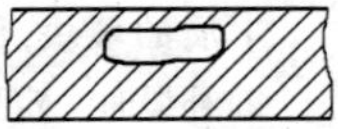	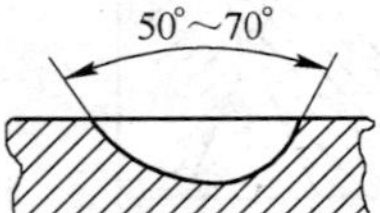	对于未穿透裂纹或孔洞，应修整成“U”形坡口

续表 6-5

序号	缺陷形态	坡口形态	说明	
3	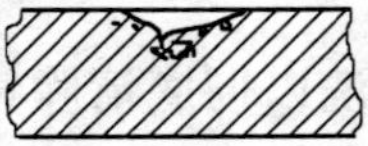	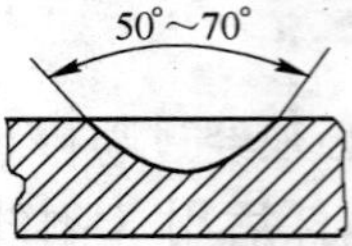		
4	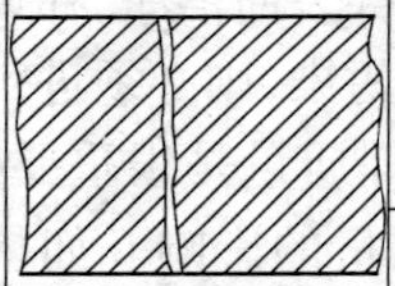	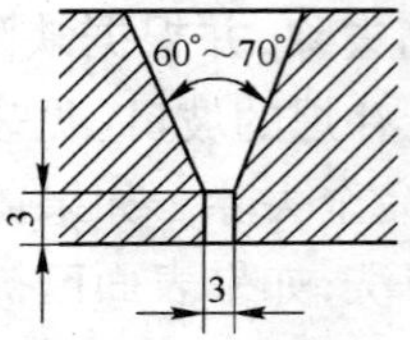	缺陷所在部位厚度小于 15 mm	一般穿透性裂纹应修整成“V”形坡口，裂纹应彻底清除
		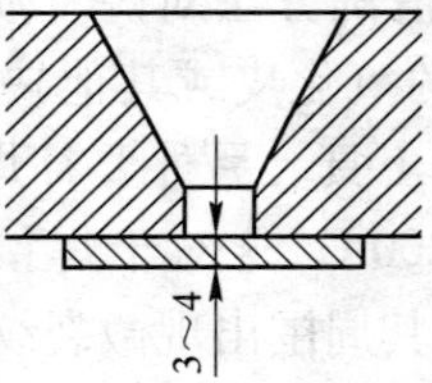		当坡口间隙比较大时，可在底部垫一块厚≥5 mm 的铜板进行焊补，焊好后将铜板移去
5	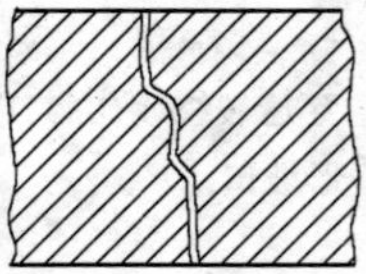	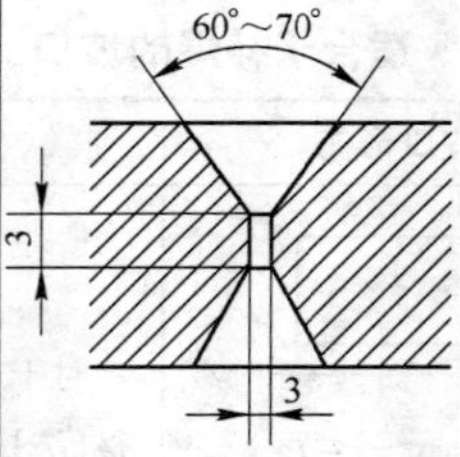	缺陷所在部位厚度大于 15 mm	一般穿透性裂纹应修整成“X”形坡口
		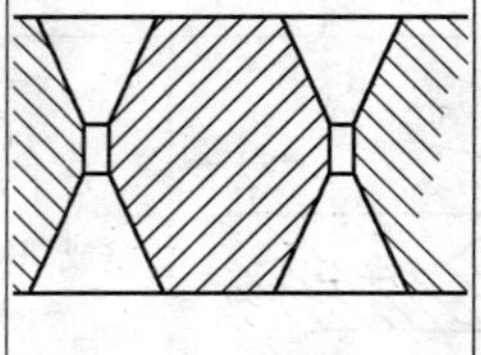		当坡口间隙很大时，可在间隙中间嵌放相同材质的填块，但在补焊时一定要与基体焊透熔合

表 6-6 焊补区采用不同清洗方法对焊补质量的影响

序 号	清洗方法	焊接过程	焊补区焊缝质量
1	化学清洗(酸洗)	正 常	无气孔
2	棉纱蘸丙酮清洗	无明显异常	有气孔
3	毛刷蘸丙酮清洗	正 常	无气孔

6.8.4 补焊工艺

补焊工艺分真空下补焊和大气下补焊两种工艺。

6.8.4.1 *真空氩弧焊箱中的补焊*

补焊应严格按 HB 2348—2001 或其他的专用技术文件的规定进行。将表面已经处理洁净、干燥的准备补焊的铸件和需用的焊丝装入焊箱内,将修磨好的钨电极装到焊钳上;然后关闭进料门抽真空至 6.5 Pa 以上,关闭焊箱阀门充入氩气至 10 Pa,再打开焊箱阀门抽真空至 6.5 Pa 以上,这种作业称清洗,连续操作 1~3 次,以清洗箱内的残余空气;最后充氩气至正压(>101 kPa)。

开始补焊时,先在一块钛板上试焊,如果焊点为光亮银白色,则表明焊箱内气氛合格,可以开始补焊铸件;如果试块上焊点呈金黄色,甚至蓝色,表明箱内气氛不合格,应重新抽真空洗炉,直至试焊试块焊点呈银白色为止。

补焊的操作者补焊时应戴干净的非棉的化学纤维织品手套,根据补焊铸件的厚度和缺陷的大小选择补焊的工艺参数。表 6-7 为钛和钛合金铸件补焊的工艺参数。对补焊质量影响最大的是焊接电流,电流过小,填料与基体不能充分熔合;电流过大,熔池大,热影响区大,该区域组织变得粗大,在某些程度上会影响到铸件的性能,更主要的是会使铸件变形,尤其是对一些复杂薄壁的铸件。

表 6–7 钛和钛合金铸件补焊的工艺参数

参数	补焊铸件厚度/mm	焊丝直径/mm	钨极（丝）直径/mm	焊枪喷嘴直径/mm	焊接电流/A	氩气流量/L · min $^{-1}$	
						焊枪喷嘴	拖斗或背部
数值	<3	1.0~2.0	2.0	8~12	50~130	8~12	4~12
	3~10	1.6~3.0	2.0~3.0	16~20	90~130	12~16	4~12
	>10	2.0~4.0	2.5~4.0	16~24	130~150	15~25	4~12

为了获得补焊质量良好的铸件，在补焊过程中应注意以下几点：

（1）补焊的铸件表面一定要清洁干燥，铸件在装入焊箱前不允许用手直接触摸。

（2）在补焊过程严防钨电极与补焊件短路，导致钨电极折断，造成焊点的钨夹杂。

（3）当补焊区域的面积和深度比较大时，应分多次逐层焊接，而且要待前一层焊层完全冷却后才能进行下一层的焊接，绝对不允许一次焊成，以防铸件变形。

（4）在补焊快结束时，应逐渐减小电流，缩小熔区。因此建议采用脉冲电流，以防急剧断弧，导致出现裂纹。

（5）补焊结束后应让铸件在箱内冷却一段时间后再开箱取出铸件，以防急冷导致铸件焊区出现裂纹或变形；冷却时间长短取决于铸件的壁厚，通常在 15~30 min。

（6）铸件补焊后，应及时退火或热等静压，不宜搁置太长时间，通常不超过 5 天。

（7）补焊的次数不能超过有关技术文件的规定。

6.8.4.2 大气下手工钨极氩弧补焊

要求补焊的环境不能有流动的空气，其他方面与在焊箱中的补焊一样。但应特别注意：

（1）补焊的区域不能太大，补焊过程氩气的流量应大些，中间不能停气；

（2）补焊完后，应继续通氩气保护，直至该区域冷却为止；

（3）对于一些特殊的铸件，如复杂的薄壁铸件，为了防止补焊区的背面氧化，可对其背面吹送氩气，直至铸件冷却为止；

（4）要求补焊操作人员具有较高的技术水平。

6.8.5 补焊铸件的后处理

6.8.5.1 后处理

铸件补焊完后应及时热等静压或消除应力退火，尤其是对于一些焊接性能不太好的合金更应注意这个问题。退火工艺通常为：温度600~750℃，时间1~2 h。表6-8为ZTC4钛合金铸件补焊后的退火工艺和内应力的消除效果。

表6-8 ZTC4钛合金铸件补焊后的退火工艺和内应力的消除效果

合金	试样编号	试样厚度/mm	试样状态（退火工艺）	内应力值/MPa					残余应力比例/%	被消除应力比例/%
				测量部位1	测量部位2	测量部位3	测量部位4	测量部位5		
ZTC4	A	8	焊态	+279.3	+484.12	+55.86	-167.58	+307.72	3.8	96.2
			焊后650℃，保温1 h	+55.86	+89.18	-18.62	-12.74	+18.62		
	B	8	焊态	+140.14	+84.28	+140.14	+84.28	+167.58	46	54
			焊后600℃，保温1 h	+148.96	0	-74.48	+74.48	+148.96		

注："+"为拉应力，"-"为压应力。

6.8.5.2 检验

铸件补焊好后，首先进行目视检验。补焊区及其周围的颜色应符合规定（见表6-9），焊丝应与周围基体完全熔合。此后进行X射线检查和荧光渗透检查，经检验发现的不合格焊接缺陷、裂纹等都应彻底加工去除，再重新补焊。但是同一处补焊的次数不能超过表6-10的规定。因为超过规定次数要影响铸件的性能。重新补焊后的铸件还应按上述的方法检验。图6-3所示为补焊后经检验合格的钛合金铸件。

表 6-9　焊缝和热影响区的表面变色(HB 5376—1987)

<table>
<tr><th rowspan="2">焊缝级别</th><th colspan="4">焊　缝</th><th colspan="4">热 影 响 区</th></tr>
<tr><th>淡黄</th><th>深黄</th><th>金紫</th><th>深蓝</th><th>淡黄</th><th>深黄</th><th>金紫</th><th>深蓝</th></tr>
<tr><td>一级</td><td rowspan="3">允许</td><td>不允许</td><td rowspan="2">不允许</td><td rowspan="3">不允许</td><td rowspan="3">允许</td><td>不允许</td><td>不允许</td><td rowspan="2">不允许</td></tr>
<tr><td>二级</td><td rowspan="2">允许</td><td rowspan="2">允许</td><td rowspan="2">允许</td></tr>
<tr><td>三级</td><td>允许</td><td>允许</td></tr>
</table>

表 6-10　主要铸造钛合金铸件同一处补焊的最多允许次数

合　金	同一处补焊的最多允许次数
工业纯钛	≤3
ZTA7	≤3
ZTA15	≤2
ZTC3	≤2
ZTC4	≤3
ZTC5	≤2

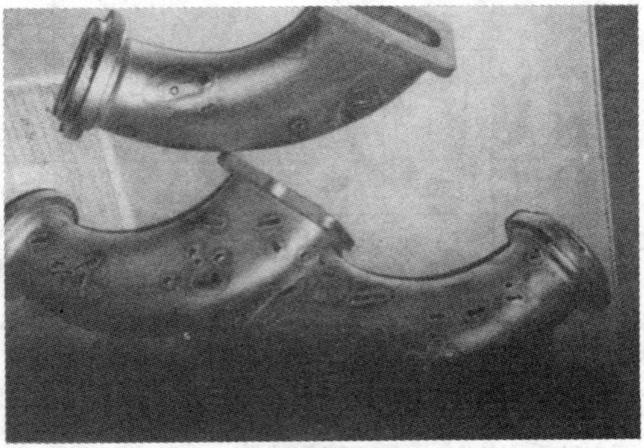

图 6-3　补焊后经检验合格的钛合金铸件

6.8.5.3　铸件补焊后的质量和性能

只要严格按照铸件补焊的技术条件的规定进行补焊,补焊后铸件的质量和性能与未经补焊的铸件基本相同。表 6-11 为几种常用钛合金铸件补焊对接接头的力学性能。

表 6–11　几种常用钛合金铸件补焊对接接头的力学性能

序号	合金	试样厚度/mm	试样状态	焊丝牌号	焊接层数	试样热处理工艺	室温力学性能			铸件技术条件要求的力学性能		
							σ_b/MPa	δ_5/%	α_{KU}/kJ·m^{-2}	σ_b/MPa	δ_5/%	α_{KU}/kJ·m^{-2}
1	ZTA7		未补焊							≥760	≥5	
		5	补　焊	TA7	3	焊后 650℃,1 h,空冷	781.1		50.4			
2	ZTA15		未补焊			650℃,1 h,空冷	943.9	10.4	42.5	≥885	≥5	≥26.5
			补　焊			焊后 600℃,1h,空冷	1000	8.4				
3	ZTC4	8	未补焊			700℃,1 h,真空	929	9.2	55.1	≥835(890)	≥5	≥29.5
			补焊 1 次	TC3	4	焊后 650℃,1 h,真空	928.1	6.4	33.2			
			补焊 3 次	TC3	4	焊后 650℃,1 h,真空	910.4		42.1			

6.9　热等静压

6.9.1　热等静压的基本原理

热等静压是将要处理的铸件置入密闭耐高压和可加热至高温的容器内，先抽真空然后充入高压(100 MPa以上)的惰性气体(通常为氩气)，加热升温至预定温度，在高温和各向等静高压的作用下，铸件内部封闭的气孔、缩孔、缩松被压实闭合。由于钛和钛合金铸件都是在真空下浇注的，铸件中的封闭孔洞接近于真空，其中仅仅残存有少量的气体和无害的夹杂物，因而绝大多数孔洞的表面一旦接触，金属就通过扩散连接为致密的组织，使铸件中的孔洞密合，铸件的性能得到改善，可靠性大大提高。

目前热等静压已成了铸钛工业生产中的一个十分重要的工序，在国内外的钛合金铸件技术条件中都明确规定：航空、航天用的Ⅰ、Ⅱ类铸件必须经过热等静压处理，Ⅲ类铸件视情况确定。

6.9.2　热等静压设备

6.9.2.1　对热等静压设备的要求

(1) 要求它能承受高压，其最高耐压应达到200 MPa。因为铸件在热等静压机中的处理压力一般都在100 MPa以上，要求设备上配备压力测量系统能连续测量记录压力的变化，其误差应在1%以内。

(2) 要求精确控温，精度要求能控制在±15℃范围内。

(3) 高压介质(通常为纯度>99.99%以上的氩气)允许循环使用，但必须保持洁净，并经常进行现场分析。当使用的高压惰性气体中有害杂质含量达到0.0035%时，就可能造成铸件表面被污染。

(4) 在铸件保温结束后，热等静压设备应能可控快速降温冷却，冷却速度要求达到30~50℃/min，以避免处理铸件的晶粒长大,导致拉伸强度下降。

6.9.2.2 热等静压机结构

热等静压机主要由高压缸、热等静压炉(这些部件应用钢、镍基高温合金、钼或氧化铝等材料制造)、气体加压系统、供电控制系统和辅助系统等部分组成。表6-12为热等静压机主要结构的明细表。

表6-12 热等静压机主要结构的明细表

序号	主要部件结构名称		功能	结构特点和要求
1	高压缸	缸筒	安置热等静压炉和处理铸件	缸筒结构有两种形式:实体缸筒和钢丝缠绕缸筒。实体缸筒有单层缸、双层缸和多环缸等不同结构。缸筒应能承受200 MPa的高压压力
		上、下端盖	密封缸筒上、下两端	结构有螺旋端盖和浮动式端盖两种形式。浮动式端盖可用液压升降,便于装料
		框架	支撑缸筒,承受缸筒的轴向力	有整体框架、绕带框架和叠板框架等多种形式
2	热等静压炉	加热炉	加热被处理铸件到工作温度并能精确控温	按热传递方式被分为辐射炉和对流炉,按加热体材料可分为钼炉(最高温度1500℃)和石墨炉(最高温度2000℃,建议钛及钛合金铸件应尽量不用石墨炉)
		隔热屏	套在加热炉外,减小炉内热量散失,使炉内温度保持稳定均匀	由多层钼板和不锈钢板制成的筒体组成,每层筒体间填充硅酸铝纤维棉起隔热保温作用

续表 6-12

序号	主要部件结构名称		功　能	结构特点和要求
2	热等静压炉	热电偶	测量加热炉内的温度	通常由6副热电偶组装在一起，通过缸筒下端盖上的通孔引入缸筒内，以测量高压缸内各区域的温度
3	气体加压系统	真空机组	充惰性气体前对高压缸内抽真空	采用罗茨泵与机械泵组成的机组或单独滑片式机械泵
		压缩机组	向高压缸内充惰性气体和加压	压缩机机组可选用：(1)膜片式压缩机；(2)多级柱塞式压缩机；(3)液态气体压缩机；(4)低压膜式压缩机/热膨气体系统
		气库	储存惰性气体	储气罐容积应为高压缸容积的10倍
4	供电控制系统		各部分机构的供电、操作和控制	对热等静压炉、压缩机组、冷却水泵、液压系统以及各种电磁阀与仪表供电和进行控制
5	辅助系统	液压系统	使缸筒上下端盖的框架移动	采用往返活塞式液压缸，带动各机构按要求移动
		冷却系统	冷却高压缸及其密封件，使其温度不超过设计要求	采用闭路循环软水冷却系统
		通风设备和氧监测装置	将地坑内或高压缸周围的空气中对人体有害的气体排走，同时监测供氧情况	在设备现场安装通风装置、氧气监测装置及警报系统

图6-4所示为热等静压机的结构和工作原理图。图6-5所示为热等静压机高压缸的结构示意图。

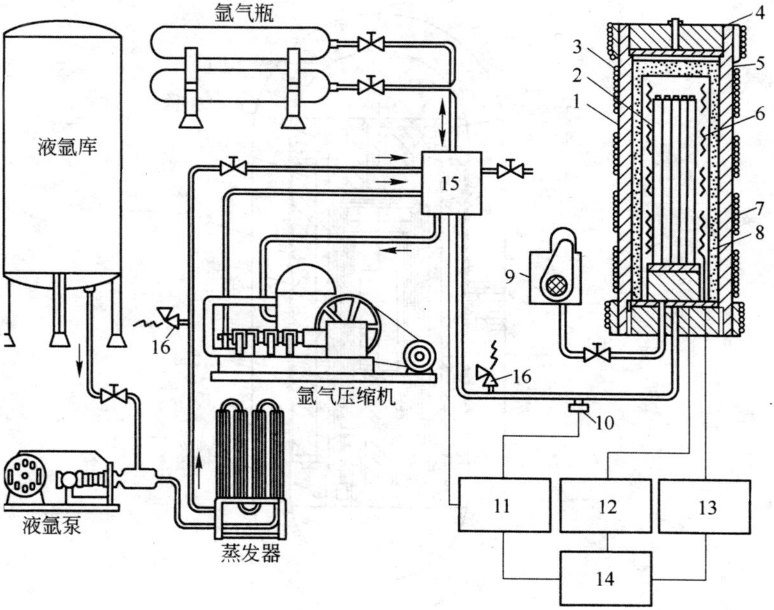

图6-4 热等静压机的结构和工作原理图

1—高压缸;2—工件;3—水冷套管;4—上端盖;5—隔热屏;6—加热元件;7—热电偶;8—电源接头;9—真空泵;10—压力转换器;11—压力控制器;12—电调节器;13—接口;14—计算机;15—压力控制箱;16—过压释放阀

6.9.3 热等静压工艺

铸件热等静压过程是一个蠕变、扩散连接的过程,它的基本工艺参数是温度、压力和时间。热等静压温度通常取比要处理合金的相变温度值低30~40℃。处理的压力应高于被处理材料在处理温度下的屈服强度和蠕变强度,通常在120~150 MPa,使被处理的材料在热等静压过程中产生塑性蠕变,扩散联结,从而使孔洞和其他缺陷愈合,这个过程对于钛和钛合金铸件来说,时间通常为2~4 h。表6-13为国内几种主要钛合金铸件的热等静压工艺参数。

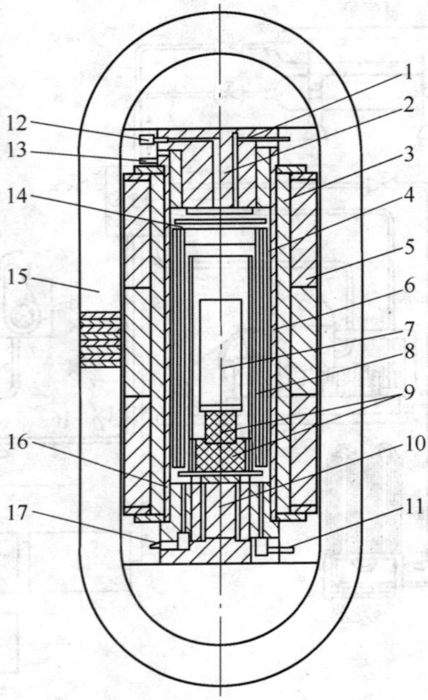

图 6-5 热等静压机高压缸的结构示意图

1—冷却水管;2—上塞;3—缸筒;4—冷却水套;5—缸筒外箍;6—隔热屏;7—铸件装料筐;8—加热炉;9—耐火砖底垫;10—下盖内塞;11—电极接头;12—安全防爆阀;13—冷却水管;14—隔热盒;15—框架;16—密封圈;17—热电偶组装结构

表 6-13 国内几种主要钛合金铸件的热等静压工艺参数

合金	温度/℃	压力/MPa	时间/h	保温、保压结束后的处理①
工业纯钛	850 ± 14	100~120	2. 0~2. 5	随炉冷至 300℃以下出炉
ZTA7	(920~950) ± 10	100~140	2. 0~4. 0	
ZTA15	(920~950) ± 50	100~140	1. 5~4. 0	
ZTC3	920 ± 10	100~140	3. 0~4. 0	
ZTC4	920 ± 10	100~140	2. 0~4. 0	
ZTC5	900 ± 10	100~140	2. 0~4. 0	
ZTC6	900 ± 10	100~140	2. 0~4. 0	

① 保温、保压结束后应快速冷却,由于国内现有热等静压机没有快冷装置,只好随炉冷。

6.9.4 铸件热等静压的操作要点

铸件热等静压各工序的操作要点为:

(1) 处理前的准备。操作要点:1)精整后的铸件应进行X射线检查,以发现铸件内部缺陷的类型、部位和尺寸大小;对于尺寸不小于8 mm气缩孔,应加以去除,并补焊上,以防热等静压时不能完全治愈;2)如发现与铸件表面连通的缺陷应补焊封闭;3)铸件和试样应进行吹砂、酸洗,要装入热等静压高压缸内的夹具、工具或其他器具等也必须进行清洗,以去除油污或其他有害物;4)易变形的铸件可设计专用夹具,防止铸件变形。但夹具用材料不能与铸件发生反应,不能对铸件有热胀和冷缩的影响,不污染铸件。注意事项和说明:1)不小于8 mm的气缩孔热等静压时可能无法完全闭合;2)与表面连通的缺陷,热等静压可能不能闭合;3)吹砂、酸洗后的铸件在搬运过程和装桶时,应戴上干净的手套,不能用手直接触摸和污染其他杂物。

(2) 铸件装桶或装框。操作要点:先在桶底上垫上部分干净无油污的钛屑,然后把铸件放在钛屑上,最后再在铸件周围和顶部充填无油污、干净的钛屑并压实。注意事项和说明:1)铸件装桶时,一定要根据铸件的形状安置铸件,防止铸件因安放不当在处理过程中发生变形;2)在铸件四周充填钛屑可减少铸件的污染。

(3) 装炉。操作要点:将装有铸件的桶或框装入高压缸内,封闭端盖,固紧框架。注意事项和说明:框架一定要固紧。

(4) 抽真空。操作要点:启动真空系统,对高压缸抽真空至真空度不大于1330 Pa。注意事项和说明:应注意检查设备是否漏气。

(5) 通冷却水。操作要点:启动冷却系统,对高压缸及其密封件提供冷却水。注意事项和说明:在处理过程中要注意检查水压和出水温度。

(6) 充气加压。操作要点:分两步充入高纯氩气(Ar),纯度应为99.99%:1)均压充气,氩气由气库充入缸体内,到气库与缸内压力平衡(13~15 MPa);2)启动压缩机组,将氩气打入高压缸,达到处理所需的起始压力。注意事项和说明:氩气一定要保持洁净,现场分析氩气纯度。其分析值应满足表6-14的要求。满足要求的氩气可以再次使用,使用时最好先用钛吸气剂(钛屑或海绵钛)充分净化一下。如果气体杂质含量超过表6-14中的值,尤其是O、N、H,那么氩气就不能再用了。

(7) 向加热炉供电。操作要点:缓慢加热升温,使高压缸内的温度和压力达到所需的预定值。注意事项和说明:应保证正常供电。

(8) 保温、保压。操作要点:控制供电功率,按工艺要求保温、保压至规定时间。注意事项和说明:注意控温、防止跑温。

(9) 断电降温。操作要点:停止向加热炉供电,缸内压力随温度下降。

(10) 泄压开炉。操作要点:缸内温度降至300℃以下后开始泄压、开炉:1)均压泄压,缸内氩气自由流回气库或排空;2)启动压缩机组,将缸内氩气泵回气库;3)缸内残余氩气排空。注意事项和说明:注意保持氩气的洁净。

(11) 出炉。操作要点:将装有铸件的桶或框从高压缸内取出,掏去钛屑,取出铸件。注意事项和说明:注意不要弄脏钛屑,以便下次再用。

表6-14　热等静压处理前后氩气中其他气体杂质的最高允许含量(体积分数)　　(%)

气体杂质	最高允许含量	气体杂质	最高允许含量
N_2	0.0020	CO	0.0020
O_2	0.0005	CO_2	0.0005
H_2	0.0010	CH_2	0.0010
H_2O(蒸汽)	0.0010	其余碳氢化合物	0.0010

钛和钛合金铸件在热等静压前一定要保持清洁,防止沾上手印、灰尘及其他外来物等,特别要防止与铝、镉等冶金杂质接触。铸件处理后,表面应为银白色或淡黄色,若变为深紫色,甚至呈黑灰色,说明处理气体已不合格,应更换,或者说明设备漏气。

俄罗斯教授 A. Г. Братухин 认为,铸件中缺陷的形状要影响对热等静压后它们治愈的效果:在相同条件下,凡具有较好刚性形状的缺陷,如圆球形或椭球形的气缩孔等,要比刚性较差的平面状缺陷,如不规则的缩孔、长条形的树枝状或海绵状缩松等治愈程度差。因此,在同一处理炉批铸件或同一铸件中,由于缺陷形状不同,热等静压后其治愈程度会有差别。为此,他提出了热等静压后铸件中缺陷治愈程度的评级(见表6-15)。而且俄罗斯的铸钛研究者在大型 BT20Л 合金铸件上进行的试验表明:通过热等静压后,铸件中小于 0.1 mm 的缺陷数量减少了一半,尺寸从 0.1~1.0 mm的缺陷减少了 4/5,尺寸大于 1.0 mm 的缺陷完全被治愈了(见图6-6)。剩下的是具有光滑表面的小球形气孔缺陷。对这种小球形缺陷进行的专门研究证明,它们不影响铸件的力学性能(其中包括疲劳性能)和铸件气密性。

表 6-15 热等静压后缺陷治愈程度评级

缺陷治愈程度	缺陷区的状态	治愈级别	缺陷区的形貌
不完全	尚有残余缺陷	5	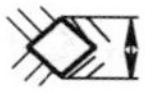 δ>0.1 mm
	缺陷边界接近	4	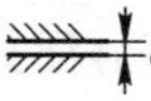 δ<0.1 mm
	缺陷边界接触	3	
完 全	缺陷边界接合	2	
	缺陷边界完全熔合,相互重结晶	1	

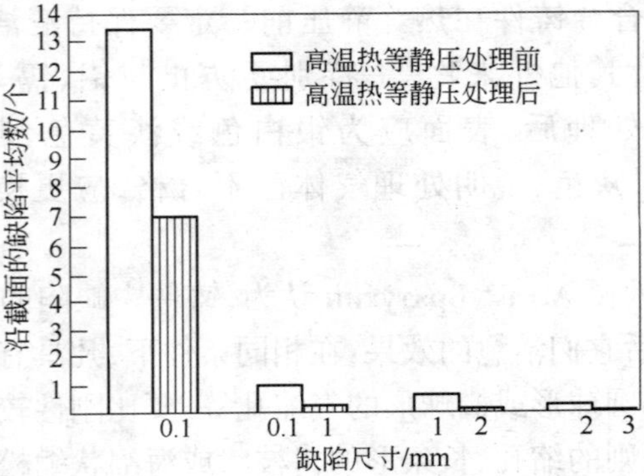

图 6-6　热等静压前后铸件中缺陷尺寸分布

6.9.5　热等静压铸件的后处理和检验

热等静压后铸件表面如果仍然保持比较洁净,可直接进行目视和 X 射线检查;若表面污染比较严重,则必须先进行吹砂、酸洗后再进行目视和 X 射线检查。

热等静压后的铸件的几何形状不应出现变形,对应于铸件在处理前存在内部缺陷区表面上出现的压陷区的面积和深度,应符合铸件技术条件的要求,超过的应进行补焊修复;铸件 X 射线检查后的底片应与处理前对应的 X 射线底片进行对照检查,以确定铸件内部缺陷压合治愈的效果。如果内部缺陷没愈合,仍超过标准要求,要再重复热等静压一次或采用机械方法去除,补焊修复。

6.9.6　热等静压处理对铸件性能和显微组织的影响

钛和钛合金铸件经过热等静压(HIP)后,会使合金的显微组织发生一定的变化,晶界变粗、晶内的片状 α 增厚(见图 6-7)。该现象若在带有快冷装置的热等静压机上处理,不会这样明显,除非是处理的温度和压力选择得不合适。钛和钛合金铸件经热等静压可使铸件中的宏观和微观缩松、气孔、缩孔等得到治愈,铸件的性能得到很大的改善,可靠性可达到与锻件相媲美。同时,由于金属变形,在缺陷的愈合处会产生一定程度的再结晶,使该处的部分片状 α 等轴化(见图 6-8)。

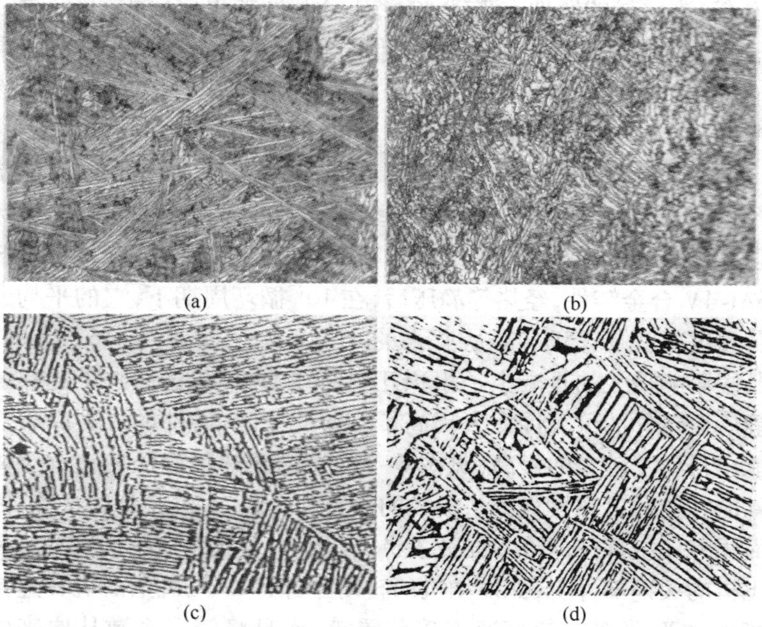

图 6 - 7 ZTC3 与 ZTC4 合金的铸态组织和它们 HIP 后的组织(×500)
(a) ZTC3 合金的铸态组织;(b) ZTC3 合金 HIP 后的组织;
(c) ZTC4 合金的铸态组织;(d) ZTC4 合金 HIP 后的组织

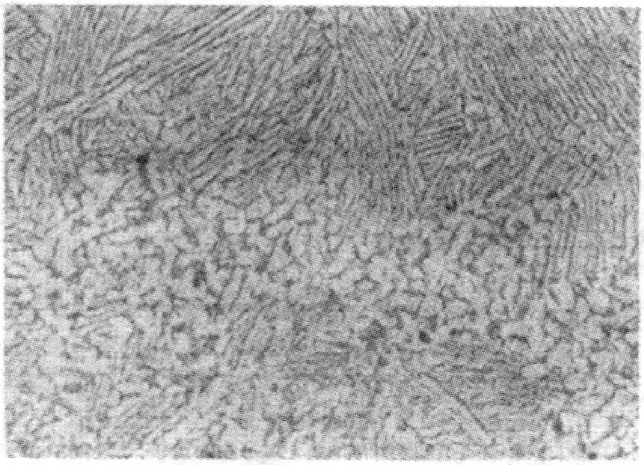

图 6-8 ZTC4 合金铸件经 HIP 后缺陷处的显微组织(×200)

热等静压的效果是否显著,在很大程度上取决于处理前铸件的质量。低质量的铸件经处理后,其性能大大改善,通常可提高10倍;高质量的铸件本来就致密,成分和性能也比较均匀,经过处理后疲劳性能会有大的改善,其他方面改善就不十分明显。如果该铸件对疲劳性能要求不是十分重要,综合起来,尤其从经济方面考虑,可以不必要热等静压。

钛和钛合金铸件热等静压后,由于晶粒发生粗化,通常它的抗拉强度 σ_b 和屈服强度 $\sigma_{0.2}$ 会有些下降(见表6-16),但它的疲劳强度可获得较大的提高(见表6-16、图6-9和图6-10)。如Ti-6Al-4V合金铸件,经热等静压后,在 10^7 循环周期下,它的平均疲劳强度提高了25%,即从原来的413.6 MPa提高到516.5 MPa。其中影响最大的是减小了累积几率曲线的斜率,这反映了经热等静压后铸件的可靠性大大提高了。与此同时,铸件的应力断裂性能也得到了较大的提高(见图6-11)。由于热等静压使钛合金铸件的性能和可靠性得到了极大的改善和提高,尤其是疲劳性能,因而国外航空部门的许多设计人员已将钛合金铸件应用到发动机和飞机的关键部件上,如发动机的转动零件、F22飞机上的机翼连接接头、V22飞机上的变速连接装置等,而且将铸造系数从原来的1.5改为1。

表6-16 钛合金铸造试棒热等静压前后的力学性能

国家	合金	状 态	力学性能					
			σ_b /MPa	$\sigma_{0.2}$ /MPa	δ/%	ψ/%	K_{IC}/MPa·$m^{1/2}$	σ_D /MPa
前苏联	BT5Л	铸态带缺陷	784		4.5	9		19.6
		热等静压(950℃) 120 MPa,4 h	882		12	22		470
	BT20Л	铸态带缺陷	1030		5.8	12.3		
		热等静压(950℃) 75 MPa,8 h	1040		9.7	25.3		

续表 6-16

国家	合金	状 态	力学性能					
			σ_b /MPa	$\sigma_{0.2}$ / MPa	δ/%	ψ/%	K_{IC}/MPa · $m^{1/2}$	σ_D /MPa
美国	Ti-6Al-4V	铸态	1000	896	8	16	107	
		铸造+热等静压	958	869	10	18	109	
中国	ZTC4	铸态	899		7.65	18.6		196①
		铸造+热等静压 920℃（±10℃，104 MPa,2 h）	878.5		11.3	21.7		470①

① $K_t=1, R=0.1, f=133\sim135$ Hz, $N=10^7$。

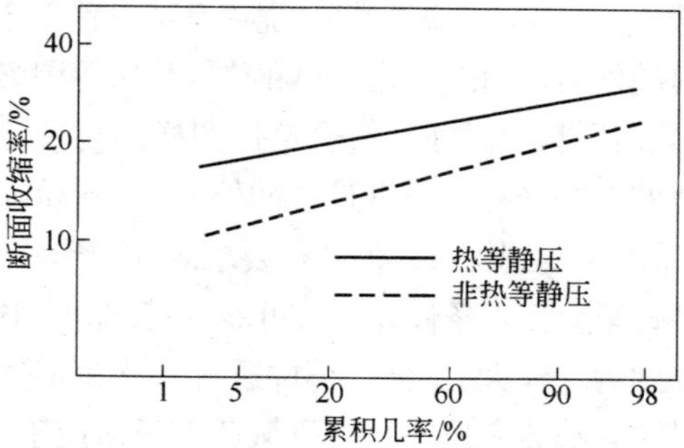

图 6-9 铸造 Ti-6Al-4V 合金热等静压前后的断面收缩率

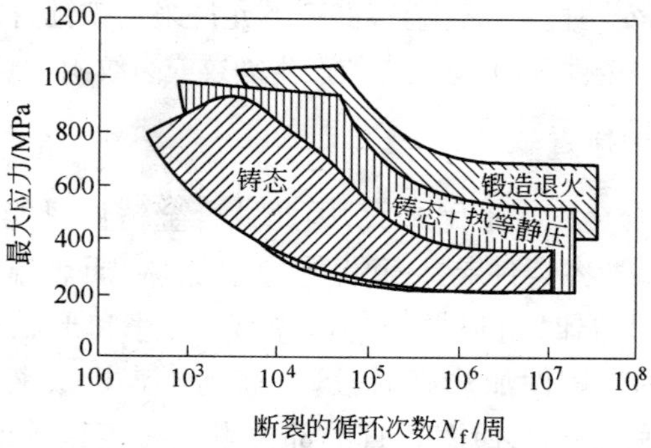

图 6-10 铸造 Ti-6Al-4V 合金热等静压前后的轴向加载室温疲劳性能

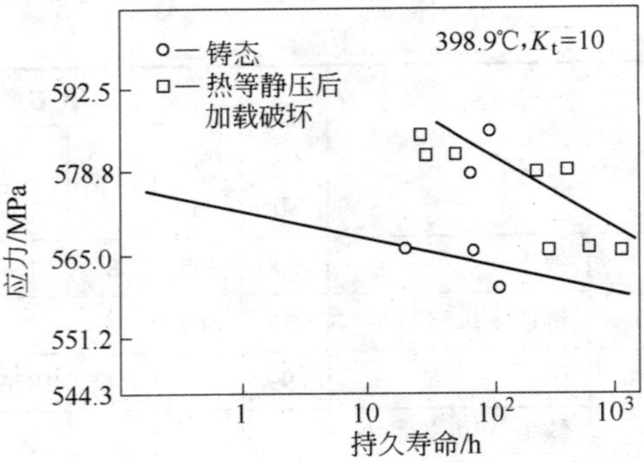

图6-11　铸造Ti-6Al-4V合金热等静压前后的应力断裂性能

6.10　铸件的矫直

由于熔模变形、铸型或型壳变形,浇注系统设置不合理,清理与切割浇注系统时的外力作用以及热处理和热等静压等因素,致使铸件变形,从而造成几何形状和尺寸不符合铸件图样的要求,出现这种情况时可采用矫直的方法修复。矫直是借助外力使变形的铸件发生一定量的反变形,从而恢复到符合铸件图样要求的几何形状和尺寸。变形了的钛合金铸件只要技术条件允许就可能矫直,都可用矫直修复。由于钛合金的回弹力比较大,钛合金铸件矫直要比铸钢件困难得多,它只能采用机械矫直和热变形矫直。机械矫直只适用于薄壁形状比较简单的铸件;形状比较复杂的,壁厚比较大的铸件,必须采用热变形矫直,也可叫蠕变矫直。钛合金铸件决不允许采用铁锤直接敲击矫形,这样势必损伤铸件表面,甚至导致产生裂纹或裂纹源。

6.10.1　机械矫直

由于钛合金冷变形困难大,因此钛合金铸件只能采用加热矫直。矫直前,先将铸件装入箱式电炉中加热,加热温度应控制在500℃以下,保温时间根据铸件的壁厚、尺寸和形状控制在20~40 min范围内。铸件加热好后,迅速移到矫直机或液压机上固定好,并施加适量压力,使需矫直的部位发生一定量的变形,以达到矫直的目的。由于铸件在矫直过程中要产生应力,因而矫直后的铸件应及时进行消除应力退火。

6.10.2 热变形矫直

热变形矫直首先必须根据矫直铸件的几何形状和尺寸设计制造专用的矫直模具。模具材料可用人造石墨或耐热钢，通常采用石墨比较经济。矫直时将矫直的铸件放到矫直模内（见图 6-12），并在上模放置足够重量的重物，然后把它们置于真空高温炉或保护性气氛炉内，逐步加热升温至 900~950℃（不要超过合金的相变温度），并在预定的温度下保温 4~6 h，在上模重力的作用下，铸件产生蠕变变形，最后达到所要求的几何形状和尺寸。凡是适合采用这种办法矫直的铸件，经矫直后都可取得满意的效果，它的成本比机械矫直方法高，但矫直后铸件不需要再进行消除应力退火。

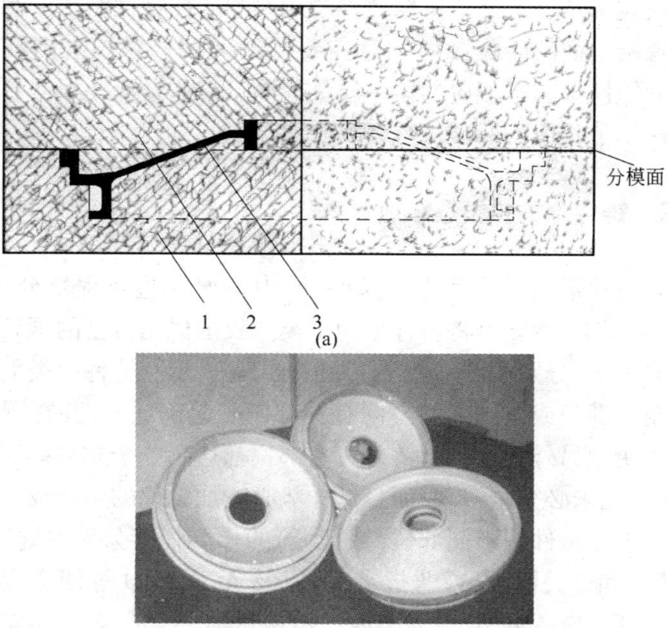

图 6-12 钛合金铸件热变形矫直的结构示意图

（a）矫直模（带有矫直铸件）；（b）矫直后的铸件

1—下模；2—上模；3—被矫直的铸件

7 铸件的质量检验

7.1 概述

7.1.1 铸件质量检验标准的要求

铸件质量检验是铸件生产过程不可缺少的环节,其目的是保证交付的铸件符合预先规定的图纸和验收的技术条件要求。铸件的验收技术条件通常应按照铸件的用途和工作特性制定。制定时应考虑两方面的问题:(1)实际需要;(2)可操作性。各国都根据自己的国情编制了相应的铸件质量标准。有些企业还根据自己的情况制定了相应的标准。

7.1.2 铸件分类和质量级别

铸件通常是根据其工作条件、受力情况和重要程度分类的。美国、俄罗斯、德国等将铸件分为三类。我国根据自己的国情将铸件分为四类,分别用罗马数字Ⅰ、Ⅱ、Ⅲ、Ⅳ表示。铸件的类别通常是由设计部门或设计部门会同有关部门一起确定的,并在图纸上明确注明。另外要求一个铸件所有部位都达到一个质量级别是很困难的,也未必完全合理,而且这样势必增加铸件的生产成本。为此又将一个铸件按不同部位(或区域)的重要程度分为关键区(或指定区)和非关键区(或非指定区)以及A、B、C、D等四个质量级别。A级为最高级别,根据国内钛铸件目前的生产水平和应用情况,暂不选用;B级为高质量级别;C级为较高质量级别;D级为一般质量级别。

表7-1为铸件的类别与质量级别的关系。

表 7-1 铸件的类别与质量级别的关系

铸件类别		质量级别	
类别	定义	关键区(指定区)	非关键区(非指定区)
Ⅰ	承受重载荷或交变载荷、工作条件复杂、在整机上处于关键部位上的铸件，一旦该铸件损坏将危及全体操作人员的生命安全或导致整机工作失效	B	C
Ⅱ	承受中等载荷、在整机上处于重要部位上的铸件，该铸件的损坏将造成整机出现重大故障，影响正常工作	B 或 C	C 或 D
Ⅲ	除Ⅰ类或Ⅱ类以外的，承受静载荷和较小动载荷的一般铸件	C	D
Ⅳ	Ⅰ、Ⅱ、Ⅲ类以外的其他铸件	D	

7.1.3 铸件质量检验项目、要求和方法

铸件质量检验项目、要求和方法见表 7-2。

7.2 铸件质量检验过程和需要说明的几个问题

7.2.1 化学成分分析

钛和钛合金铸件的化学成分分析试样一般都是从与铸件同炉或同批的附铸试棒或浇注系统上选取，金属元素试样(包括硅)制成切屑样，气体氢、氧、氮等试样制成 ϕ3mm×(30~50)mm 左右的试棒。试样必须干净，不得有玷污物。通常采用化学分析的重量法分析。分析时一般只分析合金的主要成分和主要杂质 Fe、Si、C、N、H、O 等，其他杂质元素单个含量和总量只在有异议时才考虑分析，如需分析时应符合 GB/T 15073 的规定。对杂质含量有特殊要求时，应经供需双方协商后在有关文件中注明。

取样分析结果不合格时，允许从第一次取样的试样或浇注系统重取，有必要时再从铸件上重取试样。对不合格元素进行重复分析，重复分析结果仍不合格时，允许逐炉次取样进行全项分析，不合格炉次的铸件应报废。

表 7-2 各类铸件质量检验的项目、要求和方法

检验项目		各类铸件检验要求			检验方法	采用标准
		Ⅰ、Ⅱ类铸件	Ⅲ类铸件	Ⅳ类铸件		
化学成分(主要成分和主要杂质 Fe、Si、C、N、H、O 等)		一般从附铸试棒或浇注系统上取样,必要时才从铸件上取样。通常是每批次铸件取一个			化学分析法	GB/T 4698—1996、HB 5297.1～HB 5297.25—2001
力学性能(通常只检测室温力学性能,若要求检测高温力学性能或其他性能时,应在图纸上或专用技术文件上注明)		从附铸试棒或无缺陷的浇注系统上取样,必要时才从铸件上取样;试样必须与同炉批铸件一起热等静压或热处理,通常是每批次铸件 2 根试棒,但准备的试样量应是 6～8 根或更多,以供复验用	按预先规定的要求或按Ⅰ、Ⅱ类铸件要求测试,或抽查测试,具体按供需双方协商制定的文件规定进行	不做检查	室温拉伸试验、高温拉伸试验、硬度试验或其他有关试验	GB 6397—1986、GB/T 228—2002、GB 4338—1984 或 HB 5143—1996、HB 5144—1996、HB 5150—1996
表面质量	目视检验	100% 检查			肉眼检查	GB/T 6614—1994、GJB 2896—2007
	荧光渗透检验	100% 检查	根据有关文件规定或与Ⅰ、Ⅱ类铸件一样 100% 检查或抽查	不做检查	荧光渗透检查	GJB 2367—1995、HB/Z 61—1998
	表面粗糙度	100% 检查	100% 检查或抽查		与标准样块比较	GB 6060.1—1985
内部质量		100% 检查	100% 检查或抽查	不做检查	X 射线照相检查或工业 CT 检查	GJB 1187A—2001、HB/Z 60—1996
几何形状和尺寸		100% 检查			量具、测具常规检查或画线检查,或三坐标测量仪检查	GB/T 6414—1999、HB 6103—2004
其他(如气密性、耐磨性等)		按供需双方协商制定的技术文件规定进行检查			用专用设备和方法检查	专用技术文件

7.2.2 力学性能检验

钛和钛合金铸件在正常的质量检验中,一般只检验室温拉伸性能 σ_b、$\sigma_{0.2}$、δ_5、ψ 等。如果要求检验其他项目,应在有关技术文件中注明。由于铸件很贵,检验试样通常都是采用附铸试样或无缺陷的浇注系统。

当力学性能测试结果不合格时,允许从第一次取样的试样或浇注系统上重取,必要时再从铸件上重取双倍试样重新测定。重复试验结果仍不合格时,允许逐个熔炼炉次取样进行测试,不合格熔炼炉次的铸件应拒收。

7.2.3 铸件表面质量检验

铸件在进行表面质量检验前应清理干净,不允许有飞边、毛刺等,并应经吹砂、酸洗。机加工石墨型或捣实石墨型及其他砂型的铸件表面粗糙度 R_a 值应达到不大于 12.5 μm;精铸件应达到不大于6.3 μm。表 7–3 为钛和钛合金精铸件的目视检验与荧光渗透检验允许的缺陷尺寸。

表 7–3 目视检验与荧光渗透检验允许缺陷尺寸

质量级别	受检面积/mm×mm	单个孔洞			成组孔洞			线性缺陷			缺陷边沿距轮廓边沿、孔沿的最小距离/mm
		最大尺寸/mm	最大深度/mm	最多数量/个	最大尺寸/mm	最大深度/mm	最多数量/个	最大尺寸/mm	最大深度/mm	最多数量/个	
A	25×25	暂不定									
B		1.0	1.0	4	5	0.8	2	1.0	0.5	2	5
C		2.0	1.5	5	8	1.0	2	1.2	0.8	2	4
D		3.0	2.0	5	15	1.5	1	1.5	1.0	2	3

一些要求高的铸件还应检验 α 表面玷污层,因为 α 表面玷污

层的存在将严重危害铸件的使用性能和寿命。其检验方法有：

（1）化学分析法。即分别从铸件表面和中心取样进行化学分析，然后从分析结果则可判断是否存在 α 玷污层，若存在 α 玷污层，表面层的氧或碳含量应比中心高很多。国外资料上介绍了一种检验铸件表面是否存在 α 玷污层非常简便的方法，即用 18 g/L 氟化氢铵溶液腐蚀铸件表面，表面若呈淡灰色，表示 α 玷污层还没去除或去除得不彻底；表面若呈深灰色，表明 α 玷污层已去除了。第三种方法是对铸件表面进行 X 射线结构分析，若表面层的 α 相远大于中心，则说明存在 α 玷污层。

（2）测定铸件的表面显微硬度。表面显微硬度越高，表明 α 玷污层越厚。通常未经吹砂、酸洗铸件表面的显微硬度比铸件中心高，然后逐渐降低，到离表面一定距离后就保持恒定了（见图 7-1）；若测定的铸件表面显微硬度值与铸件中心的已很接近了，则说明已去除了。

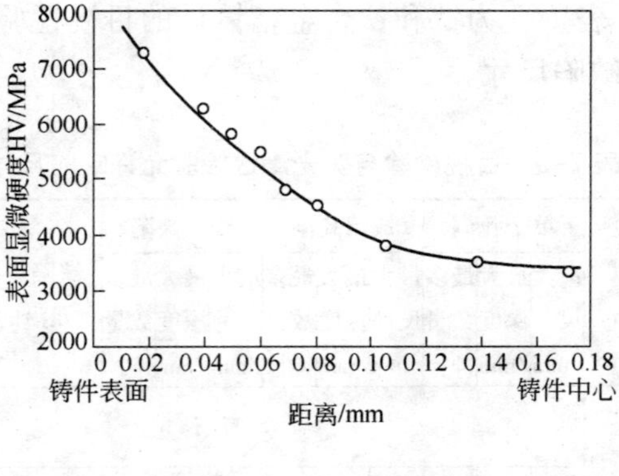

图 7-1　在石墨型壳中铸出的 ZTC4 合金铸件的表面显微硬度

（3）磨金相试样。即从未经吹砂、酸洗铸件上取样，磨制金相试片，在光学显微镜下观察其显微组织，如果表面的显微组织与中心的一样或很接近了，说明 α 玷污层已去除了；反之说明还有 α 玷污层。

7.2.4 铸件内部质量检验

铸件的内部质量检验采用X射线照相检查，对于机加工石墨型或捣实石墨型铸件以及其他砂型铸件的内部缺陷，如气孔、缩孔、海绵状缩松、高低密度夹杂等按HB 6578—1992中的标准参考X射线底片进行评判；精铸件的内部缺陷应按HB 6573—1992中的标准参考X射线底片进行评判，其内部缺陷允许级别见表7-4。

表7-4 X射线检验内部缺陷允许级别

质量级别	铸件壁厚/mm	标准板厚/mm	内部缺陷允许级别①				
			气孔	缩孔	海绵状缩松	树枝状缩松	低密度夹杂
A	<3	3.2	暂不定				
	3~9.5	9.5					
	>9.5	19.0					
B	<3	3.2	6	不允许	4	5	4
	3~9.5	9.5	4	不允许	2	4	3
	>9.5	19.0	4	2	2	4	3
C	<3	3.2	7	不允许	5	7	5
	3~9.5	9.5	5	不允许	3	5	4
	>9.5	19.0	5	2	3	5	4

① 数字为X射线底片顺序编号。

7.2.5 铸件的几何形状和尺寸检验

铸件几何形状和尺寸的检验依据是铸件图和GB/T 6414—1999《铸件尺寸公差与机械加工余量》或HB 6103—2004《铸件尺寸公差和机械加工余量》。由于钛和钛合金铸件铸造难度比较大，要达到钢或高温合金铸件的尺寸精度是很困难的。因此，目前国内外的钛和钛合金铸件的尺寸精度都要比钢或高温合金铸件的尺寸精度低1~2个等级。机加工石墨型或捣实石墨型铸件以及其他砂型铸件的尺寸精度通常只能达到 GB/T 6414—1999 或 HB 6103—2004 中的 CT 10 ~ CT 12 级；精铸件可达到 CT 6~CT 8 级。壁厚尺寸公差同样也要比钢或高温合金铸件低 1 个等级。

钛和钛铸件通常只检验上述五个项目，如果还要进行其他项目的检查，应在图纸或专用文件上注明，并制定出暂行检验标准或方法。

7.3　影响铸件质量的因素

由于钛和钛合金的高化学活性，在铸件的生产过程中，任何一个工艺参数偏离了最佳值或超出了工艺允许的范围，都可能导致钛或钛合金铸件产生缺陷。图 7-2 所示为影响铸件成形质量和性能的基本因素。由图可见，首先是在铸造的准备阶段合金的熔化、铸型的制备等工艺参数偏离正常值，或铸件成形过程各种相互制约的制度遭到破坏，都可能使铸件的成形出现不正常。其次从图中可发现，很难能一下准确指出是某一种工艺参数不正常造成的铸件成形质量和缺陷的出现，它常常是多种因素综合作用的结果。只有对铸件整个成形过程的工艺参数进行系统综合控制和管理才有可能获得质量和性能良好的铸件。

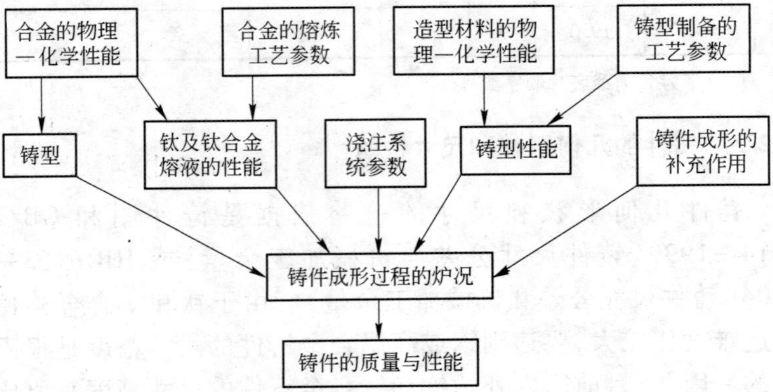

图 7-2　影响铸件成形质量和性能的基本因素

7.4 铸件的常见缺陷

熔融钛有高化学活性,它要与多种物质发生物理化学反应,要想获得十全十美的铸件是很难的。在大多数情况下,刚铸出的铸件多多少少都会有一些缺陷,需要待后修整。钛和钛合金铸件中常见的缺陷可分为下列几类:

(1) 材料缺陷,如化学成分或力学性能不合格、铸件组织过分粗大等;

(2) 表面缺陷,如铸件表面粗糙、表面气孔、粘砂、流痕、冷隔、裂纹等;

(3) 内部缺陷(也被称为不连续缺陷),如气孔、缩孔、缩松、夹杂、裂纹等;

(4) 几何形状和尺寸缺陷,如铸件尺寸与图纸不符、铸件轮廓不清晰、欠铸等。

7.5 铸件质量

钛和钛合金铸造经过几十年的研究和开发,取得了非常大的发展,工艺日趋成熟和完善,基本可以满足当前各工业部门发展的需求了。各种造型工艺钛铸件质量的综合比较参见表4-30。由表4-30中可见,各种工艺既有长处,也有不足。各工艺相互间只能互补,而难以相互取代。到底选用哪一种造型工艺,应根据铸件的功用、形状、结构、尺寸大小、重量、壁厚、质量要求、所需数量等综合考虑后再选择。

下篇　钛粉末冶金

8　粉末冶金钛制品

钛的粉末冶金也是一种近净成形工艺，也是制取钛和钛合金材料的方法。它现在已经成为制取钛合金材料的新工艺。

8.1　概述

8.1.1　钛的粉末冶金工艺和特点

粉末冶金是将制取的金属粉末采用成形和烧结的工艺制成制品的工艺技术。它与陶瓷制品的生产工艺形式上类似，故它又被称为金属陶瓷法。

粉末冶金工艺包括三个基本工序，即制取金属粉末、成形和烧结。

钛的粉末冶金工艺基本流程是：

钛料→制粉→钛粉→成形→烧结→后处理→钛制品

（合金粉）↗

钛的粉末冶金特点有：

（1）能生产熔铸法无法生产的材料，如多孔钛材或多孔钛元件、各种难熔钛化合物材料、熔点相差很大的钛合金、钛与其他金属和非金属按比例组合的钛合金，它具有合金组成设计的高自由度。

（2）钛合金制品的偏析少。

(3) 是一种切削少的近净成形加工工艺,材料利用率高。

(4) 流程短、工序少,批量大时可以降低成本。

(5) 粉末钛及钛合金制品具有组织细小、力学性能能够达到塑性变形钛合金的水平。

但是,钛粉末冶金制品的力学性能取决于合金成分、密度和最终的微观组织。制品的密度和微观组织依赖于粉末特性、采用致密化技术和致密化的后续处理(如二次压制或热处理)。为了制取优质高强度的钛合金粉末冶金制品,必须采用全致密化工艺,获得全致密化制品。

显然,它有明显的缺陷,钛的粉末冶金最适用于外形尺寸小而批量大的钛制品。同时它对钛粉末的要求比较苛刻,它的应用受到限制。它的经济效益必须形成规模时方能显现出来。因此,必须大力开发,以形成规模。

8.1.2　钛的粉末冶金现状

8.1.2.1　现状

现在粉末冶金技术有了很大进步。近代粉末冶金技术发展的一个重要标志是,它正向新材料、新工艺发展。为此,粉末冶金现已开发了多项新工艺。其中,高质量的钛合金材料就是其中一项新材料。现代技术的发展为钛的粉末冶金新工艺提供了技术保障。

现在,各国对钛的粉末冶金开发兴趣集中到为飞机及汽车制造业提供高质量钛合金新材料上,十分引人注目。

我国在钛的粉末冶金业上开发较晚。钛粉生产现已形成一定规模,除此之外,粉末冶金生产钛材现在仍处于开发初期,尚未形成规模。应该一方面用粉末冶金技术开发化工等工业需要的粉末冶金材料;另一方面加大开发力度,研发各种高质量的钛合金材料,为我国飞机及汽车制造业提供优质零部件。

8.1.2.2　现代粉末冶金新工艺

现代粉末冶金新工艺包括:

(1) 热等静压(HIP)。热等静压是在冷静压基础上发展起来的。冷等静压(CIP)又称液静压或水静压。它也是制全致密化钛合金的一个方法。

(2) 粉末锻造(DF)。粉末锻造使粉末冶金机械零件达到全致密,并获得高性能,扩大了粉末冶金的应用领域,并为钛合金的粉末冶金全致密化提供了一条途径。

(3) 燃烧合成(CS)。它最初称为自蔓延高温合成。它反应时间短、反应温度高、节能、设备简单,能生产一些用其他工艺无法生产的特殊粉末。如用该工艺可制取 TiN、TiC 等钛基化合物粉末。

(4) 快速凝固(RSR)。快速凝固技术是细化组织,消除偏析,提高合金固溶度,制取非晶态粉末、微晶级和纳米晶级合金粉末的有效手段。旋转盘雾化是其中的一项技术,并且被应用到制取钛合金粉末工艺上。

(5) 机械合金化(MA)。机械合金化是一种用高能球磨的方法制取新材料的技术,它可以合成常规方法难以合成的“不可能”合金粉料,即制取超过相图约束的多元素过饱和合金粉末。用该工艺可以制取钛基金属间化合物和复合材料粉末,以及钛基纳米晶粉末。

8.1.2.3　新型的制粉技术

近几十年来,涌现出大量的新型制粉技术,特别是雾化技术和机械合金化技术,使制粉技术朝着超微、超细、速凝、高纯、均质、成分可控、大规模、多品种的方向发展。

在新型的制粉技术中,最引人注目的是雾化技术。雾化技术制取钛粉是指钛或钛合金的熔滴通过急剧冷却,形成非晶、准晶和微晶钛粉末的技术。雾化技术的出现无论是对粉末合金成分设计,还是对粉末合金的显微组织以及宏观特性都产生了深刻影响,它给高性能粉末材料制造开辟了一条崭新的道路。雾化技术主要有气体雾化和离心雾化两种。超声气体雾化是气体雾化技术中较为先进的一种,用速度高达 2.5 马赫(1 马赫即 1 倍声速)的高速高频脉冲气流作为介质,具有很高的雾化效率。离心雾化技术是利用机械旋转造成的离心力使金属熔液克服其表面张力,以细小的液滴甩出,随后在飞行过程中球化、冷凝成粉的一种制粉方法,主要有旋转电极(REP)、电子束旋转电极(EBNRE)、等离子旋转电极(PREP)等方法。离心雾化技术的特点是避免了坩埚材料的污染,是目前制取高纯、无污染球形粉末最理想的技术。由于受到设备规模、生产过程连续化和自动化限制,生产能力低、成本高。

机械合金化技术,是通过合金组元的粉末在高能球磨机中的粉末颗粒之间、粉末颗粒与磨球之间长时间发生非常激烈的碰撞所形成的新生表面互相冷焊而逐步合金化,其过程反复进行,最终达到机械合金化的目的,是制造弥散强化钛合金的理想技术。近年来采用机械合金化技术制造的非晶、准晶、微晶和纳米粉末,引起了材料界的极大关注。

8.1.2.4　新型钛粉末成形技术

钛粉激光成形工艺是最为引人注目的钛粉成形新工艺。MTS系统公司设计并制造了全尺寸的工业生产用激光快速成形系统,目前安装在它的子公司 Areromat 公司的工厂内。该工艺为:在惰性气体中,采用大功率激光把基体和金属合金粉熔化,并通过 CNC 控制系统进行沉积而制成零件。这种新技术对小批量制备零配件比较经济,与传统的铸造式加工方法相比,该工艺制造的飞机零件可减少 80% 的废料,可大幅度降低成本,并大大缩短了生产时间。

金属粉末注射成形技术是将粉末的混合料注入模腔内,而后缓慢加热直到黏结剂完全排除,最后经烧结得到密度均匀的近净成形产品。该技术的优点是生产效率高,能够成形薄壁和锐角的零件,生坯强度高,尽管烧结收缩量大,仍能保持良好的尺寸。在技术和经济上的巨大优越性,使注射成形技术成为近年来粉末冶金学科中一个非常活跃的前沿领域,研究的重点主要是适应于注射成形的微细粉末的廉价生产方法和黏结剂的快速脱除工艺等。

快速全向压制技术是 Kelsey-Hayes 公司把预合金粉压实成致密零件的一个专利工艺。快速是指在全负荷下保证压实的保压时间一般不超过 5 min;全向是指压实时施加于粉末体应力状态近于等静压。

粉末热锻或热轧工艺能够制取相对密度为98%以上的粉末锻件或板材，克服了一般粉末冶金零件密度低的缺点，并且粉末热锻件或热轧板的性能优异，材料利用率高。

近年来，金属喷射成形技术在很多国家引起了人们极大的兴趣，这主要是因为喷射成形技术能够制造大型薄壁零件，可获得连续的带材，可得到细晶、无偏析和性能优异的材质，节约能源，降低成本。

8.1.3 金属粉末的性能

在钛的粉末冶金工艺中，所使用的原料粉末有钛粉、钛合金粉和需要添加的合成成分粉。这些金属粉末的性能包括化学成分、物理性能和工艺性能等。

8.1.3.1 粉末的化学成分

粉末的化学成分主要是指金属的含量和杂质成分的含量。因此，表征金属粉末的纯度是它的化学成分。对钛粉而言，钛粉中钛的含量越高，杂质含量相应也越低，则钛粉的纯度也越高，钛粉的等级也越高。对钛的粉末冶金而言，杂质中气体含量，特别是氧，对产品影响很大。优质的钛粉常常是氧含量低者。因此钛粉的优劣常常主要取决于其中的氧含量。企业常常有产品标准或产品规模规范了金属粉末的产品等级。

8.1.3.2 粉末的物理性能

A 粉末的粒度和粒度组成

粉末的粒度和粒度组成对工艺过程中成形和烧结行为有很大影响，也对钛制品的性能有很大影响。所以工艺中必须选用合适的粉末粒度和粒度组成。

在制取钛粉工艺中，钛粉的粒度和粒度组成是可以控制的。目前常规钛粉粒级在1~500 μm之间可以做到任意选取，可满足工艺需要。同时，工艺中常用筛分法分级。此时，常用筛目孔径大小来表征钛粉粒级，如 -100 目的钛粉，筛孔尺寸为150 μm，则钛粉粒度为小于150 μm。使用颗粒直径来表征粉末粒度只有对理想球形是精确的，而对实际的粉末只能做近似描述。

B　粉末颗粒的形状

粉末颗粒的形状是制粉工艺确定的，不同的颗粒形状对粉末冶金工艺性能影响很大。它直接影响到制品的强度。对于制取多孔钛材而言，它也直接影响多孔钛材的透过性能及透过性能的均匀性。所以为了提高多孔钛材的孔隙均匀性和透过性，希望使用球形粉末。

C　粉末颗粒的比表面

比表面的大小直接影响到粉末的压制性能和烧结性能。比表面大的钛粉，压制性能和烧结性能都要好一些。粉末的比表面大小与颗粒粒度、形状及外表的形状有关。粉末粒度越细、形状越复杂、外表越粗糙多孔，则颗粒的比表面越大；反之亦然。

D　粉末的真密度

粉末的真密度是指包括颗粒闭孔孔隙在内的密度，真密度值因不同制粉工艺而异，它也与其中的氧化物含量有关。通常它比其致密金属的密度略小。

E　粉末的显微硬度

粉末的显微硬度是表征粉末塑性的一种指标。它与粉末中杂质含量和合金元素含量有关，也与颗粒中晶格扭曲程度有关。如在制取多孔钛材时，钛粉具有一定的硬度是有益的。

8.1.3.3　粉末的工艺性能

A　松装密度

粉末松散装填时单位容积的质量叫松装密度，单位为 g/cm^3。它是粉末的重要特征。它在成形时压模设计和压制过程中具有重要意义。在成形过程中，一般希望所使用的粉料松装密度稳定。

粉末的松装密度除了取决于该金属的密度外，还与颗粒的形状、粒度和粒度组成、颗粒的表面状态有关。一般情况下，较小的颗粒松装密度较低；形状不规则的粉末比球形粉末松装密度小；当粗细搭配达到合适比例时，能够获得最大的松装密度值。

B　粉末流动性

粉末流动性可以用一定量的粉末流过特定大小孔眼的时间来表征。粉末的流动性对于压制成形具有重要意义。粉末的流动性也直接影响到压块密度的均匀性。

粉末的流动性与粉末颗粒的形状、粒度和粒度组成、表面状态、粉末颗粒表面吸湿的水分多少等因素有关。通常球形粉末流动性最好。

C　粉末的压制性能

粉末的压制性包括压缩性和成形性。粉末在压制时的压缩性是指粉末压制的压缩能力，可用压制时粉末密度的变化来表征。粉末的成形性是指粉末压制后压坯保持一定形状的能力。粉末成形性定性的确定是通过观察压坯有无裂纹、表面状态而定。而定量的确定是用单位压制压力下压坯的极限抗压强度来表征，其比值越大，表示成形性越好。有时也用最小压制压力来衡量。最小压制压力指的是压制时压坯不会散料掉角的最小压力。压坯需要的最小压制压力越小，其压制性能也就越好；反之亦然。

粉末的压制性主要取决于粉末的性能。加工硬化、被氧化或被气体饱和的粉末，以及颗粒很细的粉末，其压缩性都不好；但是颗粒较细及形状复杂的粉末都有很好的成形性。一般情况下，成形性好的粉末压缩性就不好；而压缩性好的粉末成形性就差。同一种粉末，松装密度越大，成形性就越差，而压缩性就越好。

8.1.4　钛粉

8.1.4.1　钛粉特性

钛粉是指尺寸小于1 mm的金属钛颗粒群，属于松散物料，其性能综合了钛基体的特性和粉末体的共性。钛粉和其他粉末体一样，它的性能包括粉末的化学性质、物理性质和工艺性能诸项。但钛粉和其他粉末体有一个共有的物理特性，是具有大的比表面，因此钛粉也具有大的表面自由能。所以钛粉比金属钛更活泼，更易和其他元素或化合物反应，更易氧化且易燃、易爆，属于一种危险品。它的纯度和各种性能很大程度上取决于制取方法及其工艺条件。表8-1中列出了几种不同方法制取的钛粉的一些性能。

表8-1 各种钛粉的性能

粉末类型		粒 级	松装密度 $/g \cdot m^{-3}$	50 g粉流动时间/s	振实密度 $/g \cdot cm^{-3}$	振实相对密度/%
钠还原钛粉		0.062~0.197 mm (70~230目)	1.02	56		
电解法钛粉		0.147~0.370 mm (40~100目)	1.45	39		
氢化脱氢法钛粉	钠法海绵钛	平均7.8 μm	0.77			
	镁法海绵钛	0.147 mm(100目)	1.5			
	钛屑或边角料	0.147~0.246 mm (60~100目)	1.9~2.2	20~24		
	Ti-6Al-4V屑	0.074~1.651 mm (10~200目)	1.8~2.1		2.3~2.5	52~57

钛粉和钛合金粉通常呈浅灰色，随着粒级变小而加深。粗粉带有金属光泽，微粉呈灰色，超细粉呈黑色。TiH_2 粉通常呈灰褐色，颜色比钛粉深。

8.1.4.2 运输和储存

钛粉属易燃、易爆危险品，通常用铁桶封装。为了防止吸潮和氧化，等级钛粉待加工完毕后需立即用复合塑料袋（或铝箔塑料复合袋）抽空封装或抽空充氩封装，然后装入铁桶内。运输时必须小心轻放，避免冲击。储存应选用单独的专用仓库。

8.1.4.3　用途

钛粉主要用作粉末冶金的原料，其次还可以作吸气剂、烟花爆燃剂和铝加工中晶粒细化剂。

8.2　制取钛粉和钛合金粉

8.2.1　钛粉规格

目前世界各国尚未制定有关钛粉质量的国家标准，仅有各个厂家自定的规格。一般情况下，钛粉质量包括三方面，即纯度、粒度（或粒级范围）和粒形。

钛粉的纯度包括含钛量和杂质含量。钛粉的纯度与其粒级有关，同一规格的产品，粒级越小纯度越低。通常，将含钛不小于99%或者接近99%的（粗）钛粉称为等级品（如是钛合金粉，应包括合金成分）；比其纯度低的称为等外品。在等级钛粉中，除了特殊的用途要求外，一般要求用含氧量来分级（与用含钛量是同一的），即含氧量越低，质量越高。其中，常将含氧量小于0.15%的称为高质量钛粉。

钛粉粒级可人为地分成4个级别，粒级在1000~50 μm的为粗粉；50~10 μm的为细粉；10~0.5 μm的为微粉；小于0.5 μm的为超细粉。

钛粉的粒形有球形、多角形、海绵状和片状等几种，其粒形与制取方法有关。

日本住友钛公司在20世纪70年代公布的钛粉规格见表8-2。随着科学技术的发展和钛粉应用领域的拓宽，对钛粉质量的要求在不断提高。国外优质钛粉的市场需求坚挺。日本东邦公司20世纪90年代提出的钛粉的规格见表8-3。许多优质钛粉氧含量已达到0.1%左右。

表 8-2 日本住友钛公司氢化脱氢法产品规格

牌号①		TiH(或 Ti)的质量分数/%	杂质含量(质量分数)/%									粒度/μm
			H	Fe	Cl	Mn	Mg	Si	N	C	O	
氢化钛粉	TSH-100	≥99.6	≤(3.0)	≤0.02	≤0.08	≤0.005	≤0.045	≤0.02	≤0.025	≤0.02		<150
	TSH-325	≥99.4	≤(3.0)	≤0.03	≤0.08	≤0.005	≤0.045	≤0.02	≤0.025	≤0.02		<45
	TMH-100	≥99.2	≤(3.0)	≤0.05	≤0.10	≤0.02	≤0.055	≤0.03	≤0.04	≤0.03		<150
	TMH-325	≥99.1	≤(3.0)	≤0.05	≤0.10	≤0.02	≤0.055	≤0.03	≤0.04	≤0.03		<45
钛粉	TSP-100	≥99.6	≤0.02	≤0.02	≤0.04	≤0.005	≤0.02	≤0.02	≤0.03	≤0.02	≤0.25	<150
	TSP-325	≥99.5	≤0.02	≤0.03	≤0.04	≤0.005	≤0.02	≤0.02	≤0.04	≤0.02	≤0.35	<45
	TMP-100	≥99.2	≤0.02	≤0.05	≤0.05	≤0.02	≤0.025	≤0.03	≤0.05	≤0.03	≤0.50	<150
	TMP-325	≥99.1	≤0.02	≤0.05	≤0.06	≤0.02	≤0.03	≤0.03	≤0.05	≤0.03	≤0.60	<45

① 牌号符号所代表意义如下：T—钛；H—含氢；P—粉末；S—钠还原法钛制取的；M—镁还原法钛制取的。

表 8-3　日本东邦钛公司钛粉规格

品种	种类	Ti 的质量分数/%	杂质含量(质量分数)/%									粒度/μm
			H	Fe	Cl	Mn	Mg	Si	N	C	O	
标准品	TS-150	≥99.6	≤0.03	≤0.05	≤0.04	≤0.004	≤0.02	≤0.02	≤0.02	≤0.02	≤0.15	<150
	TS-630	≥99.4	≤0.03	≤0.05	≤0.04	≤0.01	≤0.02	≤0.02	≤0.02	≤0.02	≤0.30	<60
	TS-450	≥99.4	≤0.03	≤0.05	≤0.04	≤0.01	≤0.02	≤0.02	≤0.02	≤0.02	≤0.35	<45
低氯品	TC-150	≥99.6	≤0.03	≤0.05	≤0.003	≤0.005	≤0.001	≤0.02	≤0.02	≤0.02	≤0.15	<150
	TC-630	≥99.4	≤0.03	≤0.05	≤0.003	≤0.01	≤0.001	≤0.02	≤0.03	≤0.02	≤0.30	<60
	TC-450	≥99.4	≤0.03	≤0.05	≤0.003	≤0.01	≤0.001	≤0.02	≤0.03	≤0.02	≤0.35	<45

目前,国内外均无钛粉质量的国家标准,仅有厂标。为了便于国内外市场流通的方便,1991 年北京有色金属研究总院发布了氢化脱氢法产品内控规格,供参考,见表 8–4。表中 5 级和 6 级为微细粉。

表 8–4 北京有色金属研究总院钛粉规格

牌号	纯度/%	杂质含量(质量分数)/%							粒径/mm
		Fe	Si	Cl	C	N	O	H	
TiMP-1	≥99.4	≤0.06	≤0.02	≤0.06	≤0.02	≤0.04	≤0.40	≤0.02	0.83~0.048
TiMP-2	≥99.2	≤0.10	≤0.03	≤0.08	≤0.03	≤0.05	≤0.50	≤0.02	0.83~0.048
TiMP-3	≥99.0	≤0.15	≤0.05	≤0.10	≤0.06	≤0.08	≤0.60	≤0.04	0.83~0.048
TiMP-4	≥99.0								0.83~0.048
TiMP-5	≥97.5	≤0.10	≤0.03	≤0.08	≤0.03	≤0.03			<0.015
TiMP-6	≥97.0	≤0.10	≤0.03	≤0.08	≤0.03	≤0.03			<0.005
TiMP-等外	≥95								1.6~0.147

8.2.2 制取钛和钛合金粉末的方法

可以制取钛粉和钛合金粉末的方法很多。各种钛粉制取方法比较见表 8–5。

表 8–5 钛粉制取方法比较

序号	工艺	方法	简称	粒形	粉末粒度	可制取的粉末
1	氢化	氢化脱氢法	HDH	不规则	粗、细、微粉	Ti、Ti-6Al-4V
2	金属还原法	镁还原法	镁法	海绵状	粗粉	Ti
3		钠还原法	钠法	海绵状	粗粉	Ti
4		钙还原法		海绵状	细、粗粉	Ti
5	电解法	电解法	电解法	海绵状	粗粉	Ti
6		电解精炼法		多角状	细、粗粉	Ti、Ti-Al
7	离心雾化法	旋转电极法	REP	球形	粗粉	Ti、Ti-6Al-4V
8		旋转圆盘电子束熔化	EBRD	扁平形	粗粉	Ti、Ti-6Al-4V
9		旋转电极等离子体熔化	PREP	球形	粗粉	Ti、Ti-6Al-4V
10		旋转电极电子束熔化	EBREP	球形	粗粉	Ti、Ti-6Al-4V
11	直接粉碎法			片状		Ti、Ti-6Al-4V
12	气雾化		TGA	球形	粗粉	各种合金
13	快速凝固		RSR	球形	粗粉	各种合金
14	机械合金化		MA		细、微细粉	各种合金、合金混合料

目前工业方法仅有 HDH 法和钠法两种。但是钠法钛厂因早已相继关闭,迄今只有 HDH 法仍用于工业生产。离心雾化法和气雾化法主要用于生产(球形钛粉或)球形钛合金粉,但生产批量不大,可以认为是批量生产。各种生产方法概要分述如下。

8.2.2.1 四氯化钛镁还原法

在四氯化钛镁还原工艺中,总会得到一种副产品——等外钛粉。这种钛粉约占海绵钛产品的百分之几,其数量可观,粒径小于 0.83 mm 的钛粉可直接应用。用镁还原—真空蒸馏工艺生产的海绵钛,由于受长时间高温烧结,钛粉质量差,所占比例相应较少。因此,四氯化钛镁还原法不是制取钛粉的好方法,仅获得副产品——等外钛粉。

8.2.2.2 四氯化钛钠还原法

钠还原法包括一段法和二段法两种工艺。从制取粉末的角度考虑,采用二段法更为合适。但无论采用何种工艺,钠还原法在生产海绵钛的同时,可以获得占海绵钛重量约 10% 的钛粉,这是因为该法除盐精制时采用水洗法,还原产品避免了长时间高温烧结。

如果采用一段法工艺制取钛粉,其原则流程同制取海绵钛流程相同。其主要工艺过程为:

$TiCl_4$、钠]→还原→取出→初碎→研磨→浸出、水洗→干燥→筛分→混合→组批包装→商品钛粉

为了制得更多的钛粉,在原生产海绵钛工艺的基础上加以改进,现将几个主要作业改进后的操作条件介绍如下。

A 还原

为了制得颗粒小的粉末钛,钠还原 $TiCl_4$ 的反应需在较高的温度下(800~850℃)进行,反应器压力应控制低一些,以利于生成针形细结晶。另外,应尽量除去还原产品中残留游离的金属钠,因为金属钠在其后的粉碎过程中容易着火。为此,在还原中要适当减少钠的过量。

B　取出

反应产物中钛与 NaCl 的重量比约为 1∶5。把这种含有大量 NaCl 的反应产物直接进行粉碎会影响粉碎机的效率，因此在取出反应产物过程中应除去部分 NaCl，一般采用 Ti∶NaCl＝1∶1 的混合物进行研磨较为合适。

C　研磨

研磨是钠还原法生产粉末钛的关键步骤。钠还原产物是金属钛与 NaCl 的混合物，在金属钠的表面上一般覆盖一层 NaCl，在研磨过程中钛不会被杂质污染，研磨时产生的热量大部分被 NaCl 吸收，不会使钛过热和着火，从而可以避免产品的氧化。此外，NaCl 还能促进钛的粉碎，起着粉碎介质的作用。研磨设备可以采用各种碾磨机。

D　浸出、水洗和干燥

浸出、水洗和干燥过程与生产海绵钛过程基本相同。因为粉末钛具有更大的活性，因此浸出液中酸的浓度应小一些，一般可用 0.5%~1.0% 盐酸浓度的水液进行浸出。在干燥时温度应尽量低一些，同时要防止着火。

钠还原法生产的钛粉末的性质和成分见表 8-6。

表 8-6　钠还原法生产的钛粉末的性质和成分

性质和成分		级别	
		M-60	M-100
松装密度/$g \cdot cm^{-3}$		2.1±0.2	2.1±0.2
50 g 粉流速/s		62	44
硬度(HB)		120	135
粒度/mm	0.25~0.15	(32±3)%	
	0.15~0.1	(19±3)%	(28±4)%
	0.1~0.075	(17±3)%	(25±4)%
	0.075~0.04	(20±3)%	(29±4)%
	<0.04	(12±3)%	(18±4)%

性质和成分		级别	
		M-60	M-100
化学成分(质量分数)/%	O	≤0.10	≤0.12
	H	≤0.015	≤0.015
	N	≤0.01	≤0.01
	C	≤0.015	≤0.015
	Fe	≤0.02	≤0.02
	其他	≤0.28	≤0.28
	Ti	其余	其余

由此可见，钠还原法粉末产品纯度很高，特别是氧、氮、铁、碳杂质含量比其他方法低，而且流动性也好，其性能也特别适用于粉

末冶金过程，粉末制品的加工性能良好。另外，用钠还原法生产钛粉的成本比其他方法低，因为它直接利用 $TiCl_4$ 为原料。钠还原法钛粉的缺点是产品粒度较大，Cl^- 含量较高并含有少量游离钠。

8.2.2.3　二氧化钛的氢化钙还原法

该法是二氧化钛的钙还原法的改进方法，从本质上讲，还原剂都是钙，因成本高没有用于工业生产。该法的工艺过程大致如下：

TiO_2、CaH_2 → 研磨混合 → 还原 $\xrightarrow{+H_2O}$ 消化石灰 → 分离 → 酸浸出 → 水洗 → 脱水 → 干燥 → 筛分 → 混合 → 钛粉

钙在氢气流中于 400～800℃ 温度下就能生成 CaH_2，反应式为：

$$Ca + H_2 = CaH_2$$

CaH_2 容易粉碎。将 CaH_2 和 TiO_2 按配比 $TiO_2 : CaH_2 = 1:2$，经混合机研磨成均匀的粉末混合物，再加热至 900～1100℃，并通入氢气，便生成了金属钛，反应式为：

$$TiO_2 + 2CaH_2 = TiH_2 + 2CaO + H_2$$

尽管反应温度很高，但生成物仍然是均匀的固态混合物，再脱氢后的钛因被 CaO 分散而不会发生烧结，所以制得的是粉末钛。

为了分离除去钛中的 CaO，先加水消化石灰，使 CaO 水解生成 $Ca(OH)_2$：

$$CaO + H_2O = Ca(OH)_2$$

然后把已除去 $Ca(OH)_2$ 的钛粉进行酸浸出、水洗和干燥等操作，最后制得粉末钛。

由此法制取钛粉粒度：小于 0.04 mm 的为 75%、0.10～0.04 mm 的为 25%。其杂质含量（质量分数/%）为：Fe 0.20～0.35，O 0.10～0.25，H 0.20～0.40，C 0.02～0.04，Ca 0.05～0.08。

CaH_2 还原 TiO_2 制取的粉末钛粒度细，但纯度稍差，特别是氧、氮含量较高。但因成本高，未被工业应用。

8.2.2.4　电解法

熔盐电解 $TiCl_4$ 或者残钛可溶性阳极电解精炼的阴极产物都是金属钛与盐的混合物，在金属钛表面上都覆盖着一层氯化物盐层，这种混合物可用上述钠还原产物相同的处理方法，即经过研磨→酸浸出→水洗→干燥→筛分等处理来获得高纯度粉末钛。

制取钛粉的电解过程与一般电解制取海绵钛过程基本相同，所不同的是要控制利于生成细结晶产物的电解条件。

$TiCl_4$ 电解法是一步还原法。电解精炼法可利用各种残钛为原料。电解法生产的钛粉成本较低，产品质量较高，所以电解法是生产钛粉有可能的方法之一。但产品的 Cl^- 含量较高，其机械加工性能不如钠还原法钛粉末，其杂质含量见表 8-7。此法尚未用于工业生产。

表 8-7　电解法钛粉末的性能及杂质含量

方法	国家	粒级/mm	硬度(HB)	杂质含量(质量分数)/%						
				Fe	Cl	N	O	C	H	Al
电解精炼	中国	5~0.63	120	≤0.06	≤0.06	≤0.03	≤0.06	≤0.02		
		0.63~0.18	120	≤0.06	≤0.06	≤0.03	≤0.06	≤0.02		
		<0.18		≤0.08	≤0.06	≤0.03		≤0.03		
	前苏联	0.5~0.08		≤0.18	≤0.02 (Si)	≤0.04	≤0.09	0.02		15~20
电解	中国	0.5~0.18		约0.06			约0.06	≤0.02	约0.04	
		<0.18		约0.10			约0.15	≤0.02	约0.04	

8.2.2.5　直接粉碎法

（1）镁还原法制取的等外海绵钛和海绵钛产品筛下物（这些筛下物即粗钛粒粉末）用普通球磨机直接研磨粉碎，获得等外钛粉。这便是最简单的直接粉碎法。但这种方法必须针对有脆性的等外钛粒才有效，对韧性好的等级海绵钛无效，而且效率低，只能获得较粗的钛粉，杂质氧和铁含量都高。

(2) 还有一种方法是将金属钛,如海绵钛、钛锭、残钛切屑,经过表面净化和干燥后,在惰性液体中(如液氮)冷却至 -129℃,利用其低温脆性在磨碎机中磨碎,最后经过磁选、筛分等过程便可获得粉末钛。用这种方法制取的粉末钛,由于在磨碎过程中容易被空气、粉碎设备所污染,因此产品纯度不高,特别是氧和铁含量较高。如钛或钛金属屑经冷却至 -130℃在涡旋研磨机中研磨,便能提高钛粉的质量,所制取钛粉性能见表 8-8。该法应用较少。涡旋研磨机结构示意图如图 8-1 所示。

表 8-8　直接粉碎法制取的钛粉性能

粉末形状	相对密度/%	50 g 粉流动时间/s	氧含量(质量分数)/%	铁含量(质量分数)/%
层片状	31	86	0.18~0.20	0.135

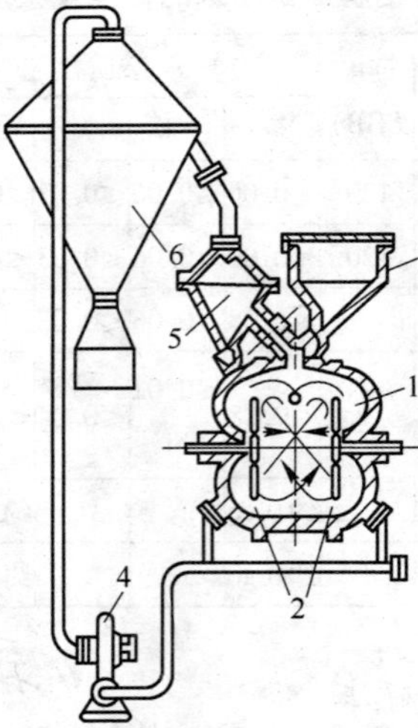

图 8-1　涡旋研磨机结构示意图

1—研磨室; 2—螺旋桨; 3—料斗; 4—风机; 5—集粉箱; 6—空气分离器

采用涡旋研磨机比球磨机效率高很多,一方面低温海绵钛有脆性,另一方面涡旋研磨机对韧性好的金属也可粉碎,效率高。但只适宜用粗钛粉和小块钛屑研磨,它可以获得较细的钛粉。

(3) 机械合金化(MA)。机械研磨技术进一步发展,到目前最先进的工艺是使用搅拌球磨机或其他高能球磨机。这种球磨机可外加能量,通过转子搅动,强迫加入磨机中的物料和研磨球快速又强烈相互旋转发生研磨的同时,又使物料逐渐混合而且合金化。由此,发展成一种新工艺,它就是机械合金化。

机械合金化是使用高能球磨机通过强力研磨的工艺,可以制取钛基合金粉末。它是将钛基化合物或混合粉末和研磨介质(通常为淬火钢球)装入球磨机中,充氩保护(通常还需加入少量工艺控制剂,防止研磨时冷焊),开机研磨。此时粉末颗粒经过反复焊接—断裂—焊接连续不断的过程,不断磨细并逐渐混合,可以制取出粒度很细的合金化粉料。这种高能球磨机结构如图 8-2 所示。

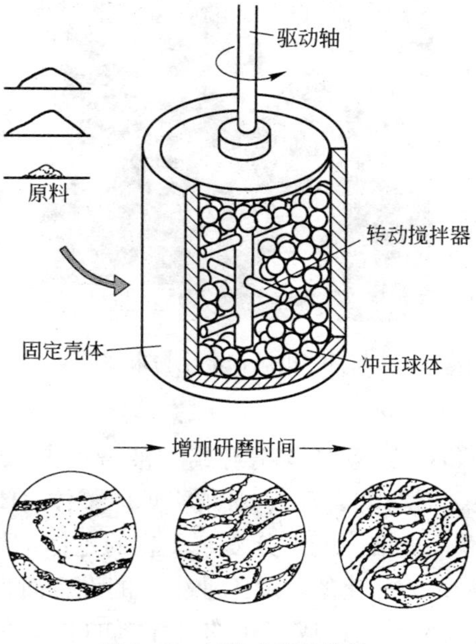

图 8-2　高能球磨机结构

这种工艺最大的优点是将需要研磨的物料可按任意比例搭配,可以是单一合金料,也可以是各种混合物料。另一个长处是获得的粉料粒度特别细。因此,用该工艺可以制取微细物料。许多学者正在用它研发钛基复合材料,包括研制纳米结构的金属间化合物和复合材料,如 Ti-6Al-4V/SiC、钛铝化合物/钛硅化合物;还包括研制非晶、微晶、准晶和纳米粉末。图 8–3 是该法制取的一种粉末($TiAl/Ti_5Si_3$)的显微结构,原料粉为氢化法钛粉和母合金粉按比例混合,生产的粉末混合物含有 66%(体积分数)TiAl 和 34%(体积分数)Ti_5Si_3。

图 8–3　机械合金化粉末举例

8.2.2.6　气雾化

气雾化(TGA)是将熔体喷射成小液滴而制取粉末的工艺。对于制取活性金属粉末而言,它必须将炉体整体封闭并充氩保护。这样的话,气雾化炉结构就十分复杂。它的主体结构如图 8–4 所示,而且这还是大为简化的。就工业生产的设备而言,还需要有预抽真空的真空系统以及造成雾化的气体氩的收集—净化系统,并要能使氩循环使用,以降低工艺的生产成本。气雾化工艺中用真空感应熔化炉和水冷铜坩埚装入钛料熔化的装置是适宜的,因为它可以产生强感应磁场,对熔体产生搅拌,有益于熔池内各成分均

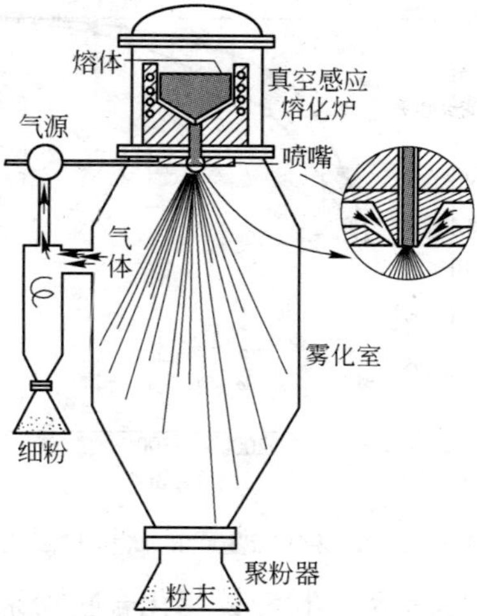

图 8-4 气雾化炉的主体结构

匀化。其中,喷嘴是预先设计好的精细又关键的部件。在喷嘴处,雾化时,气体的迅速膨胀可将从坩埚底部落入雾化室的熔体流线击碎,形成粉末落入雾化室底的聚粉器中。该工艺的灵活性很大,很有吸引力,制取的粉末呈球形、流动性好;平均粒径较大(粉末显微组织如图 8-5 所示,粒度分布如图 8-6 所示);质量好、纯度

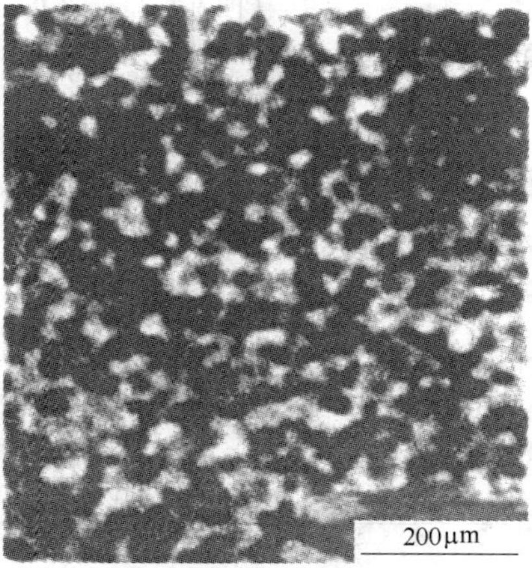

图 8-5 气雾化 Ti-48Al-2Cr-2Nb(摩尔分数/%)粉末的显微组织

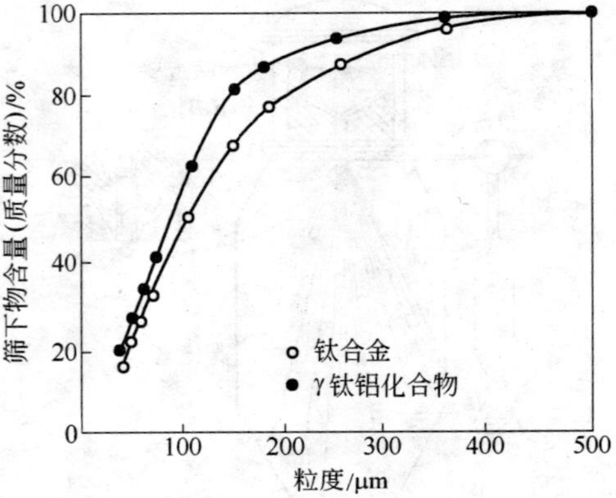

图 8-6　用气雾化法生产的钛粉的粒度分布

高,间隙元素低。在产品钛粉和钛铝化合物粉末中,平均达 w(O)≤0.08%、w(C)≤0.015%、w(N)≤0.01%。它们和原料相比,C 和 N 都未增加,仅 O 增加了 0.02%。从图 8-7 和图 8-8 中列出

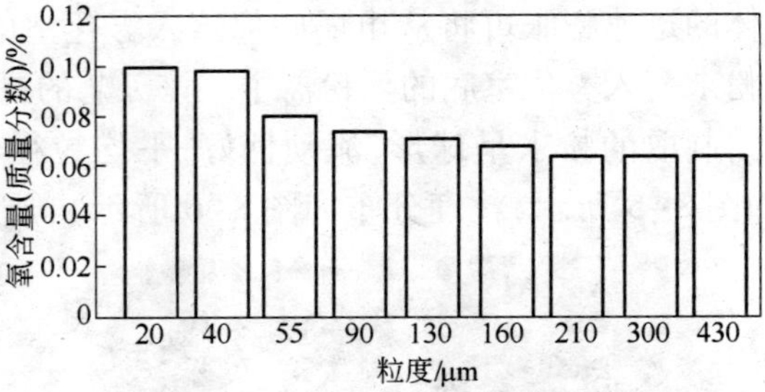

图 8-7　粒度对气雾化 Ti-6Al-4V 粉末氧含量的影响

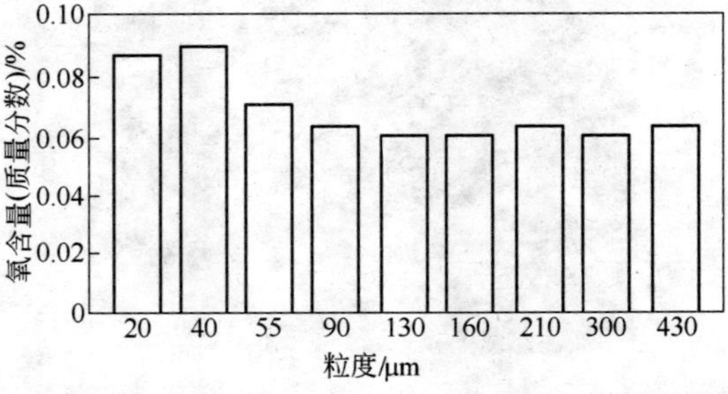

图 8-8　粒度对气雾化 Ti-48Al-2Cr-2Nb 粉末氧含量的影响

的钛合金中各种粒级产品的氧含量值可看出,仅细料氧含量稍有增加,整体上粒度氧含量没有增加,产品质量是好的。

气雾化工艺已生产出纯钛粉、TC4 等合金粉、Ti_3Al(α_2 相)和 TiAl(γ 相)钛铝化合物合金粉。这些粉末固结后的显微组织十分均匀。其中 γ 钛铝化合物合金粉末将用粉末冶金加工成飞机发动机零件,正在开发将它用热等静压板坯生产 γ 钛铝化合物合金薄板的工艺。这种薄板的强度和伸长率与由铸锭生产的相当。曾对此板材用作 F-119 发动机内壳体做过评估,以便于正式使用。还正在考虑用该工艺制备钛基复合材料,应用于飞机发动机各种零件中。

在众多的气雾化工艺中,还有一种内部混合雾化装置。它是将气体与金属熔体在压力下混合,在进入真空雾化室的喷嘴出口处产生膨胀与雾化。这种工艺称为真空雾化法。

真空雾化法是间隙性生产方法,产品呈球形,洁净且纯度高。真空雾化设备如图 8-9 所示。下面是熔化(真空感应)室,上面是粉末收集筒。其原理是在真空负压力作用下,使气体过饱和的熔融金属(气体和熔融金属混合)突然喷入真空室中,这时气体膨胀并从熔液中析出,同时将液体金属雾化。钛只能使用氩气来雾化。

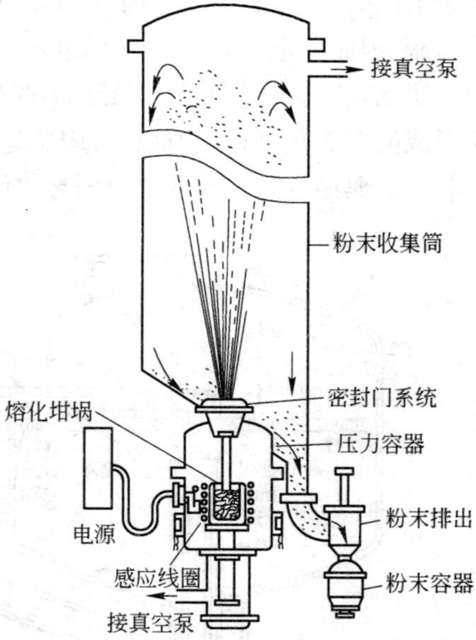

图 8-9　真空雾化设备示意图

真空雾化法使用的氩气少,但设备复杂,投资高,同时还存在一些技术问题,如喷嘴腐蚀问题需要解决。

8.2.2.7　离心雾化

离心雾化是利用离心力将金属熔体破碎，并用雾化状液滴甩出，之后凝固成粉末颗粒。一般来说，离心雾化比气雾化的能量效率高。但和气雾化相比，离心雾化生产的粉末的粒度分布范围要窄得多。

离心雾化设备包括旋转盘雾化和旋转电极雾化，实际工艺包括快速凝固速率工艺和旋转电极雾化工艺。

A　快速凝固速率（RSR）工艺

RSR 工艺是采用一个水冷高速旋转圆盘（转速约为 24000~54000 r/min）将熔融金属流破碎，当被粉碎的金属液滴离开旋转圆盘边缘时，受到高压氦气的再次粉碎和冷凝，所获粉末的平均粒度小于 100 μm。由于它以大约 10^6℃/s 的速率冷却被雾化的熔融金属液滴，因而能把高温时液态元素均匀组合体保留于室温下，从而细化了晶粒，防止了合金化元素的显微偏析，也消除了通常铸造时所形成的有害化合物。所以，可用快速冷凝粉末制取呈球形的高合金制品。典型的第一代快速凝固雾化设备示意图如图 8-10 所示。

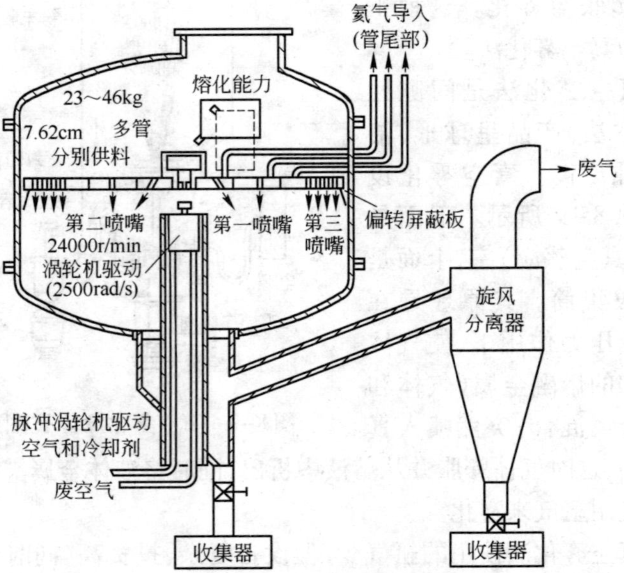

图 8-10　第一代快速凝固雾化设备示意图

第二代设备包括氦再循环的闭合回路,较高的雾化速度,并使熔化能力提高2倍;第三代设备保持了这些特点,熔化能力提高到900 kg。

据报道,用该工艺曾研制过钛及钛合金粉。将该工艺制取的粉末再经加工后获得的材料性能见表8-9。

表8-9 快速冷凝钛合金的性能

合金类型	抗拉强度 σ_b/MPa	屈服强度 σ_s/MPa	弹性模量 E/GPa	伸长率 δ/%
Ti	425	307	90	26.8
Ti-2.0Er	547	462	92	25.1
Ti-0.3Nd	667	553	95	18.4
Ti-0.5B	705	518	126	11.0
Ti-6Al-3Ni	1008	910	115	6.0

注:加工工艺为真空热压(800℃)+等温锻造(800℃)+轧制或退火。表中数据为25℃测定的性能。

B 旋转电极雾化工艺

这是一种借助于离心力将熔融钛液粉碎的方法,包括旋转电极法、旋转圆盘法和旋转坩埚法。由于在熔融状态时钛的活性很大,必须在惰性气氛下将钛局部熔化,利用离心力使之沿径向抛出,冷却后成球形颗粒。为了获得高温热源,可以利用电弧、电子束和等离子弧三种热源自然组合出多种方法。尽管设备结构有异,但其基本原理是相同的。

早期的旋转电极法(REP)是以电极产生的电弧为热源的,旋转电极的直径为25~75 mm,电极可以铸造、压制或轧制而成。电极的旋转速度为10000~30000 r/min,能够制取40~500 μm的粗钛粉。粉末的粒度随着电极旋转速度增大而变小,也随电极直径的增大而变小。但还不能用这种方法生产出粒度小于40 μm的细粉。例如当电极直径为63.5 mm、旋转速度为22500 r/min时,得到的粉末90%小于177 μm;当电极直径为31.75 mm、旋转速度为17000 r/min时,仅有30%的粉末小于177 μm。

目前常采用的方法是等离子体旋转电极法(PREP),该方法所用设备又分为长棒料和短棒料两种。采用PREP的好处是生产的钛粉不会像REP那样被阴极钨污染。表8-10、表8-11列出

表 8-10 离心雾化 Ti-6Al-4V 粉末的成分

国家	粉末类型	化学成分(质量分数)/%								
		Ti	Al	V	Fe	Si	C	N	O	H
中国	REP	余量	6.18	3.8	0.16	0.04	0.04	0.013	0.14	0.018
	PREP	余量	6.15～6.20	3.84～4.24	0.068～0.88	0.03～0.04	0.03～0.04	0.051～0.062	0.11～0.15	0.005
美国	REP	余量	5.8	4.4	0.08		0.02	0.010	0.116	0.0048
	PREP	余量	5.50～6.75	3.50～4.50	0.30		0.10	0.050	0.13～0.20	0.0125
法国	EBREP	余量	6.0	3.9	0.12		0.05	0.013	0.18	<0.005
德国	EBRD	余量	6.0～6.15	4.0～4.10	0.19～0.21		0.0096	0.004～0.007	0.13～0.15	0.0005～0.0008

表 8-11　离心雾化 Ti-6Al-4V 粉末的工艺性能

国　家	粉末类型	松装密度 /g·cm⁻³	松装密度的相对密度/%	摇实密度 /g·cm⁻³	摇实密度的相对密度/%
中　国	REP	2.81	63.4	2.94	66.0
	PREP	2.76	62.4	2.91	65.7
美　国	REP	2.65	60	2.90	65
	PREP		60		65
法　国	EBREP		65~67		

了几种离心雾化法制取的 Ti-6Al-4V 粉末的成分和工艺性能。典型的离心雾化法工艺装置如图 8-11 和图 8-12 所示。

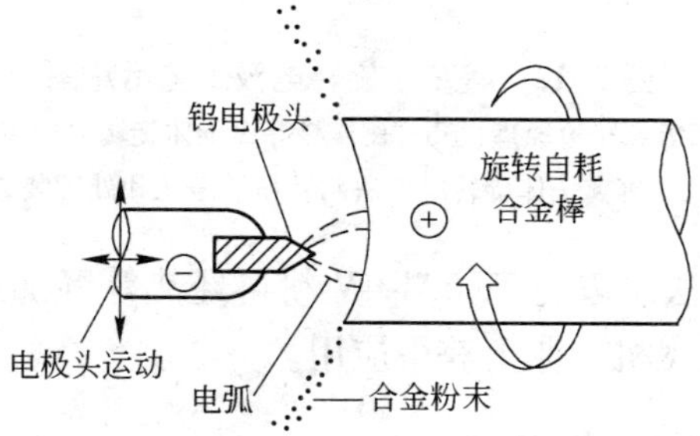

图 8-11　旋转电极工艺示意图

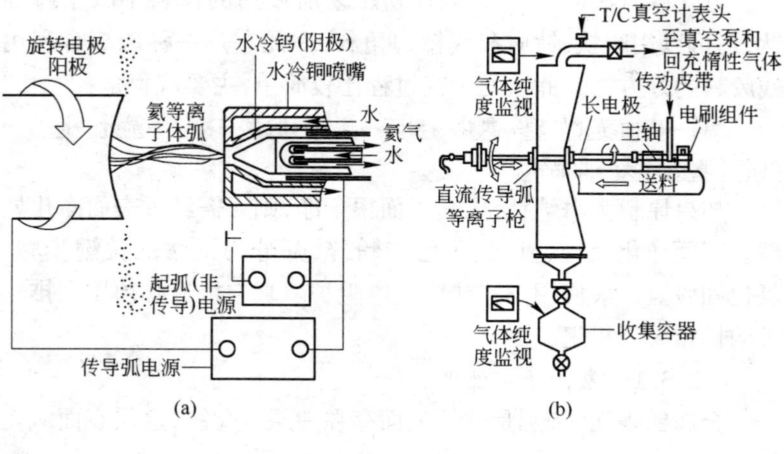

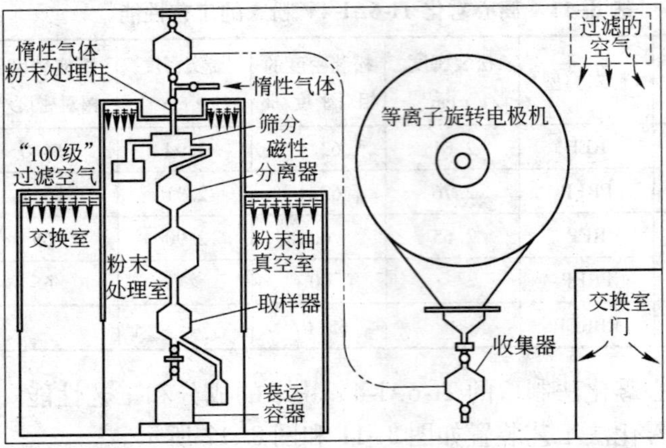

(c)

图 8-12 等离子旋转电极工艺示意图

(a) 传弧等离子枪原理；(b) 长棒料等离子体旋转电极装置设备；

(c) 等离子体旋转电极法制钛粉的净化和处理装置

用 PREP 法制取的 Ti-6Al-4V 粉再经热等静加工成的钛合金零件已正式在飞机工业上获得应用。

8.2.3 氢化脱氢法制取钛粉

氢化脱氢法(HDH)制取钛粉工艺所使用的钛料不限于海绵钛,还可以用废钛、钛屑和残钛边角料,因此它是一种能综合利用残废料的好方法。此法的工艺过程比较简单,主要流程是:

钛料→表面净化处理→氢化→粉碎→筛分→脱氢→粉碎→筛分→混合→组批→真空封装→商品钛粉。

如果原料为海绵钛,因其表面很干净,则无需经过表面净化处理。表面净化处理、氢化、脱氢和粉碎、筛分为该法的关键步骤。氢化和脱氢一般使用竖式或卧式电阻炉。真空机械必须用大排气量的机械泵或机组。

8.2.3.1 表面净化处理

金属钛表面,特别是残钛表面存在一层氧化膜,这层表面氧化膜对钛的吸氢速度影响很大，它的影响程度取决于生成氧化膜时的温度。因此，在进行氢化之前，一般需要进行表面净化处理。

为了消除表面氧化膜对吸氢过程的影响，可把钛在真空中或氢气中加热处理，当加热至700~850℃时，钛表面的氧化物开始向金属内部扩散，经过处理后钛的吸氢速度大为增加。但这种方法在加热处理时氧化膜中的氧并未消除，而是进入金属内部，这不仅会降低氢向金属内部的扩散速度，而且氧会进入最终产品中去，从而降低了产品质量；同时加热处理过程中钛的颗粒也会引起某种程度的烧结，降低它的吸氢速度。

比较合理的消除钛表面氧化膜的方法是化学处理法。首先把它放在含有2%氢氧化钠的NaOH溶化物中加热至330~425℃，处理15 min，此时钛表面的TiO_2被还原为TiO，生成的TiO又同碱反应：

$$TiO + 2NaOH = Na_2TiO_3 + H_2$$

经过这样处理的钛表面变为松散的多孔状，它很容易溶于含有HF或NaF的硝酸或硫酸溶液中。经过酸溶的钛表面氧化膜将完全消除。但是，在进行上述化学处理时，应尽量减少钛的损失。如果表面污染不严重，则无需进行这种处理，但必须清洗干净，除去油污。如果氧化膜较厚，应采用稀的HF-HNO_3混合液酸洗清除。酸洗时，反应很剧烈，必须尽量减少钛的溶解损失，及时取出用水洗涤。

如果氧化膜很厚而成为氧化皮时，必须先铲除氧化皮。可用的方法是喷砂等机械方法，然后用酸洗法清除氧化膜。

8.2.3.2 氢化

A 钛氢脆性的本质

钛的氢化是钛吸收氢的过程，也就是钛加氢合成反应：

$$Ti + H_2 = TiH_2$$

反应可以自发进行，生成物TiH_2是一个非计量假氢化物，具有脆性。

钛低温(低于882.5℃)时的稳定态为α型，属密排六方晶系，配位数12，晶格常数 $a=0.29503$ nm，$c=0.46832$ nm，它可形成八面体间隙和四面体间隙两种构型。它们的间隙半径分别为 $r_8=0.12$ nm，$r_4=0.066$ nm。因为氢原子半径小，$r_H=0.046$ nm，所以易进入钛的晶格间隙内，形成间隙固溶体。

金属实际上为多晶体，它由无数晶粒构成，晶界的间隙很小，且金属晶体内存在许多缺陷——空穴和位错，因而氢原子进入这一不完全均匀的体系中，优先占据空隙大的位置，即先占据缺陷，其次进入晶界，最后才进入晶格内部空隙中。因此，从微观上讲，钛各处所吸氢的浓度是不均衡的。

钛在吸氢过程中，随着溶入氢量的增加，其基体的晶格常数逐渐增大，达到 Ti_2H 时仍为原结构，但晶格常数增大到 $a=0.311$ nm，$c=0.501$ nm。显然，所吸附的氢还未达到 Ti_2H 的 Ti-H 系，仍为间隙固溶体。当钛溶入更多的氢时，即转变成 β 相。该相晶格常数为 $a=0.4397$ nm，原子间距为 $r=0.3109$ nm。当钛继续增加溶氢量，并在高氢浓度富集处析出 TiH_2 时，晶格类型便变成 γ 型面心立方体，晶格常数 $a=0.4460$ nm，原子间距增加到 $r=0.3154$ nm。

不论氢化钛的点阵结构如何变化，金属原子间距 r 随氢含量增加而增大，并引起点阵的弹性畸变，造成体积增大。

氢化钛晶体之所以被解理，是由于它的各个方向连接力的强度变化所致。当钛和氢生成 TiH_2 后，体积比基体膨胀了15%，并使基体的晶格发生严重的扭曲变形，产生了内应力。当晶界处析出的氢化物形成连续的网状结构时，产生了连续的拉伸内应力，这种拉伸内应力远远大于金属键力，使金属的塑性遭到破坏。氢化钛的解理面常在有 TiH_2 析出的连续路线上，当遇到外力捶击时很易解理，甚至氢化过程中热胀冷缩力也使其自裂粉碎，这便是氢脆性的本质。TiH_2 是脆性相，随着基体出现许多裂纹，开裂出新的内表面，又进一步加速了它的吸氢。吸附高浓度氢的氢化钛（即 TiH_2）块体，其外表明显地出现连续网状裂纹。

氢化钛解理的难易程度决定于其氢含量，氢含量越高越易粉碎。纯钛氢含量(质量分数)一般超过1.8%~2.0%方能粉碎;钛合金氢含量(质量分数)则超过2.0%~2.3%方能粉碎。

B　吸氢机理

钛吸氢属"气—固"类反应。反应首先涉及钛表面。氢化过程由下列过程组成:

氢分子向钛表面扩散→氢分子被钛表面吸附→氢分子解离为氢原子→氢原子透过钛表面层→氢原子向钛基体内部扩散→氢原子溶入钛晶格中

这是个连串过程,扩散为控制环节。此时氢原子是逐个溶入钛中的,所以氢化反应历程为:

$$\frac{1}{2}H_2 = H$$

$$Ti + H = TiH$$

$$TiH + H = TiH_2$$

经推导得:

$$\frac{dW_{TiH_2}}{dt} = KAp_{H_2}^{0.5} \tag{8-1}$$

积分后得:

$$W_{TiH_2} = KAtp_{H_2}^{0.5} \tag{8-2}$$

同时,按亨利定律导出与式8-2吻合的氢的溶解度(S)式:

$$S = S_0 p_{H_2}^{0.5} \exp(-q_s/2RT) \tag{8-3}$$

或

$$\ln S = \ln S_0 + 0.5\ln p_{H_2} - q_s/2RT \tag{8-4}$$

式中　S_0——溶解度常数;

A——反应比表面积;

q_s——溶解热。

C　氢化动力学

a　钛料的性状

钛的氢化阻力首先与钛的表面氧化膜性状有关。因该膜很致密,成为氢穿透钛的有效障碍层,为此必须清除这层氧化膜。

针对不同膜层性状采用不同的清除方法。带油污的钛料，如不进行净化处理，在氢化过程中，油污高温分解，析出的碳黏附在钛表面上，成为钛表面障碍层，降低钛表面有效表面积，进而降低氢化速率。

钛料的几何尺寸对氢化也有影响。由动力学方程式可知：

$$\frac{dW_{TiH_2}}{dt} \propto A$$

钛料的比表面积越大，越易氢化，反之亦然。

钛料的组成对氧化过程的影响尤为重要。纯钛易氢化，钛合金稍差，其中 Ti-17(即 Ti-5Al-2Sn-2Zr-4Cr-4Mo)不能氢化制粉，其原因尚不清楚。

b　氢气压力和纯度

当温度一定时，由式 $S \propto p_{H_2}^{0.5}$ 知，钛的氢化速率与氢压存在抛物线关系。但由于钛在氢化过程中，随着吸氢量的增加相态发生变化，从 α→β→γ 相，在 α、β、γ 单相区钛的氢化速率与氢压基本上仍存在上述关系。而在混合相区内，如 α + β 或 β + γ 则比较特殊，即使氢压不变，钛的吸氢量仍会增加很多。总地来说，加大氢压能使钛的吸氢速率增加。

工艺上为了兼顾高温下反应器的安全性能，常采用约 0.2 MPa 的氢压。

温度和氢压对钛吸氢量的影响如图 8-13 和图 8-14 所示。

氢的纯度对钛的氢化速率也有影响，不纯氢含多量的氧、氮和水等杂质，在氢化时，这些杂质都被钛吸收，并同时会形成新的 TiO 或 TiH 表面膜，阻碍钛的氢化。

c　温度效应

在氢的溶解度公式中，因放热反应时 q_s 为负值，当氢压为常数时，$\lg S \propto \frac{1}{T}$，这与图 8-13 所示 Ti-H 系状态图所反映的规律也是一致的。这种情况在 α、β、γ 单相区尤其如此，而在 α + β、β + γ、α + γ 混合相区则属例外。但总地来说，随着温度下降，钛的氢

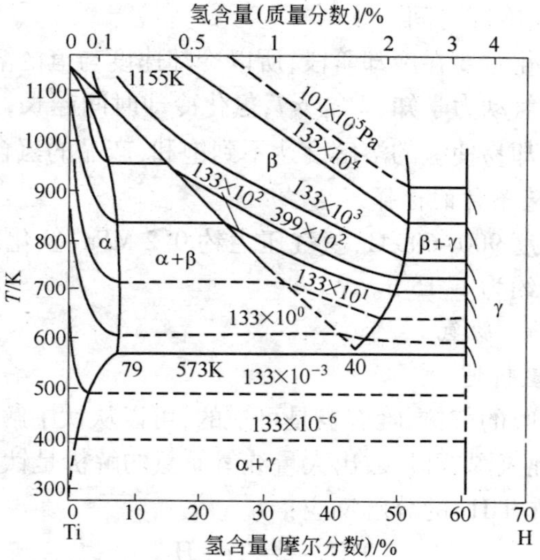

图 8-13 Ti-H 系状态图

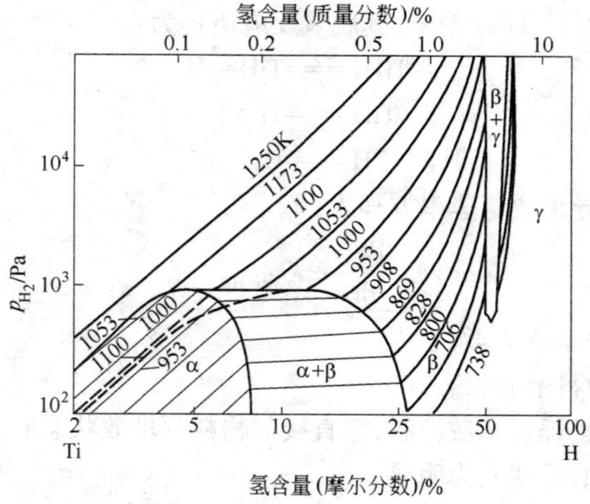

图 8-14 Ti-H 系的 p-T-x 图

含量增加。钛的吸氢主要是在降温过程中进行,直至室温仍可吸氢。

d　氢化冷却时间

钛的氢化主要在冷却阶段，所以冷却速度与氢的溶解度有关。

由钛吸氢动力学知，$W_{TiH_2} \propto t$，氢化冷却时间越长，其吸氢量越多。快速冷却易使氢的溶解度达不到饱和，产品的氢含量低。

D　工艺条件的选择

氢化温度900~600℃，氢气压力约0.2 MPa，氢化冷却时间按不同的批量约为1~15 h。

8.2.3.3　脱氢

A　脱氢机理

被钛吸收的气体，唯有氢是可逆的，可以从钛中解析出来。由于TiH_2是纯氢源，可释放出大量纯氢。氢的解析是钛的氢化逆反应，也可看作TiH_2的分解反应：

$$TiH_2 \rightleftharpoons Ti + H_2$$

氢从钛中的解析与钛氢化过程的步骤相同，方向相反，扩散仍是它的控制环节。

粉碎好的TiH_2粉末，其脱氢反应历程为：

$$TiH_2 = TiH + H$$

$$TiH = Ti + H$$

$$2H = H_2$$

由此导出脱氢速率方程为：

$$\frac{dW_{Ti}}{dt} = K'Ap_{H_2}^{-0.5} \tag{8-5}$$

B　脱氢动力学

a　物料堆放状态

脱氢过程属扩散控制，它直接与物料的堆放状态有关，这种情况在脱氢的后期尤为明显。

脱氢是一个可逆过程，每个TiH_2粒子不仅脱氢，同时也吸氢。此时，粒层中的粒子又起着传递氢的功能。由于气相的扩散速率远远大于金属内部的扩散速率，在料层薄、疏松、孔隙多的情况下，氢的扩散能借助于粒层中孔隙中的气相传递，大大地提高了脱氢速率。

理想的物料放置状态是物料处于不断地翻动中，此时粒层内的粒子总有机会处于物料的表面层，消除了粒层中浓度梯度，提高了氢的扩散速率。

b　氢气压力

由速率方程式$\frac{\mathrm{d}W_{\mathrm{Ti}}}{\mathrm{d}t} \propto p_{\mathrm{H_2}}^{-0.5}$可知，脱氢速率与环境氢气压力的平方根成反比。欲提高脱氢速率和降低钛中的氢含量，必须降低氢气压力。降低氢气压力的程度主要取决于所用的真空设备，为此需选用排气量大且能达到合乎真空度要求的真空机械。

c　温度

在氢的溶解度（S）式8-3和式8-4中，q_s在吸热时为正值，当氢压力为定值时，$S \propto \exp\left(-\frac{1}{T}\right)$，这说明随着温度的增高，氢的溶解度会降低。即在α、β、γ区内，氢的溶解度与温度呈指数关系，随温度的增加，溶解度急剧下降。在混合区α+β或β+γ内则例外。温度对氢溶解度的影响比氢压的变化更为明显。

温度达300℃时开始脱氢，达500℃时便可脱除大部分氢，但钛中总会残留少量氢。由此可见，即使在高温（1000~1100℃）下，脱氢也不完全。因此，通常脱氢过程是在真空中进行的，以降低脱氢温度。在真空中于600~800℃下便可使产品中氢含量小于0.10%。

因为脱氢过程伴随着钛粒间的烧结，烧结的牢固性取决于脱氢温度、时间和颗粒间所承受的压力。为了减少颗粒间的压力，氢化钛料层厚度通常在50~100 mm之间，有时还可以氢化物中加入分散剂（如NaCl等），以减少烧结的发生。分散剂可在脱氢后浸出除去。

C　工艺条件的选择

所选择的工艺条件既要保证脱除产品中的氢，又要避免钛粉遭受烧结。兼顾这两者，脱氢温度宜选在500~800℃。脱氢终点的确定按钛粉质量要求选定。

8.2.3.4　粉碎和分级

粉碎作业是将固体物料破碎,需要抗拒固体的内聚力,使其分裂成细粒,从而增加了物料的表面积。

无论是 TiH_2 块还是脱氢后被黏结的钛料,都是比较容易粉碎的,仅用一段粉碎机械即可完成。实际作业时,常按照不同要求的产品使用不同的设备。为了获得理想的粒级产品,必须建立粉碎机—分级机组合的装置,即建立闭路粉碎系统。该系统如图 8-15 所示。

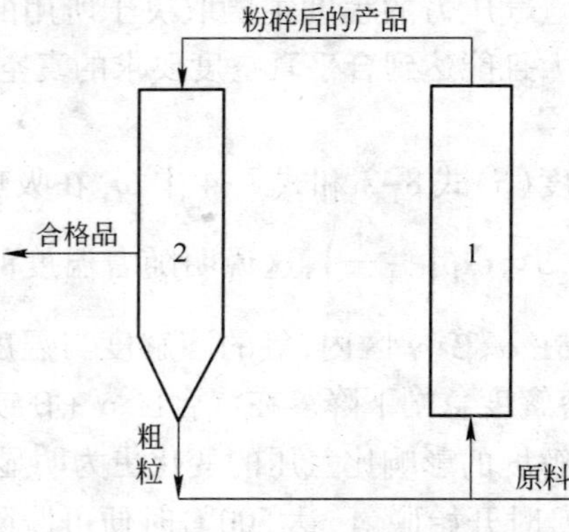

图 8-15　粉碎—分级闭路系统
1—粉碎机械; 2—分级机械

当制取粗粒或细粒产品时,可用球磨机干磨—干筛系统粉碎分级。如果制取微粉产品,则宜采用球磨机湿磨—流体分级器系统粉碎分级。表 8-12 列出了几个国家标准筛比较。

表 8-12　标准筛比较表(细粒用$\sqrt{2}$系列)

日本 JIS Z8801—1966	美国 ASTM E11—70		泰勒筛	英国 BS 410—1976	
筛孔尺寸/μm	筛孔尺寸/μm	筛号	筛号	筛孔尺寸/μm	筛号
5660	5600	$3\frac{1}{2}$	$3\frac{1}{2}$	5600	3
4760	4750	4	4	4750	$3\frac{1}{2}$

续表 8-12

日本 JIS Z8801—1966 筛孔尺寸/μm	美国 ASTM E11—70		泰勒筛筛号	英国 BS 410—1976	
	筛孔尺寸/μm	筛号		筛孔尺寸/μm	筛号
4000	4000	5	5	4000	4
3360	3350	6	6	3350	5
2830	2800	7	7	2800	6
2380	2360	8	8	2360	7
2000	2000	10	9	2000	8
1680	1700	12	10	1700	10
1410	1400	14	12	1400	12
1190	1180	16	14	1180	14
1000	1000	18	16	1000	16
840	850	20	20	850	18
710	710	25	24	710	22
590	600	30	28	600	25
500	500	35	32	500	30
420	425	40	35	425	36
350	355	45	42	355	44
297	300	50	48	300	52
250	250	60	60	250	60
210	212	70	65	212	72
177	180	80	80	180	85
149	150	100	100	150	100
125	125	120	115	125	120
105	106	140	150	106	150
88	90	170	170	90	170
74	75	200	200	75	220
63	63	250	250	63	240
53	53	270	270	53	300
44	45	325	325	45	350
37	38	400	400	38	400

粉碎作业常用球磨机,它的效率低,粉碎时约 95%~99% 的能量转换成为热能散失掉,仅有百分之几的能量成为固体粒子的表面能。

球磨机的粉碎速率$\left(\frac{\mathrm{d}W}{\mathrm{d}t}\right)$与粉碎机械的效率($\eta_{\mathrm{m}}$)和颗粒的粉碎能力(即易碎性 Γ)成正比,它们之间有下列关系:

$$\frac{\mathrm{d}W}{\mathrm{d}t} \propto \eta_{\mathrm{m}}\Gamma \tag{8-6}$$

从式 8-6 可以看出,η_{m} 随 Γ 的变化也有变化。实践表明,当增加球重和加大粉碎力时,粉碎速率也急剧增大,这是因为 Γ 增大的缘故。

粉碎球的碰撞效率 P_{g} 可表述为:

$$P_{\mathrm{g}} = Kd_{\mathrm{b}}^{-m}d_{\mathrm{p}}^{-n} \tag{8-7}$$

式中,$0 \leqslant m \leqslant 1$;$1 \leqslant n \leqslant \mathrm{e}$;$d_{\mathrm{b}}$ 和 d_{p} 分别为粉碎球直径和粉粒直径。d_{b} 和 d_{p} 存在下列关系:

$$d_{\mathrm{b}}^{2} = Kd_{\mathrm{p}} \tag{8-8}$$

由此可见,欲取得良好的粉碎效率,必须选用最佳的球磨参数,如选择适宜的转速和球料化、球径的大小和搭配比例。为防止产品被铁污染,必须使用全钛结构的球磨罐和球。

在粉碎时,特别是制取微细钛粉时,由于研磨时间很长,造成大量能量的积蓄,球磨罐内物料的温度逐渐升高,需要加入适当的粉碎辅助剂。加入的粉碎辅助剂不仅可以防止钛粉的自燃和减少钛粉的氧化,而且有助于钛粉颗粒裂缝的成长和防止颗粒凝聚,降低粉碎力。常用的粉碎辅助剂有:固体类如 NaCl 等,液体类如乙醇、水、甲醇等,气体类如氩气等。

在产品的分级中,产品粒度大于 38 μm 者宜用筛分,产品粒度小于 38 μm 者以采用水力旋流器分级为好。

8.2.3.5　改进工艺

采用 HDH 法制取的钛粉氧含量偏高。但是,经过工艺改进,精心操作,也可以获得高质量的钛粉,这种粉末常称高质量钛粉,简称为 HHDH,以区别与 HDH。HHDH 粉末质量高,氧含量低。

采用 HHDH 工艺制取的 TC4 粉末再采用热等静压工艺获得钛合金制品,其粉末的氧含量对合金力学性能的影响如图 8-16 所示;其粉末粒度对合金力学性能的影响如图 8-17 所示。从中可见,钛粉的质量,特别是氧含量和选用的粒度,对钛制品力学性能影响很大。

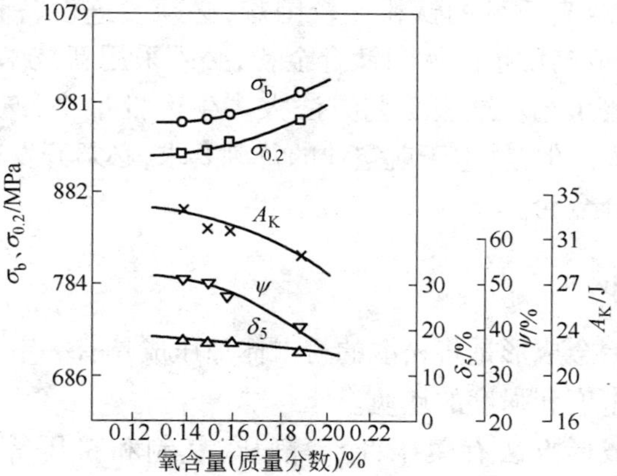

图 8-16 粉末氧含量对 HHDH-Ti-6Al-4V 合金力学性能的影响

(热等静压温度 950℃,98 MPa,2 h)

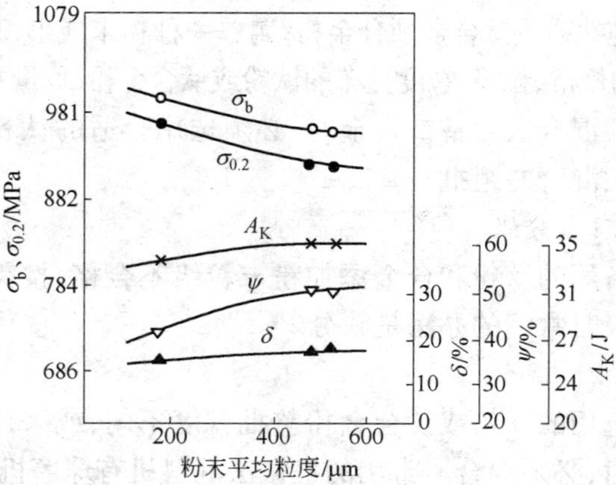

图 8-17 粉末粒度对 HHDH-Ti-6Al-4V 合金力学性能的影响

(热等静压温度 950℃,98 MPa,2 h)

8.2.4　钛和钛合金粉末质量评估

钛制品的质量首先取决于钛及钛合金粉末的质量。各种不同工艺方法制取的钛及钛合金粉末质量是不同的,相差很大。

采用 HDH 法等工业方法能制取“普通级”的钛及钛合金粉末,若要制取高质量的钛粉比较困难,必须改进设备和工艺。同时,如要制取高质量的钛和钛合金粉,必须采用新技术,像 PREP、MA、TGA 等工艺。这些工艺方法大多生产批量小、产品成本高、操作难度大。但是,迫于航空业的苛刻要求,必须开发这些高质量的钛及钛合金粉。

8.3　成形

粉末冶金成形是将松散的粉末体加压成具有一定尺寸、形状,以及一定密度和强度的坯块。

钛粉成形方法有模压、冷等静压、轧制和挤压等,还有新工艺——金属注射成形法。

8.3.1　配料

对于纯钛粉或钛合金预合金粉,属单一种粉末成形,只要按需要选用合适的规格、粒级、粒度分布的钛粉或钛合金粉,称量并组批。

用元素混合法制备钛合金时,必须选用合适的钛粉和合金添加剂,称量、混合并组批。

8.3.1.1　分级

如果备用的钛粉和合金添加粉末粒级不合格,按需要应重新分级。分级时常用的办法是筛分。

8.3.1.2　混合

如果选用的钛粉或钛合金粉整批粒度不匀,或采用两种粉末用作原料时,必须混合。常用的机械法混料机有球磨机、V 形混合器、锥形混合器、酒桶形混合器等。对于普通粒级用干混。对于细粉,特别是微粉,应采用充氩后干混,如果时间长可以湿混,常用的液体介质为酒精。这样,既安全又可保证粉末不氧化。

8.3.1.3 加添加剂

对于许多金属的粉末冶金,为了改善成形时的加工性能,常添加各种添加剂。但是钛和钛合金粉末成形时则不能加添加剂。这是因为钛在高温时化学活性很高,任何残留的添加剂都会污染产品,影响产品质量。

为了改善和减少模压时模壁和粉末的摩擦力,防止钛粉和模具间的粘连,仅在模具壁预先用硬酯酸锌等润滑,同时又可减少脱模压力,或者采用压边脱模法,防止工件和模具粘连。

8.3.2 模压成形

8.3.2.1 压制过程和原理

A 压制过程

压模压制是将松散的粉末放入压模中,经过一定压制压力形成压坯的过程。图 8-18 所示为压模示意图。当对压模中粉末施加压力后,粉末颗粒间将发生相对位移,粉末颗粒将填充孔隙,使粉末体的体积减小,粉末颗粒迅速达到最紧密堆积。

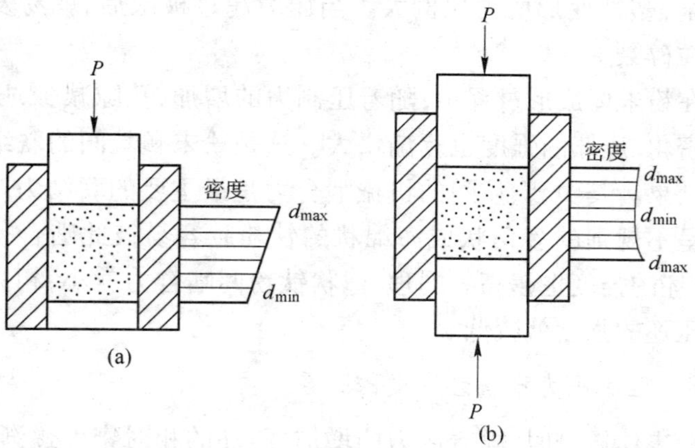

图 8-18 单向压制与双向压制的压坯密度 d 沿高度方向的分布

(a) 单向压制;(b) 双向压制

粉末体在压模内受力后,力图向各个方向流动,于是引起了垂直于压模壁的压力——侧压力。由于侧压力的作用,压模内靠近模壁的外层粉末与模壁之间产生摩擦力,这种摩擦力的出现会使压坯在高度方向有明显的压力降。对于单向压制而言,压模内粉末体压力分布不均匀,上端压力大、底端压力小,并造成了压坯各个部分的密度也不均匀。

压制过程中,粉末颗粒要经受着不同程度的各种变形,并积集了很大的内应力。当去除压力时,由于内应力的作用,压坯会力图膨胀。这种压坯脱出压模后发生的膨胀现象称为弹性后效。为了从压模中取出压坯,还需要施加一定的压力,此为脱模压力。

压模中的粉末体的变形不仅靠粉末颗粒自身的形状变化,而且主要依靠粉末颗粒的位移和孔隙体积的变化。此时有两种变化:第一种是粉末的位移,当施加压力时,粉末体内的拱桥效应遭到破坏,粉末颗粒便彼此填充孔隙,重新排列,增加接触;第二种是粉末变形,粉末体受压后,体积明显减少并发生了变形。变形有弹性变形、塑性变形和脆性断裂。通常像钛粉等塑性金属粉末,塑性变形所占比例大。当压力超过极限后,就易发生粉末颗粒碎裂。

在粉末体成形过程中,随着压制力的增加,孔隙减少,压坯逐渐致密化,压坯的强度也逐渐增大。这是粉末颗粒间的联结力作用的结果。其中,颗粒间的机械啮合力是最主要的联结力。颗粒表面呈不规则的多角状或海绵状的钛粉越容易彼此啮合得更紧密,压坯的强度也越高。同理,球状钛粉间啮合力就小,相同的压力下压坯的强度就较低。

B 压制压力和压坯密度的关系

粉末体压制时,随着压力的增加,压坯的相对密度逐渐增加,并出现有规律的变化。对于钛的粉末体而言,它的规律如图 8-19 所示。

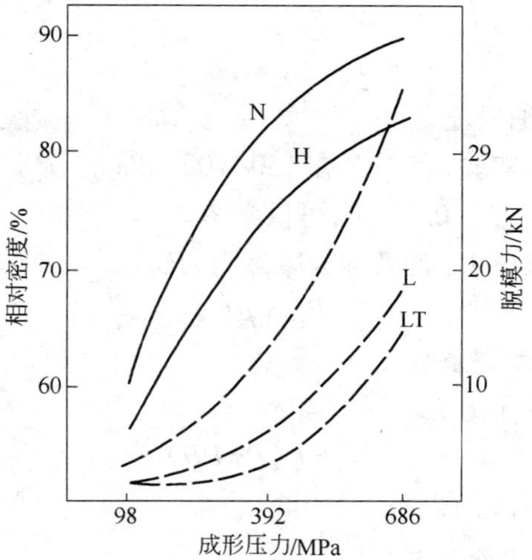

图 8-19 钛粉末的成形压力和相对密度及脱模力的关系

N—钠还原海绵钛；H—镁还原海绵钛氢化脱氢粉；L—添加较多润滑剂；
LT—添加较多润滑剂，模具有较大斜度

关于压制压力和压坯密度的定量关系，有许多学者都曾试图用数学表达式来描述这一关系，并提出了几十个表达式，但都不十分理想。

现在提出一个有代表性的压制方程（巴尔申压制方程）供参考。巴尔申认为，压制压力 P 和变形关系符合虎克定律，有下列数学式：

$$\lg P = \lg P_{max} - L(\beta - 1) \tag{8-9}$$

式中 P_{max}——相应于压至最紧密状态（即 $\beta = 1$）时的单位压力；

L——压制因数；

β——压坯的相对体积。

验证表明，此方程有局限性，在一定的条件下才正确。但它流行的时间长，有一定的代表性。

C 压制过程力的分析

压制过程很复杂，实际作用在压坯断面上的力不都是相等的，同一断面上各部位的力也不相等。主要有下列力，并推导出相应的关系为：

(1) 侧压力 $P_{侧}$：

$$P_{侧}=\nu p \tag{8-10}$$

式中　ν——泊松比。

用铁粉做实验，表明 P 在 160~400 MPa 时，$P_{侧}$ 和 P 呈线性关系，有 $P_{侧}=(0.38\sim0.41)P$，可供参考。

(2) 外摩擦力(常简称为摩擦力) $P_{摩}$：

$$P_{摩}=\mu P_{侧} \tag{8-11}$$

式中　μ——摩擦系数。

(3) 脱模压力 $P_{模}$：

$$P_{模}=C(P\pi DH)m \tag{8-12}$$

式中　D——压坯直径；

　　H——压坯高度；

　　C——特征系数；

　　m——常数。

一般来说，脱模压力不超过 $0.3P$。图 8-19 中给出了钛粉具体的脱模压力值。

(4) 粉末体压坯上某处实际的净压力 P_1 应是压制压力 P 和该处的摩擦力 $P_{摩}$ 的合力，即有：

$$P_1=P-P_{摩} \tag{8-13}$$

D　压坯密度分布规律

在单向压制时，压坯沿其高度方向上密度分布是不均匀的。图 8-20 详细地展示了用镍粉进行压制测定的压坯密度分布，它表明单向压制时各截面平均密度沿压坯高度直线下降。

试验证明，此时增加压坯高度会使压坯各部分的密度差增大；而加大压坯直径会使密度差减少。所以压坯的高度 H 与直径 D 比越大，压坯的密度差就越大。为了减少压坯的密度差别，应降低压坯的 H/D 之比值，并采用润滑剂润滑模壁，达到降低摩擦系数，改善压坯的密度分布。

同时，压坯中分布不均匀性可以用双向压制来改善。在双向压制时，与上、下模冲接触的两端密度较高，而中间压域的密度较

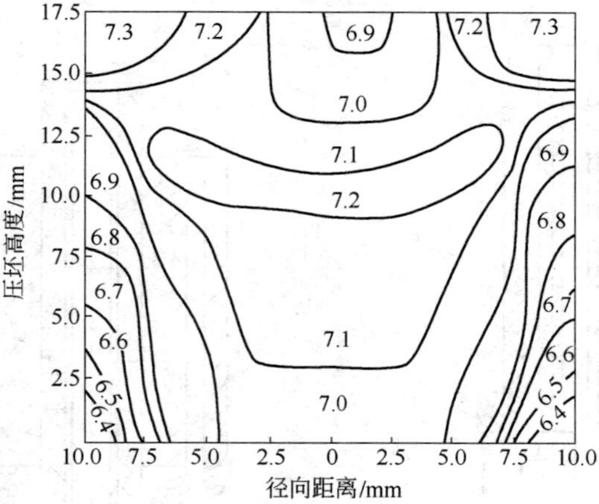

图 8-20　镍粉压坯的密度(g/cm³)分布

低。但密度分布状况有了明显的改善。

在压制横截面不同的复架形状压坯时,必须保证整个压坯内的密度相同。为此,需要设计不同动作的多模冲压模,并使它们的压缩比相等才行。

8.3.2.2　模压设备

模压设备一般分为机械式和液压式两种,它是标准成套设备。目前,如果是小件钛件,可用小型压机,可选用压机的额定压制能力为 700 MPa。预先必须按要求制备好模具。

筒状单向压模和筒状双向压模如图 8-21 和图 8-22 所示,压制片材的片状压模如图 8-23 所示。

设计模具时,为了便于钛压坯从模具中脱模,应使压坯带一定的斜度。同时模具内腔尺寸一定要考虑压制时粉末体的压缩和烧结时收缩,选用一个合适的经验系数。

8.3.2.3　模压工艺

因为压制时获得的压坯密度不均匀性,限制了模压制备大件钛压坯的可能性。因此,模压只能制取小型钛制品的压坯料。

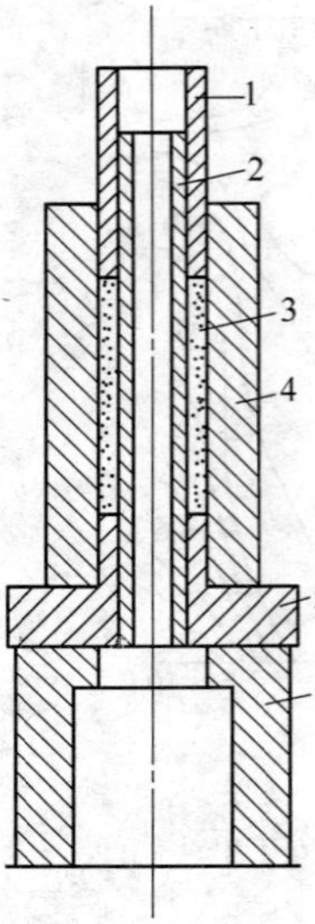

图 8-21　筒状单向压模

1—上冲头；2—芯杆；3—物料；4—阴模；5—下冲头；6—支架

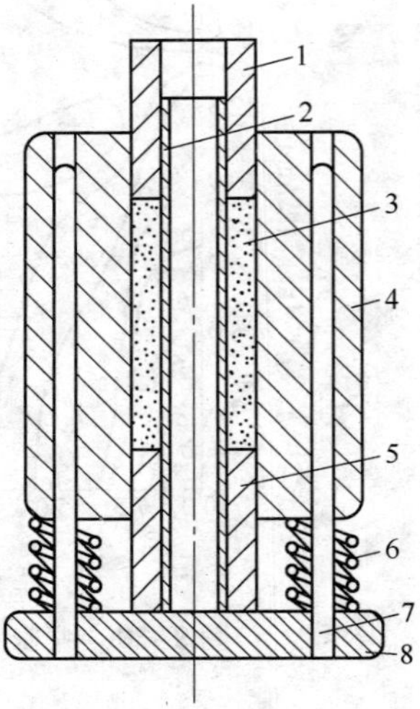

图 8-22　筒状双向压模

1—上冲头；2—芯杆；3—物料；4—阴模；5—下冲头；6—弹簧；7—定位销；8—底座

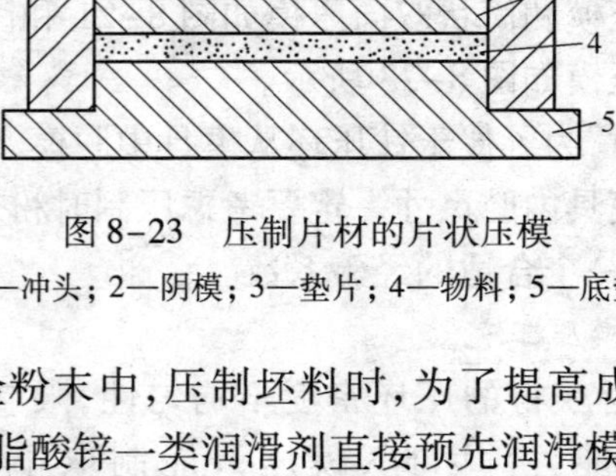

图 8-23　压制片材的片状压模

1—冲头；2—阴模；3—垫片；4—物料；5—底垫

钛及钛合金粉末中，压制坯料时，为了提高成形时的润滑性能，只能使用硬脂酸锌一类润滑剂直接预先润滑模壁。同时，也只能采用小型压机压制坯块，并采用间隙作业工艺。

它可以制取小型的元件坯，如钛管高度 H 为 100~200 mm，直径 D 为 20~50 mm；片状直径 D 为 20~400 mm。它适用于制备筒状、棒状和片状过滤元件，也可制备螺帽、法兰等致密钛元件。

压制压力：多孔材料为 98~147 MPa；致密材料为 400~560 MPa。

从图 8-19 可见，压力对密度影响十分明显。

模压成形的特点是工艺和操作简单、效率高，但只能制取小件压坯。

8.3.3 冷等静压成形

8.3.3.1 压制原理

等静压制是借助高压泵的作用将流体介质（气体或液体）压入耐高压的钢体密封容器内（见图 8-24、图 8-25）。高压流体的静压力直接作用在弹性模套内的粉末上，使粉末体在同一时间内各个方向均衡受压而获得密度分布均匀和强度较高的压坯。

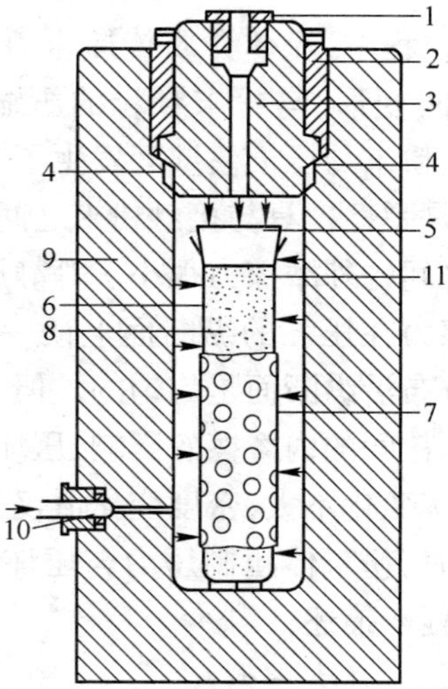

图 8-24 湿袋模具压制图

1—排气塞；2—压紧螺帽；3—压力塞；4—金属密封圈；5—橡皮塞；6—软模；7—穿孔金属套；8—粉末料；9—高压容器；10—高压液体；11—棉花

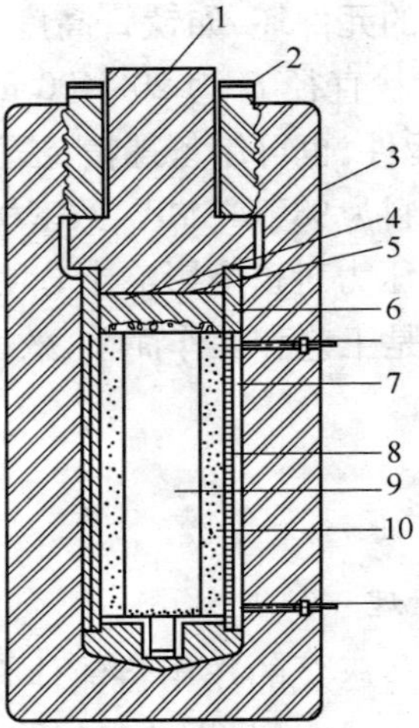

图 8-25 干袋模具压制图

1—上顶盖；2—螺栓；3—筒体；4—上垫；5—密封垫；6—密封圈；
7—套板；8—干袋；9—模芯；10—粉末

在等静压压制过程中，流体介质传递压力是各向相等的。弹性模具本身受压缩时变形，与粉末颗粒的压缩大体上是一致的。尽管此时粉末体间、粉末与压模模壁间发生了一些相对运动，产生了滑动摩擦力。但是弹性模具与接触粉末之间不会产生大的明显的相对运动，它们之间的外摩擦力很小。等静压压制时，由于各方向压力均等，静摩擦力在压坯的纵断面上任一点都应相等。毫无疑问，压坯的密度分布沿纵断面是均匀的。但是，沿压坯同一横向断面上，由于粉末颗粒间的内摩擦的影响，压坯的密度从外向内逐渐降低。经试验证实变化不大，密度变化值仅为 1.5%。

在等静压压制时，粉末体压制压力与压坯密度变化可用黄培云的压制双对数方程来描述：

$$m\lg\ln\frac{(d_m-d_0)d}{(d_m-d)d_0}=\lg P-\lg M \quad (8-14)$$

式中 d_m——致密金属密度；

d_0——压坯原始密度；

d——压坯密度；

P——压制压力；

M——相当于压制模数；

m——相当于硬化指数。

8.3.3.2 冷等静压设备

等静压机分冷等静压机和热等静压机两种。冷等静压机又分为干式和湿式两类。本工艺常使用的油等静压机是湿式的。

油等静压机主要由高压容器和高压泵组成。高压容器的缸体是一个两端密封的立式筒体，如图 8-24 和图 8-25 所示，底部由高压油管与高压油泵的高压油输出管道相连。所选用介质油类应是无毒、无腐蚀和适用的，如经过处理的甘油、蓖麻油、锭子油、机油、煤油、煤油与变压器油的混合液等。

油等静压机结构类似于热等静压机结构，只是在高压容器内无加热系统。目前市场已有定形产品销售。

选用冷等静压机额定压制能力为 500 MPa。

制备模具：模具在压制时受拉伸和压缩，必须具有一定的强度、弹性和硬度，且耐磨。冷等静压模具可选用天然橡胶或合成橡胶制作。但是，用橡胶制作模具工艺繁长，特别是制作形状复杂的模具困难，且成本高。所以目前常用塑料。热塑性软性树脂是常用的模具材料。它的典型配方为：聚氯乙烯树脂 100 份、苯二甲酸二辛酯（或二甲酸二丁酯）100 份、三盐基硫酸铅 3~5 份、硬脂酸 0.3 份，其他还有一次性材料如聚乙烯、聚苯乙烯，可重复使用的材料如聚氨酯等。模具用浸渍法、喷涂法、浇注法、模压法或注射成形法等方法制作。这种模具又称包套或膜套。

实践表明，设计合理的包套和模具是保证压坯质量和延长模具使用寿命的关键，它也能节约原材料和降低成本。模具的复杂程度和压坯的形状相关，它可以是一个简单的塑料包套，也可以是由几个组件构成的组合模具。

图 8-26 所示为一件简单的湿包套模具。图 8-27 和图 8-28 所示分别为干包套固定模和干包套组合模。

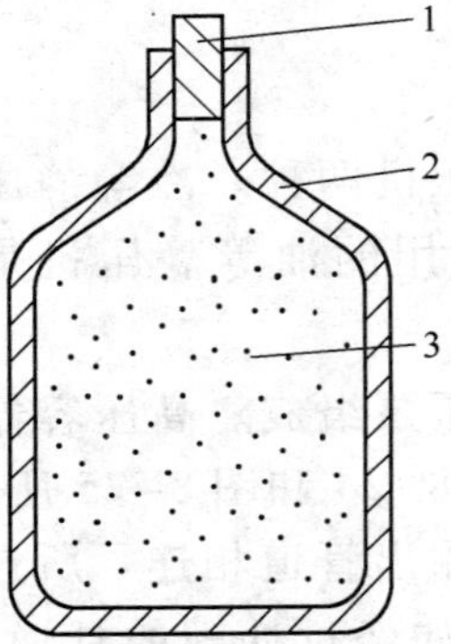

图 8-26　湿包套模具示意图

1—密封端塞；2—塑料包套；3—粉末

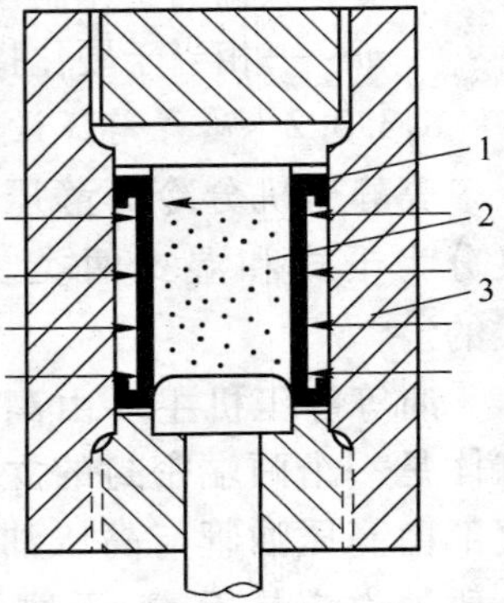

图 8-27　干包套固定模

1—固定模；2—粉末；3—压力容器

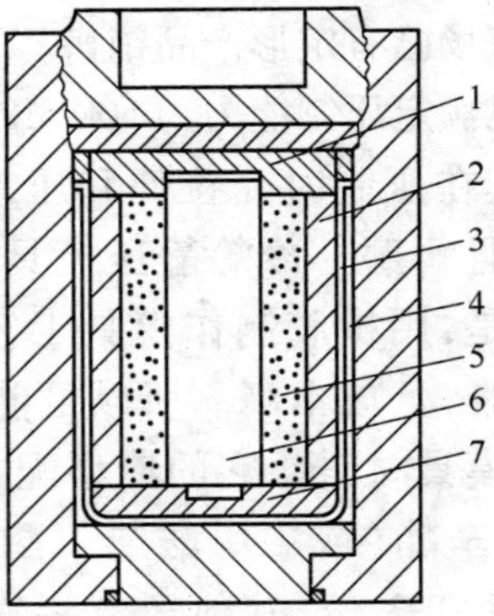

图 8-28　干包套组合模

1—上橡胶端塞；2—一层或数层橡胶筒；3—液体压力介质；
4—固定模；5—粉末；6—刚性模芯；7—下橡胶端塞

刚性管状模具有两种。图 8-29 所示为整体式模具，可用于压制一端封闭、另一端带法兰的多孔钛管。图 8-30 所示为三瓣式模具，可用于压制通管材，其模体是由均等三瓣组成。在设计模腔尺寸时必须考虑到压缩和烧结时的收缩系数。

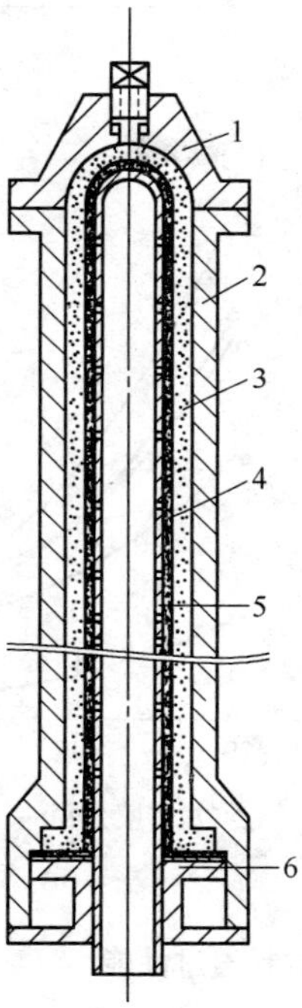

图 8-29　整体式模具

1—端模；2—模体；3—物料；4—乳胶膜；5—模芯；6—定心环

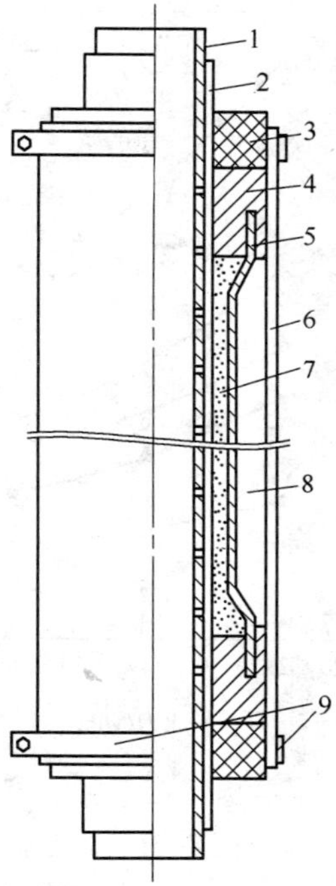

图 8-30　三瓣式模具

1—模芯；2—乳胶膜；3—橡皮环；4—定心环；5—固紧套；6—橡皮膜；7—物料；8—模体；9—密封环

8.3.3.3　压制工艺

冷等静压压制压力通常为 50~415 MPa。选择压制压力：制取多孔钛材时取下限；制取致密钛材时取上限 310~415 MPa。

压制压力对致密材料影响较小；对多孔材料影响显著，如图 8-31 所示。

等静压成形的特点是压坯的密度较均匀，可以制取大型件或异形件，所使用的模具简单、价廉；缺点是生产率低，压坯尺寸较难控制。可以用它来制取各种尺寸的过滤元件，包括大型过滤元件和阀门、叶轮泵的叶轮等异形件的压坯。

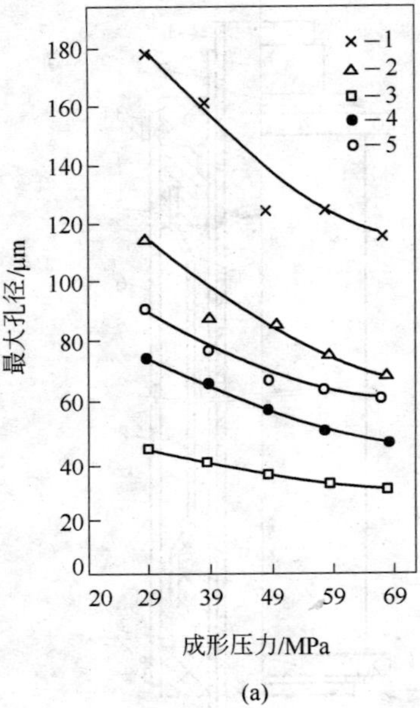

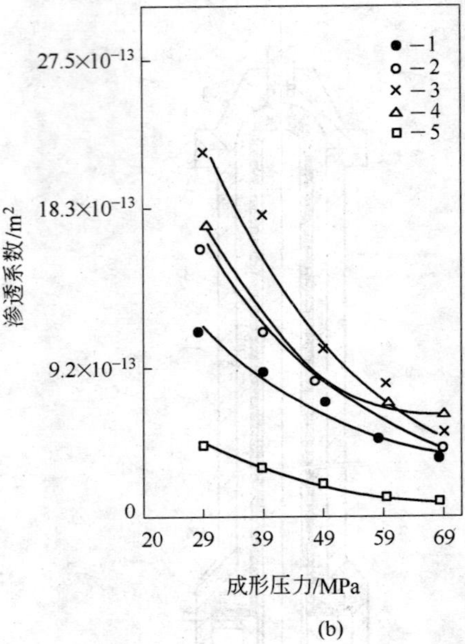

图 8-31　成形压力对多孔钛过滤材料透过性能的影响(0.13 Pa,1000℃,1.5 h)

(a) 孔径;(b) 渗透性(介质为20℃空气)

1—0.833~1.651 mm(10~20 目)粉;2—0.589~0.833 mm(20~28 目)粉;3—0.417~0.589(28~35 目)粉;4—0.246~0.417 mm(35~60 目)粉;5—0.147~0.246 mm(60~100 目)粉

8.3.4　粉末轧制

8.3.4.1　轧制原理

将钛粉通过一个特制的漏斗喂入转动的轧机轧辊缝中,即可轧制出一定厚度的长度连续的和适宜强度的钛带坯料,再经烧结和后处理,就可制成有一定孔隙度的多孔钛带或致密的钛带材。但致密钛板带材常用塑性变形轧制制取,而粉末轧制主要应用于制取多孔钛带。

当钛粉加入一对转动方向相反的轧辊的间隙,依靠轧辊对粉末的压力把粉末压紧，这样就能连续地轧制多孔带材。轧制原理如图8-32所示。金属粉末由于自重和与轧辊之间的摩擦力而进入1—1截面，开始受到压缩，但是只有进入2—2截面时才能压成“实体”。1—1截面的大小由α角决定，α角称为粉末的咬入角。2—2截面的大小由α_y角决定，α_y角称为粉末的轧制角。α角和α_y角的大小主要取决于轧辊和粉末特性。

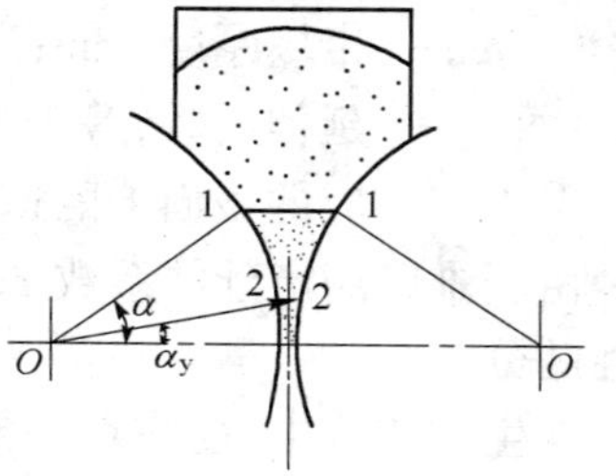

图8-32　粉末轧制原理示意图

α—咬入角；α_y—轧制角

现在还没有测定咬入角的可靠方法，轧制角可以用轧机“停车—反转”法测量压成“实体”的压坯长度而计算，一般为3°~12°。

通常粉末冶金多孔带材采用粉末冷轧制取，其轧制工艺流程如图8-33所示。

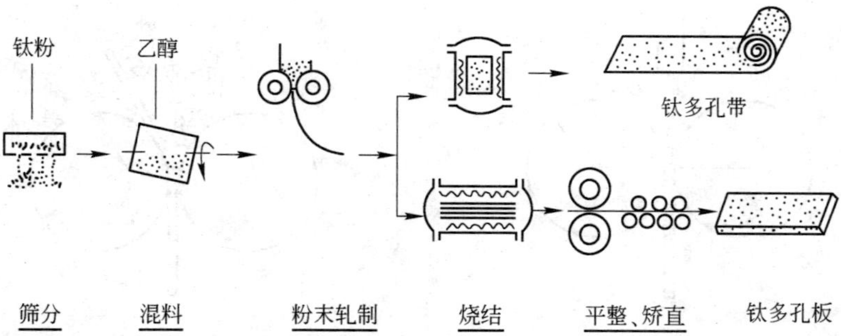

图8-33　粉末轧制多孔带材工艺流程

以重量不变为条件（粉末重量等于带材重量），文献提出了计算带材密度$\rho_{带}$的方程式：

$$\rho_{带}=\frac{\rho_{粉}}{\tau}\left(1+\frac{\alpha^2 R}{h}\right) \tag{8-15}$$

式中　$\rho_{粉}$——粉末松装密度，g/cm^3；

α——咬入角,rad;

R——轧辊半径,mm;

h——带坯厚度,mm;

τ——延伸系数,等于带坯轧出速度与粉末在与 α 角相对应的截面上的速度之比。

由于难以测定延伸系数 τ,因此式 8-15 的计算结果只能进行定性的分析。

在生产实践中,往往在一定的轧辊半径 R、粉末松装密度 $\rho_{粉}$ 的条件下,要求在某一范围内控制带坯厚度和密度,甚至在带坯厚度也一定的条件下,要求获得不同密度的带坯。从式 8-15 可知,改变咬入角 α 的大小便可达到此目的。改变咬入角大小的方法有两种:一种方法是固定轧辊转速,控制供粉量,如图 8-34 所示,即使供粉量仅保持在所需的 α 角所要求的高度;另一种方法是借助于一插入由轧辊和粉末特性所决定的固有咬入角内的深度,从而调整 α 角,如图 8-35 所示。

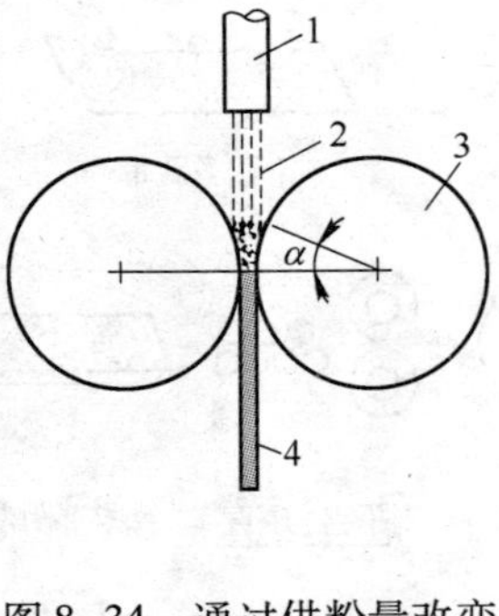

图 8-34　通过供粉量改变咬入角 α 大小

1—料斗; 2—物料; 3—轧辊; 4—带坯

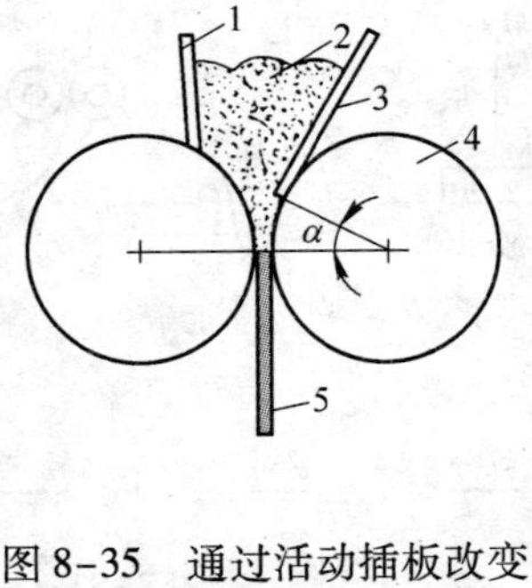

图 8-35　通过活动插板改变咬入角 α 大小

1—料斗; 2—物料; 3—活动插板; 4—轧辊; 5—带坯

粉末轧制多孔带材的最大厚度主要取决于轧辊直径。一般最大带坯厚度与轧辊直径之比值约为 1/100。

通常,轧制的粉末带坯边部的密度要比中间低,为了克服这一缺点，可在轧辊两端采用一特殊装置，以克服静止侧板对粉末的摩擦力。

8.3.4.2 轧制设备

粉末轧机有两种，一种是水平轧机，另一种是垂直轧机。一般轧制时，脆性粉料轧制时（带材没有强度）用水平轧机。钛粉轧制常用垂直轧机，它较易控制加入粉末量，轧制较容易。这从图8-36中显示可见。选用辊径为200 mm、辊身长240 mm的二辊卧式轧机试验，轧制是成功的。这种轧制为定形产品。

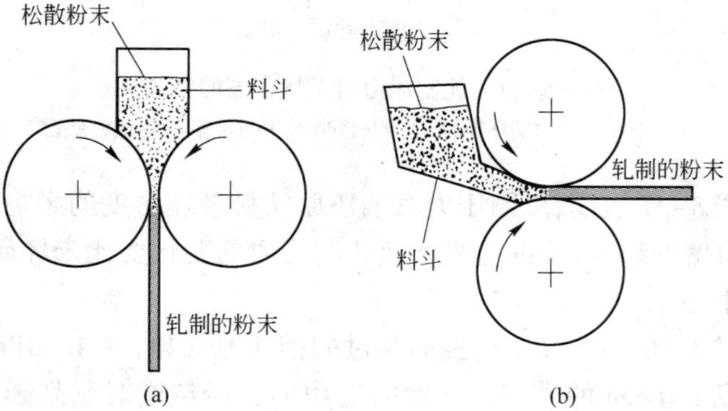

图8-36　粉末轧制方式示意图
（a）垂直轧制；（b）水平轧制

8.3.4.3 轧制工艺

在辊径为200 mm、辊身长度为240 mm的二辊卧式轧机上轧制粒度为160~450 μm、松装密度为0.88 g/cm^3 和1.33 g/cm^3 的钠还原钛粉和经过研磨的钠还原钛粉（其化学成分见表8-13）。

表8-13　钠还原钛粉的化学成分（质量分数）　　（%）

元　素	O	N	H	C	Cl	Fe
质量分数	0.04~0.13	0.005	0.0034	0.003	0.17	0.07~0.08

海绵状钠还原钛粉在平均轧制压力分别为 21 MPa、42 MPa 及 84 MPa 下轧制，带坯密度变化如图 8-37 所示。

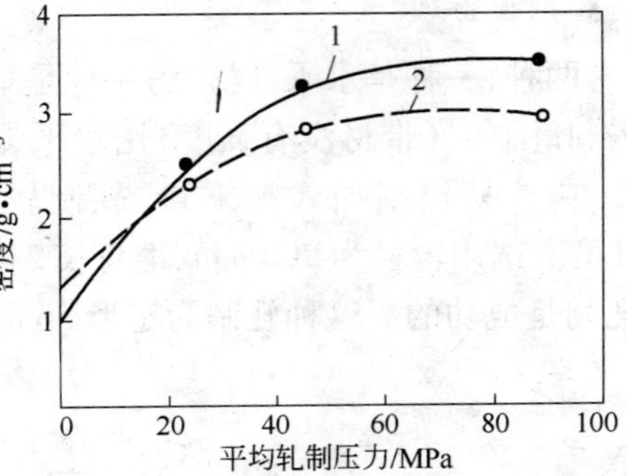

图 8-37　轧制压力对带坯密度的影响

1—未经研磨的钠还原钛粉；2—经研磨 30 min 后的钠还原钛粉

图 8-37 表明，轧制压力对钠还原钛粉带坯密度的影响很大；经过研磨的粉末，其带坯密度随轧制压力的变化要比未经研磨的粉末小。

对于 160~450 μm 的经研磨过的钠还原钛粉，在 42 MPa 压力下轧成 1.0 mm 的带坯。轧制时选用的钛粉粒度对制品影响，如图 8-38 所示。

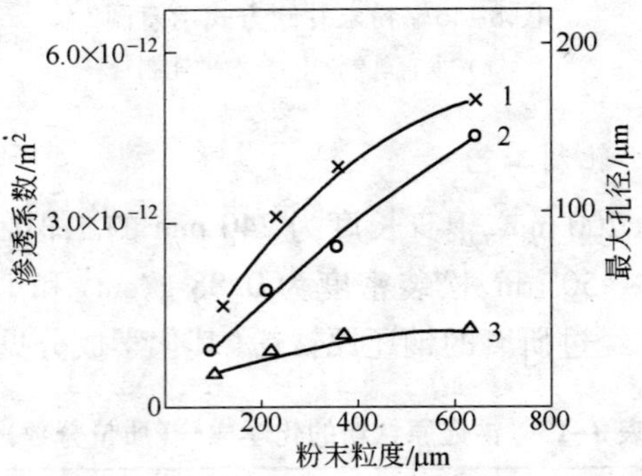

图 8-38　粉末粒度对轧制多轧钛板孔径及渗透性的影响

1—渗透系数；2—最大孔径；3—平均孔径

由此可见,成形压力和选用钛粒的粒度均对多孔钛材性能有影响。

粉末轧制有下列优点,它可以获得很薄且长而宽的多孔带。通过再加工可以制成各种形式和大型的过滤器。但是它的投资较大,生产效率高,仅对批量大的多孔钛带生产才有意义。

8.3.5　粉末注射成形

粉末注射成形是将塑料注射成形工艺和粉末冶金工艺相结合的新工艺。它是制备三维复杂形状的金属近净成形技术,具有高效、节能、节材、环保、低成本、能大批量生产的特点。

粉末注射成形通常采用小于20 μm 的细粉和黏结剂加热混合成均匀混合料,经制粒成注射料;然后将注射料注入注射成形机内模腔中固化成生坯;随后将该生坯的黏结剂脱除;最后经高温烧结成零件。一般不需要或需要少量的后续切削加工。

粉末注射成形工艺过程如图 8-39 所示。卧式注射机成形机示意图如图 8-40 所示。粉末注射成形过程的几个步骤如图 8-41 所示。注射温度约 120~180℃,注射压力约为 130~200 MPa。粉末冶金注射成形的工艺流程为:

金属粉末
黏结剂 }→配料→搅拌→制粒→注射成形→脱黏结剂→烧结→后处理→成品

对于钛的粉末冶金采用注射成形工艺而言,工艺关键之处,也是难点就是选择合理适宜的黏结剂,注射成形完成后又可被顺利脱除。因为钛是活性金属,如果有残留的黏结剂存在,将在以后高温烧结中污染钛,影响产品质量,这是不允许的。

黏结剂是由树脂、润滑剂、可塑剂、弥散剂、消泡剂、解胶剂等组成。黏结剂是一种暂时存在的载体。它使粉末均匀装填成所需形状的注射坯。并使这种形状一直保持到烧结开始。因此,尽管黏结剂不决定产品的化学成分,但它会影响工艺能否成功。

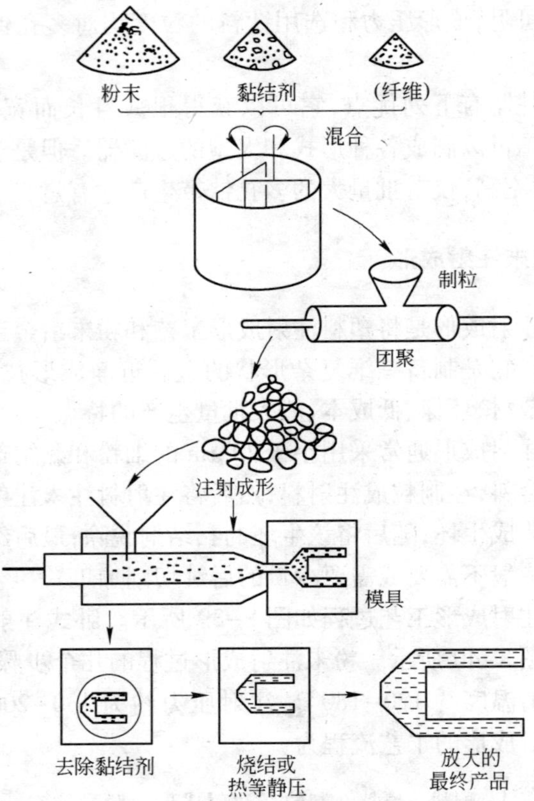

图 8-39　粉末注射成形工艺过程

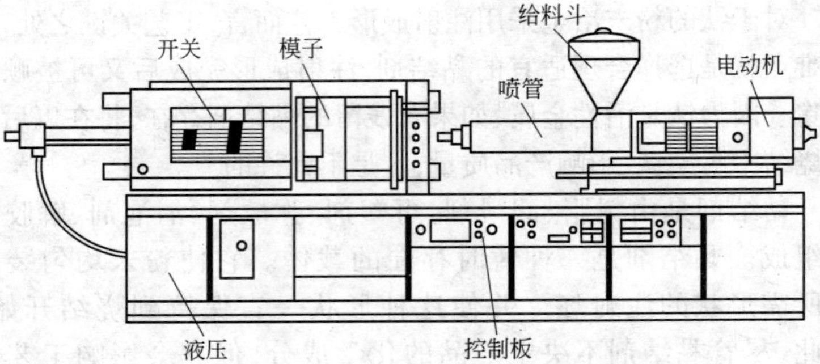

图 8-40　卧式注射成形机示意图

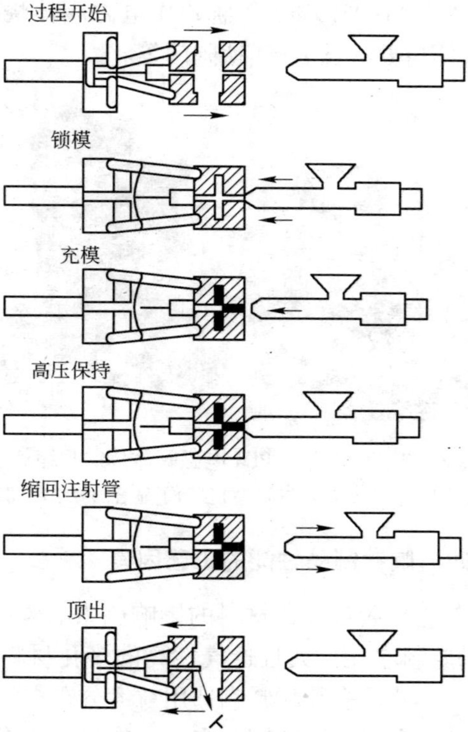

图 8-41　成形过程的几个步骤
（图中画出了模具和注射成形机锁模装置的动作）

大多数黏结剂是多组分体系，它包括一种主要相和几种添加相。主要相决定基本性质，添加相用以适应特定的粉末要求。有关粉末注射成形的专利中，主要是不同的黏结剂成分和脱黏技术。

金属钛粉末注射成形工艺还面对许多挑战。除了要选择合适的黏结剂，并确立合理的脱黏技术外；该工艺目前还局限于生产复杂形状小于 200 g 的小零件，对于数公斤重的零件还必须进一步研发新工艺。同时，使用的钛粉必须是流动性好的雾化粉末。

脱黏后，注射成形坯一般只有 60% 左右的相对密度。而最终产品却达 95%~100% 的相对密度，烧结后会产生很大的收缩。设计模腔时，必须考虑到这一点。线收缩率一般达到 13%~25%。

图 8-42 所示为 TiNi(Ti50%)合金 PIM 电磁阀体烧结收缩外形。注射成形的应用主要有钛表壳、钛阀门等。

图 8-42　TiNi 合金 PIM 电磁阀体烧结收缩外形
(成形后(右)和烧结后(左)显示了显著的烧结收缩)

8.3.6　成形时影响钛制品性能的工艺因素

成形时,工艺参数对多孔材料的影响因素有粒度、粒度组成、压力等。如果要制取孔径大且透气性高的多孔材料,宜选用粒级大的粉末;反之亦然。多孔材料宜选用粒度分布窄的粉末,这是因为存在拱桥效应,会增加孔隙率。多孔材料如用球形粉末,对提高透过性能是有利的。工艺参数压力对成形影响很大。随着成形压力增大,制品的孔隙度和渗透性降低。

成形时,工艺参数对致密材料的影响因素有粒度、粒度组成、压力等。与多孔材料相反,制取工艺选用混合粉末,即粒度分布宽的粉末压制为好,常选用小于 150 μm(100 目)粒级的粉末。这样的粉末细粒容易压紧入粗粒孔隙内,压制时压坯密实、假密度大。如果粉末颗粒表面凹凸不平,多角状,对压制是有利的。压力对成形有影响,但影响不是十分显著。随着压力增大,有利于增大制品致密性,降低制品孔隙率。

8.4　烧结

烧结是将松散粉末或压坯在高温下通过冶金结合形成致密或

多孔的制品的过程。烧结使粉末颗粒实现强结合体，并使混合粉末合金化。通常烧结温度低于主要组分的熔点。

8.4.1 烧结原理

8.4.1.1 烧结热力学

粉末体的烧结过程是一个十分复杂的物理—化学综合的变化过程。粉末体是一个细小颗粒集合体。这些粉末体粒子小且具有很大的表面积，粒度愈小，比表面积愈大。而且有的粉末表面凹凸不平，有丰富的孔隙、裂纹和小孔；有的粉末还有各种形式的晶格缺陷和空位缺陷。这些状况的存在，使得粉末具有较高的表面能和晶格畸变能。而且粉末体粒度越小，表面越不规则，则具有越大的表面能。

烧结时，具有表面能高就要释放其能量，使其趋于稳定的低能状态。也就是说，粉末体表面具有多量能量的原子都力图成为金属内部基体的低能状态，所以在烧结时会释放出一定能量，并会自发进行。

烧结过程中，设 ΔA 为粉末体具有的过剩能量，ΔS 为它在粉末态转变为烧结态的熵变，则可以得出烧结过程的自由能 ΔG 为 $\Delta G = \Delta A - T\Delta S$。

由于烧结时 T 很大，常常是 $\Delta G < 0$，所以烧结容易发生。

烧结过程中粉末体总表面积逐渐减小，粉末体中的孔隙也变少，所以粉末体表面自由焓降低，这始终是烧结过程的原动力。但因烧结过程十分复杂，热力学计算仅能提供定性的判断。

为了定量计算原动力的数学表达式，可以应用库钦斯基的简化烧结模型。根据理想的两球烧结模型（如图 8-43 所示，图中两球为理想的两粒粉末），此时作用于烧结颈的应力 σ 为：

$$\sigma = -\frac{\gamma}{\rho} \tag{8-16}$$

式中　γ——表面张力；

　　ρ——烧结颈的曲径半径。

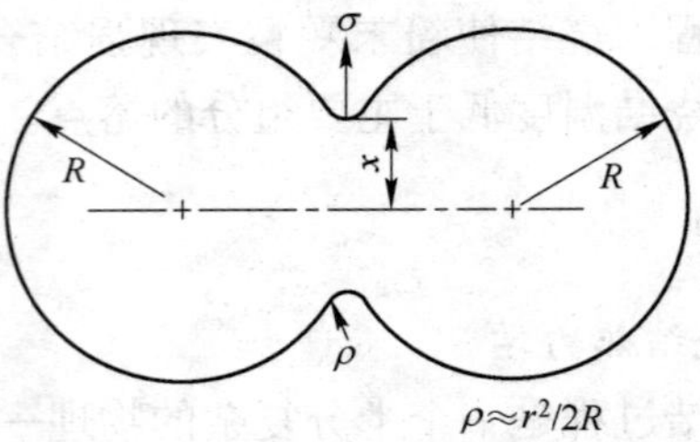

图 8-43　烧结的两球模型

σ 是表面张力引起的机械力，负号表明它作用在烧结颈曲面上，使烧结颈向外扩大，而最终形成网状孔隙。这时孔隙中的气体会阻止孔隙收缩和烧结颈的长大。此时不能忘记孔隙中的气体压力 P_v 的作用。进一步推导，形成隔离孔隙时，烧结收缩的动力 P_s 可描述为：

$$P_s = P_v - \frac{2\gamma}{r} \tag{8-17}$$

式中　r——孔隙半径；

$-\frac{2\gamma}{r}$——作用孔隙表面使孔隙收缩的张应力。

如果 $P_s > P_v$，孔隙就能继续收缩变小；如果 $P_s \leqslant P_v$，孔隙收缩会停止。所以烧结到最终阶段，烧结体内仍能残留少量闭孔隙。这种闭孔隙仅靠延长烧结时间是无法消除的。

8.4.1.2　烧结过程

粉末烧结后，烧结体的强度增加，首先是粉末颗粒间的联结强度增高。烧结时，在粉末体内，由于高温的作用，原子的运动加剧，有更多的原子进入颗粒间的接触面，形成黏结面。并且，随着黏结面的扩大，烧结体的强度也提高。黏结面扩大形成烧结颈，使原来的颗粒界面形成晶粒界面，而且随着烧结的继续进行，晶界可以向颗粒内部移动，导致晶粒的长大。

烧结体的强度增高还反映在孔隙体积和孔隙总量的减少，以及孔隙形状的变化方面。由于烧结颈长大，颗粒间原来相互连通的孔隙逐渐收缩成闭孔,然后变圆。孔隙的大小和数量也在改变,即孔隙的个数减少,而平均孔隙尺寸增大。

颗粒黏结面的形成通常不会导致烧结体的收缩。因而,致密化并不标志烧结过程的开始,而只有烧结体的强度增高才是烧结发生的明显标志。随着烧结颈的长大,总孔隙体积的减少,颗粒间距离的缩短,烧结体的致密化过程才真正开始。如上所述,除了烧结颈在烧结过程中长大之外,压坯可以致密化、收缩;表面积会减小;强度能增高,以及导电性增加,烧结体变硬。这些参数提供了叙述烧结过程的可能性。在大多数情况下,烧结是伴随着烧结体尺寸减小的(叫做收缩)。

粉末的烧结过程大致可分为三个界限不明显的阶段,如图 8-44 所示。

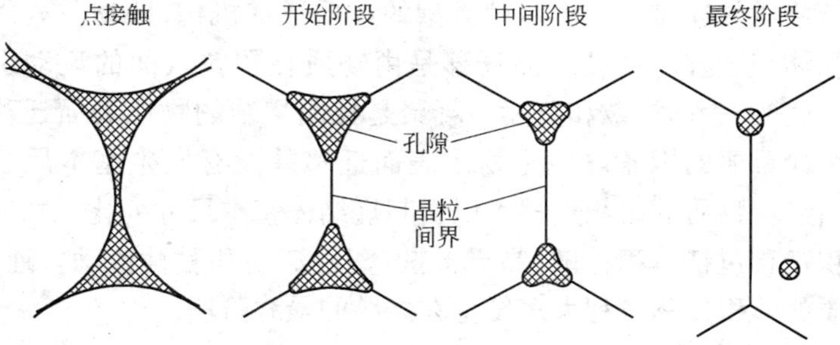

图 8-44　烧结阶段的示意图

(1) 开始阶段——烧结的初期,或称黏结阶段。颗粒间的原始接触点或接触面转变成晶粒结合,即通过形核、长大等原子迁移过程形成烧结颈。在这一阶段中,颗粒内的晶粒不发生变化,颗粒外形也基本未变。但是,烧结体的强度和导电性却由于颗粒结合面的增大而有明显的增加。这个阶段中,主要发生金属的回复、吸附气体和水分的挥发、压坯内成形剂的分解和排除。

(2) 中间阶段——烧结颈长大阶段。原子向颗粒黏结面的大量迁移使烧结颈扩大,颗粒间距离缩小,形成连续的孔隙网络。同时，由于晶粒长大，晶界越过孔隙移动。而被晶界扫过的地方，孔隙大量消失。密度和强度增高是这个阶段的主要特征。这一阶段中，开始出现再结晶。

（3）最终阶段——闭孔隙球化和缩小阶段。此时，多数孔隙被完全分离，闭孔隙数量大为增加，孔隙形状趋于球形而且不断缩小。这个阶段中，整个烧结体仍可缓慢收缩，但这是靠小孔的消失和孔隙数量的减少来实现的。此阶段可延续很长时间，但是仍有少量残留的隔离小孔隙不能被消除。

用混合元素法制取钛合金的烧结时，烧结过程的变化更为复杂，但总体上仍和单一元素烧结过程大同小异。

在压坯烧结过程中，随着压坯逐渐致密化，宏观上压坯外形不断收缩，孔隙逐渐消失，微观上是物质迁移的结果。

物质的迁移存在着两种类型的物质迁移机构，即物质表面迁移和体积迁移。物质表面迁移是由物质在颗粒表面的流动引起的。此时，表面扩散和蒸发—凝聚是控制烧结的物质表面迁移中两个较重要的因素。但是物质表面迁移并没有发生基本尺寸变化，相反，物质的体积迁移可以引起烧结体基本尺寸变化。物质的体积迁移包括体积扩散、晶界扩散、塑性流动和黏性流动。通常，物质的体积迁移过程大多发生在烧结的最终阶段。

8.4.2　烧结设备

8.4.2.1　真空烧结炉

钛及钛合金的粉末冶金烧结时工作温度为1400~1500℃，额定工作温度为1500~1600℃。因此，可选用电阻元件加热炉作为烧结设备。常选用的烧结炉有炭管炉和钼丝炉，加热元件分别为炭管和钼丝带，已有定形产品。因为必须在真空下烧结，真空度必须达到0.13 Pa以上，所以必须配备真空机组，应选用机械泵—油增泵机组最为合适。选用油增压泵为主泵时，对从钛粉中释放出氢气最有利，效率高。因此，烧结设备选用的真空炭管电阻炉和真空钼丝电阻炉是间隙式烧结炉。

8.4.2.2　烧结气氛

烧结气氛能影响产品的烧结性能。对于钛质烧结体,活性很强,能吸附气氛中的O、N、H,也能分解并吸附CO、CO_2、H_2O、NH_4等气体。因此,钛的最佳烧结气氛是真空。在真空气氛下,可不断排除炉内渗漏的空气,防止产品氧化;同时,有利于排除烧结体中残留的H_2O、Mg、$MgCl_2$等低挥发物,提高产品质量;另外,采用真空烧结可以降低烧结温度。有时,也可以用惰性气体氩保护烧结,但要用净化过的氩气。

8.4.2.3　烧结填料和工作支承器

钛的活性高,烧结时,烧结体和支承材料支架间容易粘连,烧结体工件间也易粘连。应在烧结钛坯时,选用钼作为支架或支承器材料,工件间也应用钼片或钼料盘间隔。钼在高温下化学稳定性好,强度也好。

在钛坯烧结时,常在支承器中放置烧结填料充实其中。优点是放置填料后,可以支承压坯,特别是对薄壁多孔钛元件是有利的,并可防止渗入的空气氧化产品,也有助于烧结体受热均匀和避免烧结元件间的黏结。

所使用烧结填料必须化学稳定性好。对钛的烧结体而言,常使用的烧结填料是煅烧过的Al_2O_3和TiO_2。放置填料时,应该振实。对于较长的薄壁过滤元件管坯,应在管壁内外同时装填填料。

为了提高保护气氛的纯度,装料时,每炉表面应放置一些粗粒钛粒或钛屑,以提高烧结气氛的纯度。

8.4.3　烧结工艺参数

烧结工艺参数:温度为900~1500℃(钛钼合金需要1500℃,多孔材取900~1200℃,致密材取1200~1400℃);压力为0.13 Pa;时间为1~6 h(多孔材取2~1 h,致密材取4~2 h)。

图8-45~图8-47中列出了烧结工艺对钛制品性能的影响。

从中可见，烧结温度影响显著；其次，烧结时间也有影响。

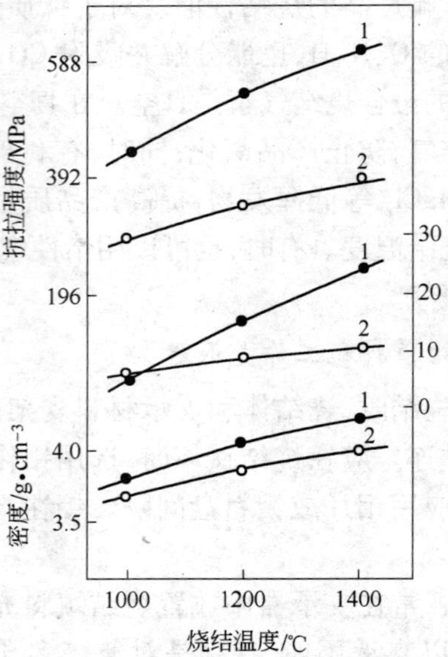

图 8-45　烧结温度对钛制品性能的影响

1—钠还原海绵钛粉；2—镁还原氢化脱氢钛粉

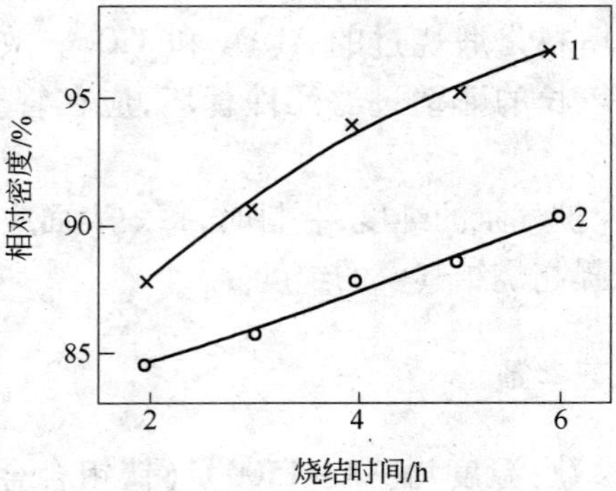

图 8-46　烧结时间对钛制品相对密度的影响

（添加 1.5% 十六烷醇，0.026 Pa，1100℃，6 h）

1—钠还原钛；2—50% 氢化钛 +50% 钠还原钛

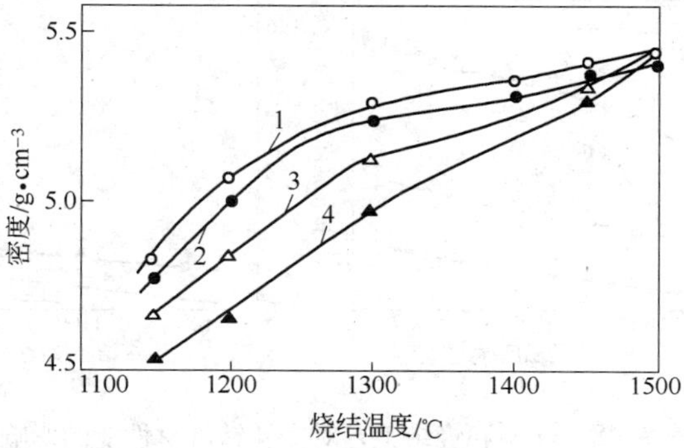

图 8-47　烧结温度对 Ti-30Mo 制品密度的影响
（真空度 0.0013 Pa，烧结时间 2 h）
1—Ti-3Mo（氢化钛粉）；2—Ti-30Mo-0.5Pd-1Al_2O_3
（氢化钛粉）；3—Ti-30Mo（钠还原钛粉）；
4—Ti-30Mo-0.5Pd-1Al_2O_3（钠还原钠粉）

8.4.4　其他烧结工艺

8.4.4.1　松装烧结

粉末不经压制而是松散地或经摇实装在模具内直接烧结的方法叫松装烧结。它主要用来生产透过性能大但净化精度要求不高的多孔材料，大多用于粗过滤材料。

松装烧结要选用较窄的粒度分布，应选用钼作模具材料，也可以选用高密度石墨作模具材料。

烧结工艺和其他多孔材料同。

8.4.4.2　轧制多孔带材烧结

轧制多孔钛带材在烧结时，烧结工艺对性能的影响如图 8-48、图 8-49 所示。所以采用多孔钛带材的烧结工艺和其他多孔材料相同。常采用的烧结工艺是在 1200℃ 下烧结 1 h。

8.4.4.3　电火花烧结

电火花烧结也称为电火花压力烧结，它是利用粉末间火花放电所产生的高温，并受外力作用的一种特殊烧结方法。

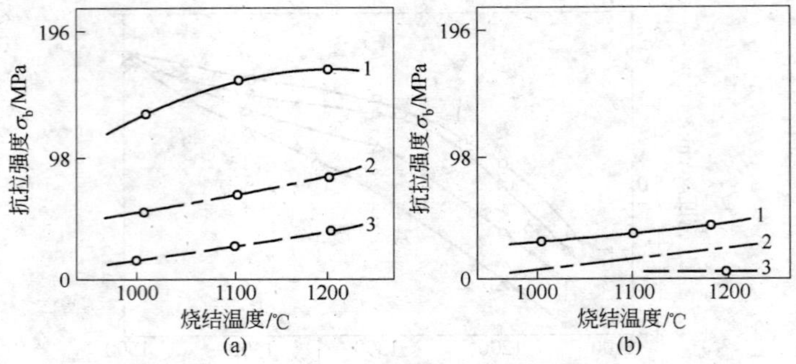

图 8-48　轧制和烧结工艺对多孔钛带材性能的影响

（a）未研磨；（b）研磨粉末粒度 0.147~0.370 mm(40~100 目)

1—轧制力 82 MPa；2—轧制力 41 MPa；3—轧制力 20 MPa

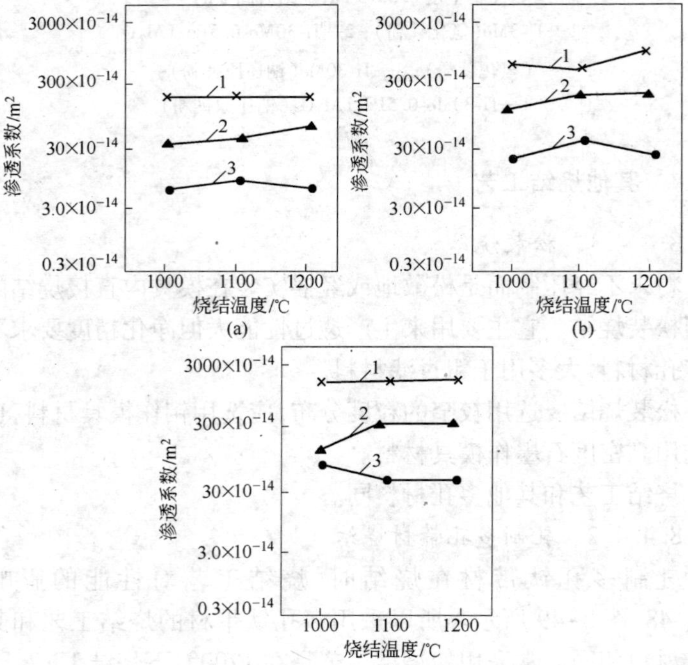

图 8-49　烧结温度对轧制多孔钛带材透气性的影响

（a）0.147~0.370 mm(40~100 目,未研磨)；（b）0.147~0.370 mm (40~100 目,研磨)；（c）0.370~0.833 mm(20~40 目,研磨)

1—轧制力 20 MPa；2—轧制力 41 MPa；3—轧制力 80 MPa

电火花烧结原理如图8-50所示。通过一对电极板和上下模冲向模腔内的粉末通入高频(或中频)交流和直流叠加电流(通常交流电功率占25%,直流电功率占75%),由于高频电流通过粉末形成的机械脉冲波的作用,通过加压进行烧结。粉末在高温下处于塑性状态,烧结在15 s内可完成。整个烧结作业在几分钟内完毕。在制取钛及钛合金的致密材料时可以用此工艺。火花烧结体制品可接近致密件,一般可达理论密度的98%~100%。但也可以有效控制孔隙度,制取多孔材。

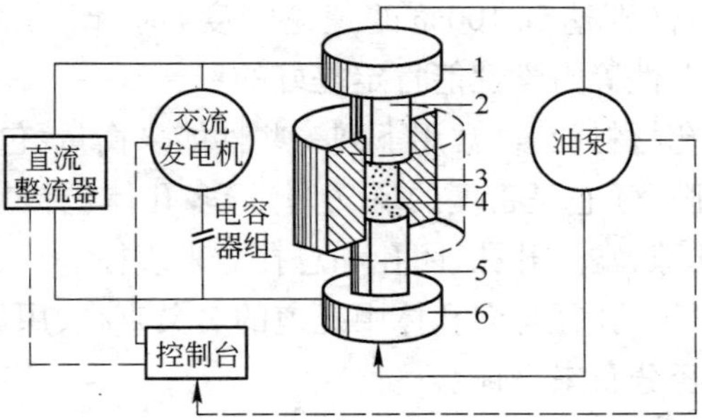

图8-50 电火花烧结原理示意图
1,6—电极板; 2,5—模冲; 3—压模; 4—粉末

8.4.5 强力烧结—热等静压烧结

强力烧结—热等静压烧结参见第9章。

8.4.6 影响烧结制品性能的工艺因素

无论是多孔材料或致密材料,烧结时影响制品最重要的因素是温度,越是高温下越易烧结。所以致密材料必须在高温下烧结;相反,多孔材料只能选用在稍低的温度下烧结。其次的影响因素是烧结时间,烧结时间必须与温度匹配。有时可以采用稍低的温度和延长烧结时间达到相同的效果。

8.5　钛制品质量控制

8.5.1　表征钛制品质量的性能

在表征粉末冶金钛制品质量时，常用一些性能来衡量。对于致密材料而言，常用几种力学性能来表征，如强度、伸长率、韧性、导电性等，与熔铸获得材料是一样的。但对于粉末冶金制品而言，还必须加上密度，不仅密度值与这些力学性能有内在关系，而且从钛制品密度值的大小很易判断出产品质量的优劣。例如，钛制品能达到全致密(即达到 100% 的理论密度)时，产品的强度、伸长率、韧性、导电性等力学性能肯定是好的。

对于多孔材料而言，常用下列一些性能来衡量，包括：

(1) 孔隙度(它是密度的反义词)。多孔体包括贯通孔、半通孔、闭孔等孔隙，常用开孔、闭孔和总孔隙来表征。

(2) 孔径。孔径是多孔体中孔道的名义直径，用最大孔径、平均孔径和孔径分布来表征。

(3) 透过性能，指流体透过多孔体的能力。透过性能好，表征透过阻力小。

(4) 强度。多孔体的强度高，可以承载更多的流体压力。

在多孔体的上述几项性能中，孔隙度常和其他三项性能有内在关联，在描述多孔体时，常用孔隙度来表征该多孔体的粗略或大概性能。

8.5.2　烧结体烧结时的性能变化

烧结体在烧结过程中，随着烧结温度的不断提高，烧结体孔隙度不断减少，它的密度、强度、传导性、伸长率和动态性能的变化如图 8-51 所示。图中展示了各项性能的定性的变化态势。它表明欲获得优良的力学性能、传导性能和动态性能，必须制取高密度的(即低孔隙度的)粉末制品。因此，确定烧结工艺时，必须采用高温下烧结等工艺来达到。相反，如要获得多孔材料，则应确立在某些预定的孔隙度下，在稍低的烧结温度等条件下进行。

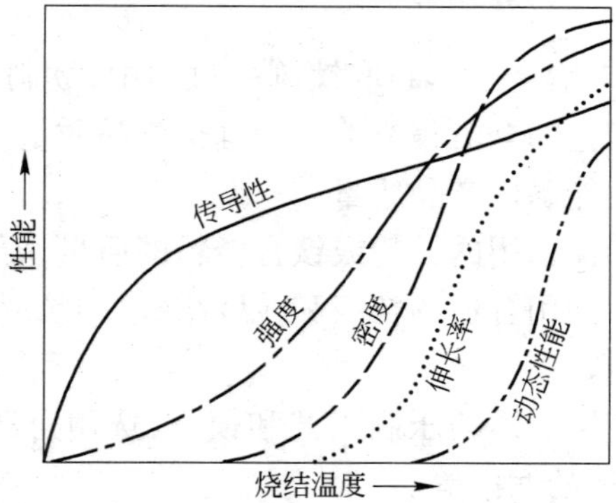

图 8-51　烧结温度与烧结体性能的关系

表 8-14 列出了三种粉末压制压力和烧结温度不同时与烧结体密度的关系。很显然，不同的工艺条件钛制品的密度是不同的。同理，这样的钛制品的力学性能也不相同。

表 8-14　三种 Ti-6Al-4V 粉末烧结坯的相对密度与压制压力和烧结温度的关系

粉末制取方法	烧结温度/℃	模压压力/kPa				
		138	207	276	416	482
机械研磨	1066		70.1	74.8	81.2	86.0
	1121		71.1	75.7	84.1	87.2
	1288		80.0	81.6	89.0	89.1
	1399		79.7	83.4	87.1	88.5
	1499		85.8	88.4		
氢化脱氢	1066		72.5	76.7	84.5	86.7
	1121		74.5	78.3	84.6	87.1
	1288		81.5	84.0	88.5	90.3
	1399		86.1	86.8	90.5	92.6
	1499		86.3	90.1		
元素混合	1238	92.0		93.0	96.0	

8.5.3　钛制品的质量控制

在通过粉末冶金工艺制取钛制品过程中，欲制取优质的钛制品时，与整个工艺的全流程有关。为确保产品质量，应对全流程进行质量控制，才能确保产品质量。

首先，要确保选用的钛粉或钛合金粉的质量，要选用优质低氧的粉末，要兼顾到用合适的粒级和粒度组成、颗粒形状、流动性、粒装密度等的粉末。

第二，要使用合适的压制工艺和模具，选用合适的压制压力、压制速度和合适的润滑等。

第三，要使用合适的烧结温度和时间，以及升温和冷却速度、炉内真空度等。

影响的因素很多，有时要抓关键因素。表 8-14 中列出了不同工艺制造的粉末用不同压制压力和不同烧结温度所获得的产品密度不同就是一例。

表 8-15 中详细列出了不同粉末类型烧结钛及钛合金的性能。而表 8-16 是将冷等静压钛制品性能做了全面的测试，可以说表 8-16 是表 8-15 性能的补充说明。

表 8-15　不同粉末类型烧结钛及其合金的性能

粉末类型		相对密度/%	体积收缩/%	抗拉强度 σ_b/MPa	伸长率 δ/%	冲击功 A_K/J
氢化钙还原		94~97	17~20	589~687	约 12	6~8
钠热还原		90~94	6~8	441~540	10~18	20~31
氢化脱氢		88~94	8~12	490~589	10~15	20~24
电解钛		90~95	2~3	392~490	15~20	27~39
电解 Ti-2Al		91~96		483~593	9~14	15~18
电解 Ti-3Al		90~91	3~4	589~638	9~15	12~16
电解 Ti-5Al		86~88	3~4	687~765	8~13	8~10
元素混合	Ti-2.5Sn	96~98		460~470	27~23	
	Ti-5Sn	98		473~500	19~27	
	Ti-10Sn	97~99		620~626	7~24	
	Ti-15Sn	96~99		634~672	9	

表 8-16 冷等静压烧结钛制品性能[①]

试验温度/℃	拉伸强度 σ_b/MPa	屈服强度 $\sigma_{0.2}$/MPa	比例极限 σ_p/MPa	伸长率 δ/%	断面收缩率 Ψ/%	维氏硬度(HV)/MPa	冲击功 A_K/J	弹性模量 E/GPa	膨胀系数 α/℃$^{-1}$
室温	746	735	426	8.3		2903	3	93.2	
500	203	144		11.3	26.8			765	9.59×10^{-6}

① 氢化钛粉加钠法钛粉,比例 1∶1;烧结体相对密度为 95%~98%。

表 8-17 中列出了多孔钛管的测试性能。

表 8-17 粉末冶金钠还原海绵钛粉多孔材料性能[①]

开孔孔隙度/%	气泡试验最大孔径/%	渗透性[②]		抗拉强度[④]/MPa	直径/mm	壁厚/mm	内压破坏压力/MPa
		相对透气系数[③]/L·$(cm^2 \cdot min \cdot mm \cdot mmH_2O)^{-1}$	渗透系数/m^2				
≥25	≤160	≥0.007	≥3.2×10^{-12}	≥19	20	1.5	≥2
≥30	≤100	≥0.00550	≥2.2×10^{-12}	≥29	40	0.8~1.2	≥1
≥30	≤60	≥0.00400	≥1.4×10^{-12}	≥29	50	0.8~1.2	≥0.8
≥30	≤30	≥0.00200	≥0.5×10^{-12}	≥39	50	2~3	≥1
≥30	≤15	≥0.00001	≥0.04×10^{-12}	≥49	60	0.8~1.2	≥0.6
					60	2~3	≥1
					90	3~5	≥0.6
					120	3~5	≥0.6

① 管状元件的水压试验性能应符合表的规定;

② 渗透性是在 5.88 kPa(600 mmH_2O)压力以下测定的;

③ 相对透气系数试验用试样厚度为 1~2 mm;

④ 管状元件不进行拉力试验。

另外，钛制品的性能还与所采用的粉末冶金工艺有关。从上面一些数据可见，仅采用常规的粉末冶金工艺只能获得相对密度最好可达 94%~96% 的钛及钛合金制品。制品内总有 4%~6% 的孔隙无法消除。这些孔隙是冶金过程残留的闭孔。要达到制取全致密的钛或钛合金，必须要采用全致密化工艺。

采用常规的粉末冶金工艺制取的钛制品只能应用于化工等民用工业部门的钛设备中的零件，或化工设备中某些元件。

9 钛制品全致密化

致密化是改善粉末冶金材料质量的关键。压制成形后烧结的方法虽可改善致密程度，但对于粉末冶金材料性能的提高是有限的。对于钛的粉末冶金而言，有些材料，如飞机零件（结构）材料，为了安全，必须要使钛全致密化，方能获得钛的优异力学性能。因此，钛粉末冶金制品的全致密化是必须研究的课题。

粉末冶金材料的全致密化，对于铝或铜等熔点较低的金属而言容易实现。但对于钛等高熔点、高活性金属而言，全致密化是一个有难度和技术含量很高的工艺。通常，粉末冶金钛制品的全致密化工艺是采取同时提高温度和压力，即兼用后达到消除其中的孔隙的目的。

9.1 粉末冶金钛合金的致密化工艺

粉末冶金钛合金的致密化工艺，通常根据钛合金粉末制备差异分为混合元素法和预合金法两类。

混合元素法（BE 法）：将原料钛粉与母合金粉或其他需要添加的元素粉混合后进行模压或冷等静压成形，于真空下烧结。

预合金法（PA 法）：预合金化的粉末采用陶瓷或金属包套封装后热等静压成形。

混合元素法（BE 法）生产的零件成本低，但致密度也低。因此，高致密度、高性能的航空产品通常采用预合金（PA）法制造。随着粉末选择、压实和压实后的处理技术的快速发展，混合元素法也能获得高致密度的产品。混合元素法和预合金法产品能获得超过铸造冶金产品的性能。

为了提高粉末冶金钛合金的拉伸强度和疲劳强度，一般可以采用致密化后的后续加工或热处理，如热加工、热处理和热化学处理。后续加工与粉末冶金钛合金的近净成形技术相悖，而后续热处理因为不需要冷加工或热加工来细化组织，所以该方法非常适用于近净成形产品。

热处理是破碎组织热处理(BUS)，能显著地改善拉伸强度和疲劳强度。BUS 热处理与标准热处理比较起来是一种进步，标准热处理只提高拉伸强度而不提高疲劳强度。

热化学处理是把氢作为临时合金元素来细化钛合金的微观组织。

钛合金致密化后续热加工，常用的手段有热等静压、热压、热挤和热锻四种，有时还加上普通塑性加工处理。因此，钛合金致密化工艺路线呈现出许多条线路并存的状态。

下面分别阐述钛合金致密化常用手段。

9.1.1　热等静压

热等静压是将粉末压坯或将装入特制容器(称粉末包套)内的粉末置于热等静压机的高压容器(见图 9－1)中，施以高温和高压，使这些粉末同时被压制和烧结成致密材料或零件的过程，一次完成。粉末体在热等静压容器内同时经受高温和高压的联合作用，强化了压制和烧结过程，改善了制品的晶粒结构，获得的制品晶粒细小而均匀，有利于提高性能。同时消除了制品内部的缺陷和孔隙，提高了材质的致密度和强度。这是一种消除材料内部残存微量孔隙和提高材料密度的有效方法。现在采用该法可获得接近理论密度的制品。因此，热等静压法已成为制取高性能材料及大型复杂形状制品的一种先进工艺。

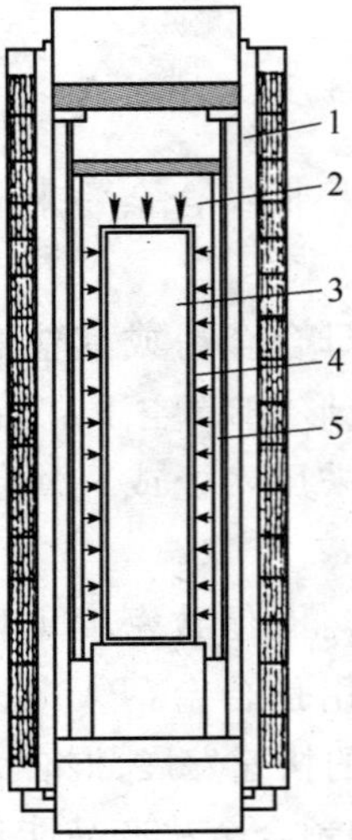

图 9－1　热等静压法原理

1—压力容器；2—气体压力介质；3—压坯；4—包套；5—加热炉

热等静压工艺所采用的压制压力较高而温度稍低，有利于提高制品密度和获得细晶粒，可改善晶粒结构，提高制品性能。和热压法相比，热等静压的制品性能要好一些，相对密度要高一些。

图 9-2 所示为热等静压工艺流程示意图。热等静压机操作的工艺步骤大体上是按图 9-2 的顺序进行的。

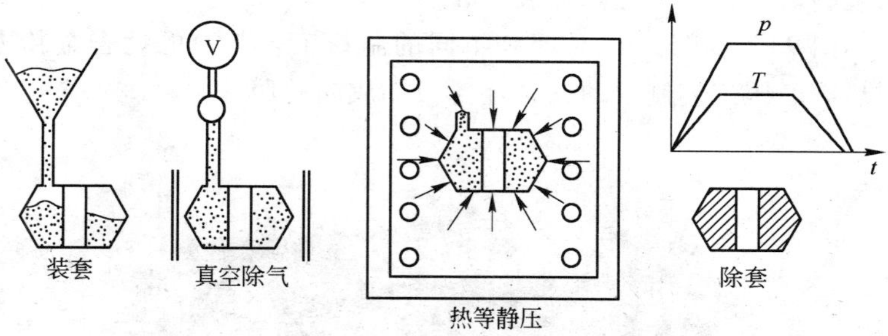

图 9-2 热等静压工艺流程示意图

热等静压设备由带加热炉的压力容器、高压气体输送装置和电气设备组成。热等静压设备图参见图 6-4。热等静压设备和冷等静压设备大同小异，不同处是压力容器内热等静压带有加热装置。

热等静压设备还有一件必需的成形容器，即包套。这是一件具有决定性作用的部件。包套的作用是：(1)作为气密性好的容器，在装入粉末或冷压压坯后经过真空抽气可排除其中的气体和水分，并在热等静压机操作时保证压力气体不进入包套内，确保制品的质量；(2)作为模具，可使所装入的物料成形为预定的形状和尺寸。用于钛和钛合金制品的包套常用中碳钢或镍质金属包套。

用热等静压技术不仅用来制取钛及钛合金，也可以用来对钛及钛合金熔铸件进行二次处理，还可以利用其进行扩散焊接修复。

航空工业用的许多钛合金零件，大多是铸造工艺生产的。航空工业由于安全性考量，对材料性能要求很高。铸件中不可避免地有气孔、缩孔、疏松等缺陷，导致质量下降，而热等静压工艺是改善铸件质量的最佳工艺。经过 900~930℃、压力大于 100 MPa、保温 2 h 的热等静压工艺后，钛合金内部缺陷全部消除而完全致密化，从而使材料性能提高，增强了材料可靠性。例如，马丁/波音 F22 战斗机上所采用的 76 个钛合金零件(占飞机重量的 45%)全部是由铸件再经热等静压二次处理的钛合金。

采用 HHDH 法和 REP 法制取的 Ti-6Al-4V 粉经过热等静压加工制取的钛合金性能见表 9-1。

图 9-3 和图 9-4 是两种不同的制粉工艺制取的钛合金粉末用热等静压工艺制取的钛合金薄板和成品的照片。

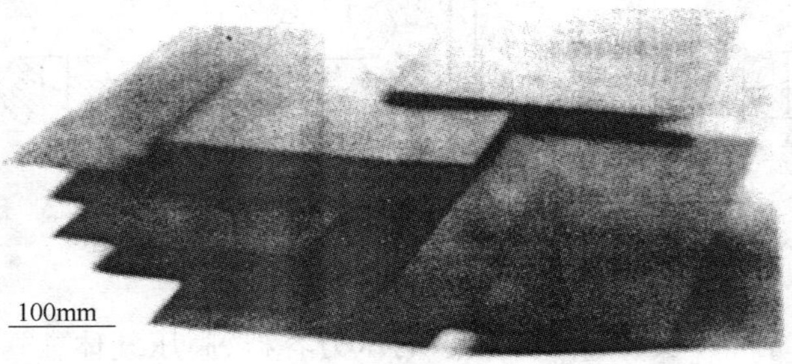

图 9-3　由气雾化粉末热等静压生产的 γ 钛铝化合物合金薄板

图 9-4　用 PREP 粉末和热等静压制造的近净成形发动机固定支撑架

9.1.2　热压

热压是将粉末装在压模内，在加压的同时把粉末加热至烧结温度(熔点以下)，经过短时间的加速烧结成致密和均匀的制品。热压是压制成形和加热烧结同时进行的工艺，是一种强化烧结。

热压的优点为：(1)加热压制时粉末处于高活性状态，大大降

表 9－1 热等静压 HHDH 法和 REP 法制取的 Ti-6Al-4V 合金性能

粉末	材料状态		室温						400℃		
			抗拉强度 σ_b/MPa	屈服强度 $\sigma_{0.2}$/MPa	伸长率 δ (δ_5)/%	断面收缩率 Ψ/%	冲击功 A_K/J	断裂韧性 K_{IC} /MN·$m^{-3/2}$	抗拉强度 σ_b/MPa	伸长率 δ_5/%	断面收缩率 ψ/%
HHDH①	氧含量(质量分数)/%	0.13	954	922	(18)	51	33		617	21	63
		0.14	959	922	(18)	50	32		606	18	50
		0.15	986	958	(16)	40	29		617	18	38
REP②	轧制态（横向）		993	958	12	35					
	退火态（纵向）		896	820	13	31		73			
	退火态（横向）		896	814	11	23		61			
标准加工材 CELI 标准	β 退火态板（纵向）		910	841	11	20		105			
	β 退火态板（横向）		917	841	11	23		98			

① 热等静压温度 950℃，压力 98 MPa，时间 2～3 h；

② 热等静压温度 927℃，压力 104 MPa，时间 4 h，热轧温度 943℃。

低了成形阻力,可使热压压力大大减小,仅约为冷压成形压力的1/10,因而可以压制大型制器;(2)热压时,粉末易产生塑性流动,大大加速了致密化进程,能在很短的时间内实现制品的全致密化;(3)热压制品晶粒细小,孔隙度低,且制品性能好;(4)热压时,粉末容易充填模具,所以可以制取形状复杂异形件。缺点是,热压要求压模材料性能高而且寿命短,生产率低。

热压致密化理论是在黏性或塑性流动烧结机构的基础上建立起来的。热压的致密化过程大致有三个连续的阶段,其机理如下:

(1) 早期阶段。粉末颗粒发生位移和重新排列,致密化速率较大,这主要取决于粉末的粒度、颗粒形状及材料的断裂和屈服强度。这阶段的线收缩 $\Delta L/L$ 正比于 t^n($n = 0.17 \sim 0.58$,t 表示时间)。

(2) 中期阶段。当热压压力超过热压温度下的材料屈服强度时,则产生塑性流动,此时致密化速率减慢。此阶段可用 Murray 热压方程式表示:

$$\ln[1/(1-\rho)] = 3pt/(4\eta) + \ln[1/(1-\rho_0)] \qquad (9-1)$$

式中　ρ——所压制样品的相对密度;

p——外加压力;

t——时间;

η——所压制材料的黏度;

ρ_0——热压开始时($t=0$)的相对密度。

(3) 后期阶段。材料接近理论密度时,塑性流动基本消失,依靠扩散、蠕变的作用达到最终密度或理论密度。这阶段可用 Coble 热压方程式表示:

$$\theta = \theta_0(1 + bt)^{-Kp} \qquad (9-2)$$

式中　θ——孔隙度;

θ_0——原始孔隙度;

b——常数;

t——时间;

p——外加压力。

$$K = 15kTbd_0^2/(2D_v\Omega) \tag{9-3}$$

式中 k——玻耳兹曼常数；

T——热力学温度；

d_0——平均原始晶粒大小；

D_v——体积扩散系数；

Ω——原子体积。

热压是一个十分复杂的过程。实际上不可能用一个方程式来描述它的全过程。上述方程式仅仅是一个大为简化的描述。

为了使最终制品中的孔隙度小，原始粉末粒度应该小些。否则使用粒度过大时，往往只能得到较低的密度，烧结速度也随粉末粒度的增大而下降。

压坯密度一般随热压温度的升高而连续增大。但是，如果随着温度升高发生晶粒的快速长大，这就有可能使热压坯密度下降。因为晶粒快速长大会使孔隙在致密化过程的早期就成为粗大的晶内孔隙，从而停止了这些孔隙的收缩。

在制取钛的难熔化合物，如 TiB_2、TiC、TiV、TiSi 及钛合金等时，都可以用热压法工艺制取致密的钛化合物。

活性金属钛及钛合金的热压是在真空热压机中实现的。以热压制取 Ti-6Al-7Nb 合金为例，采用 BE 法将 Ti 和 Al、Nb 三元素按产品成分配比，混合后经模压或冷静压，压坯再在 1500℃、20 MPa、下热压 1 h，可获得理论密度为 99.8% 的钛合金制品。

图 9-5 所示为真空热压炉体的结构示意图。

图 9-6 所示为真空热压炉结构图。该真空热压炉由炉体、炉盖、保温筒、热压装置、发热体和电源、真空系统、水冷却系统及测温系统等组成。它具有工作温度高、真空度高、压制力大、冷却条件好等特点。其主要技术参数如下：工作温度 ≥2300℃；功率为 0~50 kW；最大压制力为 100 kN；工作电压为 0~375 V；工作真空度为 6.67×10^{-2} Pa；工作电流为 0~150 A；极限真空度为 6.67×10^{-3} Pa；发热体额定电压为 0~36 V；下顶杆运动速度调节范围为 50~300 mm/min；工作区尺寸（直径 × 长度）为 140 mm × 160 mm。

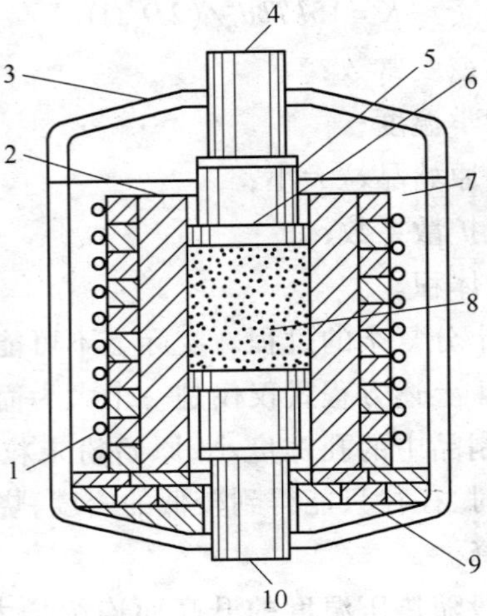

图 9-5　真空热压炉体结构示意图

1—感应线圈；2—阴模；3—冷却水套；4—上压头；5—定位块；
6—模冲；7—真空室；8—粉末；9—耐火砖；10—下压头

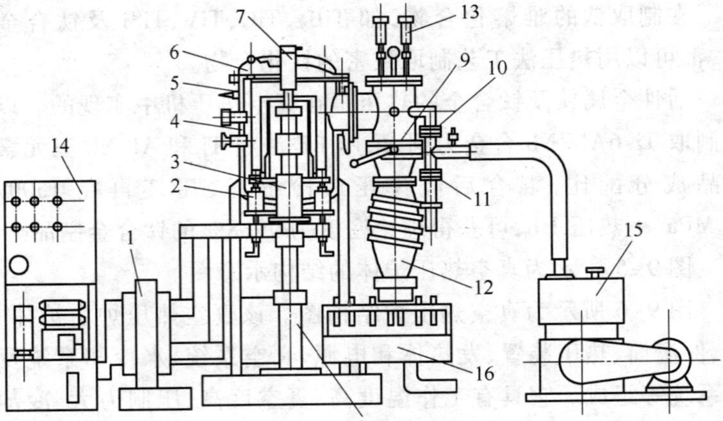

图 9-6　真空热压炉结构图

1—干式变压器；2—引入电极；3—下顶杆；4—保温筒；5—炉体；6—炉盖；
7—上压头；8—主液压缸；9—扩散泵阀门；10—低真空阀门；
11—高真空阀门；12—扩散泵；13—真空计；14—液压站；
15—机械真空泵；16—水冷却系统

9.1.3　热挤

热挤是在提高温度的情况下进行粉末的挤压，使制品达到全致密化。热挤法能够准确地控制材料的成分和合金的内部组织结构。热挤法可分为包套热挤法和非包套热挤法两种形式。

对于活性金属钛及钛合金粉，为防止产品氧化，常采用包套热挤法。此时，先预制好包套，将粉末或压坯都要装在包套内，经过预抽并密封后，将它置于挤压机中，进行热挤压。

此时所使用的包套材料应具有较好的热塑性，不与钛材形成合金，热挤压后易剥离、来源方便，成本低廉。使用较多的是低碳钢或不锈钢薄板。

热挤压第一种工艺是将成形、烧结和热加工结合在一起，从而直接获得力学性能较佳的钛制品。图 9-7 就是一种将钛或钛合金粉末装入包套后再进行热挤压示意图。

该工艺过程为先将钛粉末装入包套，压制成坯块，随后将包套封焊，抽空，最后进行加热挤压。

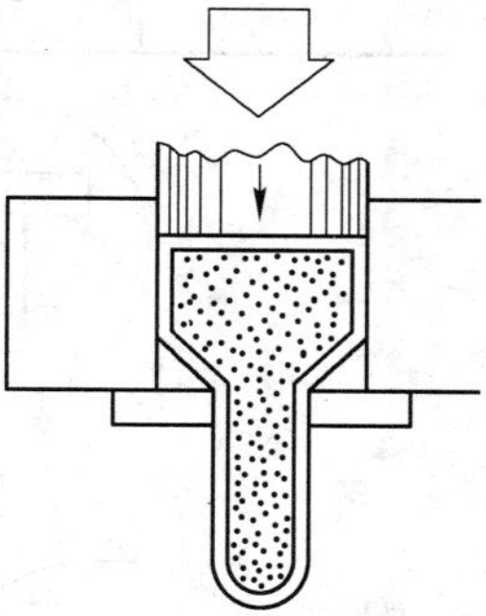
图 9-7　包套挤压

第二种工艺是将钛及钛合金粉成形。烧结后，制备的烧结坯经热挤压（对于 Ti-32Mo 合金，温度 1000~1100℃），获得的钛合金制品性能见表 9-2。挤压比对钛材性能的影响见表 9-3。由表可见，可以获得理论密度达 98.6%~99.1% 的钛材。

第三种工艺是填充坯料挤压的工艺（见图 9-8），这是一种可以用来制取复杂断面制品的重要方法。其过程包括：准备包套空腔，并将空腔尺寸按所需最终制品尺寸加挤压系数确定；装套，把粉末装入空腔并经振动摇实；包套的抽空、排气和密封；在一定的温度和挤压比下进行挤压；剥离包套。

表 9-2　热挤压 Ti-32Mo 合金力学性能和耐腐蚀性能

性　能	抗拉强度 σ_b/MPa	伸长率 δ/%	断面收缩率 ψ/%	冲击功 A_K/J	材料状态	腐蚀速率（100℃）/mm·a^{-1}	
						40% H_2SO_4	20% HCl
指　标	1036	13.8	44	28	挤压	0.07288~0.09073	0.01190~0.2842
					挤压后 1000℃ 退火 1h	0.05494~0.05978	

注：1. 粉末：TiH_2（< 250 μm、250 ~ 840 μm），Ti（90 ~ 250 μm），Mo（费氏粒度2.2 μm）；
2. 冷等静压压力：196 MPa；
3. 烧结工艺：0.0013 Pa，1500℃，3 h；
4. 挤压温度：1000~1100℃。

表 9-3　挤压比对钛材性能的影响

挤压比	抗拉强度 σ_b/MPa	屈服强度 $\sigma_{0.2}$/MPa	伸长率 δ/%	断面收缩率 ψ/%	孔隙率/%
10	609	482	26.3	44.8	1.4
13	638	516	25.7	44.4	1.3
19	646	512	26.5	44.3	1.2
25	644	511	26.0	45.0	0.9

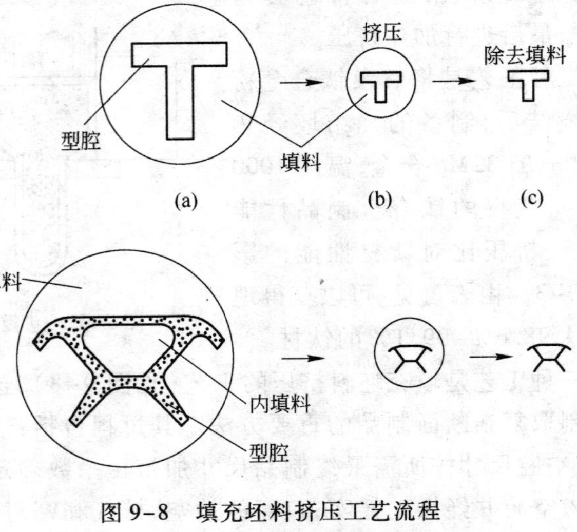

图 9-8　填充坯料挤压工艺流程
(a)坯块；(b)挤压；(c)型材

虽然材料固有的性质能够影响到挤压过程的难易,挤压包套的厚度以及挤压方式都会影响挤压制品的质量,但是挤压温度是控制热挤参数中最主要的因素。太高的热挤温度可能会损害制品的微观结构,而且能缩短挤压工具的寿命;太低的热挤温度则会造成挤压的困难。

9.1.4 热锻

与热等静压的低应变速率相比,粉末锻造在高温下具有高的应变速率。采用热锻不仅可以使制品得到致密的最终形状和尺寸,而且还可以获得均匀的细晶粒组织结构,显著提高制品的强度和韧性。同时,它又可保持普通粉末冶金少、无切屑工艺的优点,具有成形精确、材料利用率高、锻造能量低、模具寿命长和成本低等特点。

在塑性流动中,多孔压坯的行为是粉末锻造主要注意之点。图 9-9 所示为粉末锻造过程的示意图。

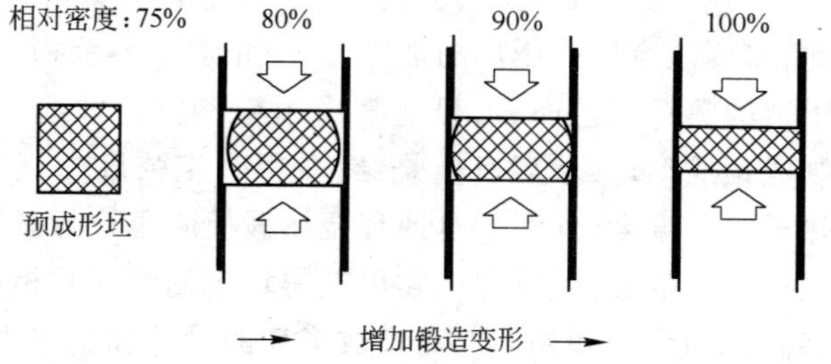

图 9-9 粉末锻造过程的示意图

粉末锻造是在单轴压制时致密化和流动的结合体。粉末锻造时,减少摩擦对提高锻造制品的密度和性能的均匀性是很重要的。没有润滑时,锻造粉末制品会呈现出径向区域的低密度。锻造时的摩擦将会引起周边出现拉伸应力,导致出现微裂纹。

在粉末压坯中,高的孔隙度意味着材料是脆弱的,并且具有低的泊松比。

在高温时,由于材料具有较低的强度和加工硬化,在应力作用下金属就显示出良好的流动性。粉末压坯在室温变形到全密度所要求的应力比实际的应力要高出很多。为了达到全密度,可以采用加热压坯。高孔隙度的粉末压坯比铸锻制品要脆弱得多。要是用热成形方法使粉末压坯致密,其性能就可以类似于铸锻制品。虽然热锻到全密度是困难的,但是最终孔隙的消除对制品的性能十分有利。主高度应变(一般超过 50%)有利于孔隙的消除和颗粒间良好的结合。当然,太大的主高度应变可能引起微裂纹。最终,压坯的尺寸必须能足以填满全密度时的零件形状。热锻温度取决于达到足够形变时所需的应力。压坯的尺寸和密度取决于模具的侧向限制和零件的形状。太大的原始高度与直径比可能会引起皱纹,因此在高度与直径的比例上也有所限制。

粉末锻造的性能是诱人的,最重要的是动力学性能往往优于大多数铸锻的制品。热锻也存有一些问题,例如,尽管已达到全密度,但夹杂会严重地损害粉末锻造制品的性能。夹杂是由多孔状态下的压坯的氧化、脏物进入到孔隙中以及来自模具的润滑引起的。因此,需要注意保护压坯的洁净,以防止进入夹杂物。

对于钛的热锻工艺而言,目前常采用粉末烧结锻造。它是将钛粉压制成预成形坯,然后真空烧结,获得一定强度的烧结体,并将它加热至锻造温度,保温后迅速移至热锻模腔里进行锻打,锻造成合乎设计尺寸的锻件。同时,它可获得均匀的细晶粒组织结构,显著提高制品的强度和韧性。而预成形坯的设计和制造也是热锻的关键问题之一。

粉末烧结锻造钛合金适用于制备高温飞机引擎零件,如螺旋桨、压缩机盘、叶片和叶轮等。钛合金的合金元素含量较高,铸造坯料成分偏析严重,塑性差,锻造成形困难。采用粉末烧结锻造工艺可以克服上述不足。

如采用热锻工艺制取飞机压缩机盘工艺,先将 PA 法钛合金粉末经热等静压制取理论密度达 99.3% 的预成形坯,再将该坯料热锻,热锻工艺控制温度达 900~1040℃,模具预热温度达 370℃,应变速率 0.1/s,单位压力为 360 MPa。

控制热锻在 α + β 两相区内，适合粉末烧结锻造钛合金。

热模锻工艺对纯钛制品的性能影响如图 9-10 和图 9-11 所示。

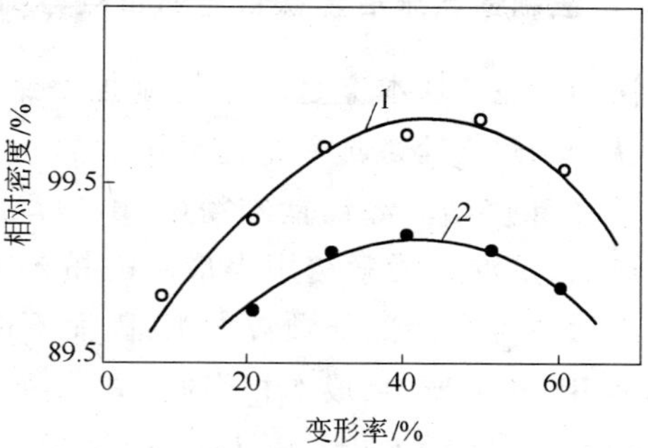

图 9-10　模锻变形程度对钛制品相对密度（模锻温度 950℃）的影响

1—ΠTЭC-1 电解钛粉，纯度为 99.5%~99.8% 和 ΠTЭK-1 电解钛粉，纯度为 99.1%~99.3%；2—海绵钛

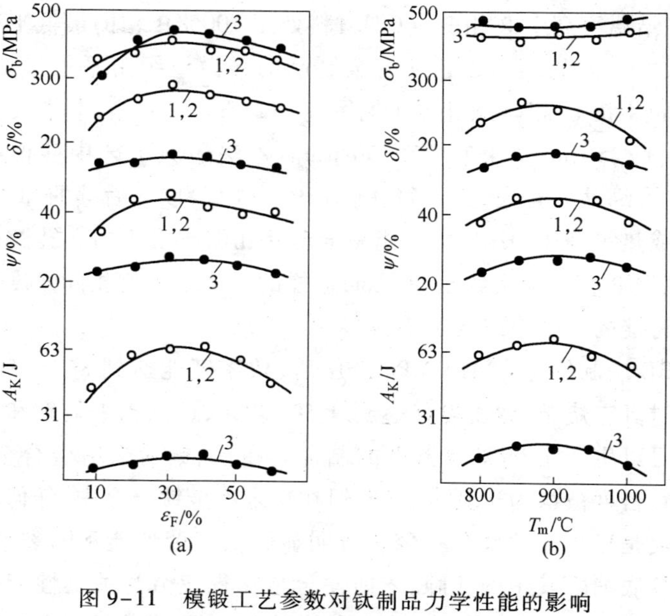

图 9-11　模锻工艺参数对钛制品力学性能的影响

（a）变形程度的影响（950℃模锻）；（b）模锻温度的影响

1,2—电解钛粉；3—海绵钛粉

9.2　粉末冶金钛合金的特点与制品

9.2.1　混合元素法制造粉末冶金钛合金的特点与制品

混合元素法(BE 法)基本上是一个压制加烧结的工艺,即包括小颗粒元素钛粉和母合金粉或其他需要添加的元素粉的混合物的冷压或冷等静压和烧结。海绵钛细粉(<0.147 mm)作为钠法还原工艺的副产品,是混合元素法用得最广的粉末。由还原工艺生产的金属海绵钛中含有一部分颗粒太细,因而不能用于熔炼的海绵钛细粉作为 BE 法的原料,成本相当低。

这种粉末的不规则形状(见图 9-12(a))易于等静压成形,粉末要在 1150~1315℃温度范围内和真空条件下烧结。真空烧结的目的是为了避免气体污染,以免严重影响制件性能;较高的烧结温度是为了保证颗粒连接和均匀的化学成分。对于所有常规钛合金,烧结温度高于 β 相变点(即材料处于 100% β 相的最低平衡温度)较好。因此,α + β 相钛合金制品的显微组织由平行排列的、粗大的片状 α 相集束组成(见图 9-12(b))。α 相片状大约宽 8 μm、长 25 μm,集束直径约 50 μm。钠法还原工艺中残留氯化钠,使海绵钛含有大约 0.12%~0.15% 的 Cl^-,以致后续的加工,如热压或热等静压(HIP)仍不能完全消除孔隙。由于内在孔隙的存在,原始 β 相晶粒大约是 80 μm,这样的显微组织比相同温度下处理的铸锭的显微组织要细小得多。

BE 法制件经过 415 MPa 冷压后,致密度能达到 85%~90%,再经过真空烧结,致密度能达到 95%~99%,控制粉末粒度和粒度分布可以生产出 99% 致密度的制件。在铁、铜粉末冶金合金中,99% 致密度被认为达到全致密,但在粉末冶金钛合金中,任何微小的即使是极少量的残余孔隙仍可明显降低疲劳性能和断裂性能。只有彻底消除其中的孔隙,才能使合金在视疲劳为关键性能的宇航领域得到应用。烧结后的热等静压致密化能使制件获得 99.8% 的致密度,并因此而改善性能,但不能彻底清除孔隙。热压

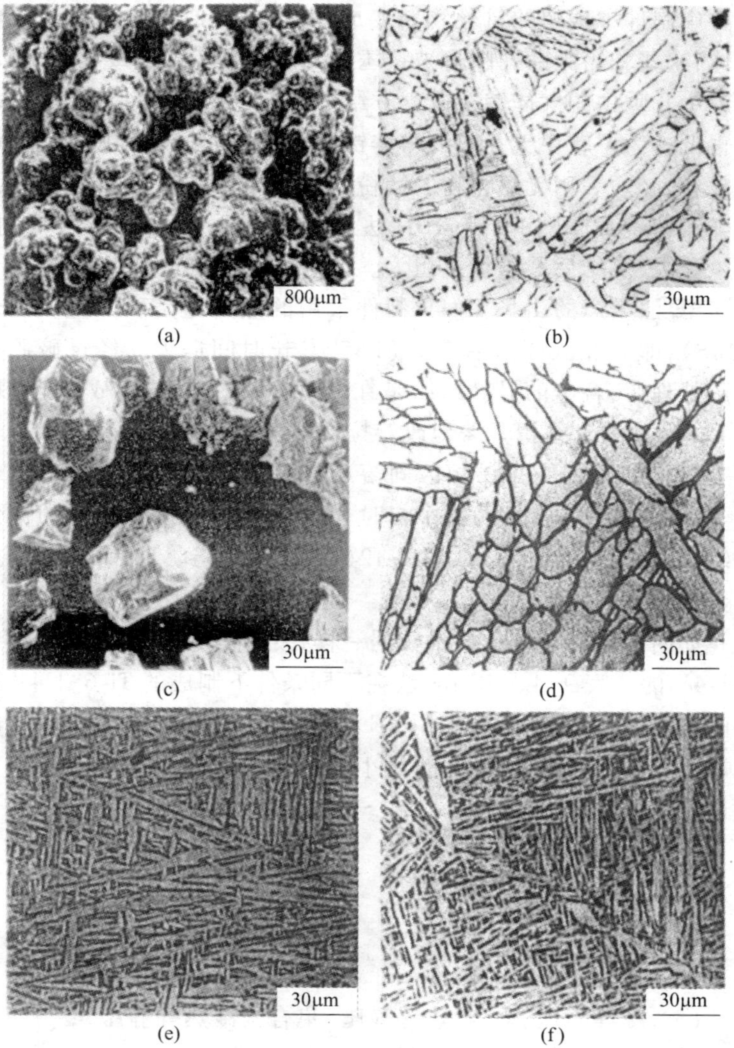

图 9-12 BE 法钛粉和钛材的显微组织

(a) <0.147mm 海绵钛粉;(b)压制和烧结后的 99% 致密度的 Ti-6Al-4V;(c)氢化脱氢法的钛粉;(d)压制、烧结和热等静压后的全密度的 Ti-6Al-4V;(e)破碎组织处理后的 Ti-6Al-4V;(f)热化学处理后的 Ti-6Al-4V

过程中制件中残留的氯化物转变成挥发物,变成一团不可固溶的气体,这些相当大的孔隙将被挤压破碎成无数亚微米级孔隙,冷却过程中孔隙中的气体转变成立方结构的氯化物晶体,因而制品 K_{IC} 值很低。为了获得无孔隙的与铸锭冶金生产相同的 100% 致密度的材料,必须采用无氯化物的钛粉。这种钛粉是多角的,主要来源于纯钛铸锭或车屑,采用 HDH 法制备的钛粉(见图 9-12(c))因缺少孔隙,烧结后其组织更粗大。

BE 法生产的 Ti-6Al-4V 制件采用的热处理是破碎组织处理(BUS),即 β 相区固溶后淬火加 850℃ 长时间退火。经过破碎组织热处理后,合金的显微组织是在 β 相基体上的破碎 α 相(见图 9-12(e)),这种组织显著地改善拉伸强度和疲劳强度。

热化学处理是由 β 相区固溶后淬火、600℃ 充氢时效合金化和 760℃ 脱氢组成,即用氢作临时合金元素来细化钛合金的微观组织。对比图 9-12(d)和图 9-12(f)可以观察到,Ti-6Al-4V 粉末冶金产品中的组织细化。

如同其他的钛合金技术数据一样,发布的 BE 法数据多是 Ti-6Al-4V 的。表 9-4 是用 BE 法在不同条件下制成的 Ti-6Al-4V 制件的性能。显而易见,许多用 BE 法生产的 Ti-6Al-4V 制件的性能超过了 MIL-T-9047 规范中的最小值。通过如下工艺可以获得制件最终的形状:

(1) 压制、烧结;

(2) 压制、烧结、热等静压;

(3) 压制、烧结、轧制;

(4) 冷等静压、烧结;

(5) 冷等静压、烧结、热等静压(集合为冷热等静压);

(6) 冷等静压、烧结、轧制;

(7) 冷等静压、烧结、锻造。

通过控制加工参数能获得 92%~100% 致密度的制品。制件的屈服强度和抗拉强度(见图 9-13)、断裂强度(见图 9-14)随着密度增加而增加。高于 98% 致密度的 BE 法制品的 K_{IC} 达到铸锭冶金材料工厂退火态的水平,但由于较高的氧含量和残余孔隙,BE 法制品与具有相似的粗片状显微组织的铸锭冶金材料相比,K_{IC}值相对较低。

表 9-4 BE 法在不同条件下制成的 Ti-6Al-4V 制件的性能

条　件①	$\sigma_{0.2}$ /MPa	σ_b /MPa	δ /%	ψ /%	K_{IC} 或 K_Q /MPa·$m^{1/2}$	相对密度 /%	氯的质量分数 /%	氧的质量分数 /%
压制和烧结(96%密度)	758	827	6	10		96	0.12	
压制和烧结(98%密度)	827	896	12	20		98	0.12	
压制和烧结(99.2%密度)	847	930	14	29	38	99.2	0.12	
压制和烧结+HIP	806	875	9	17	41	≥99	0.15	0.24
CIP 和烧结+HIP	827	916	13	26		99.4	0.15	0.24
CIP 和烧结+HIP②	896	965	12	22		99.8	0.15	
压制和烧结+α/β 锻造	841	923	8	9		≥99.4	0.12	0.24
压制和烧结+α/β 锻造	951	1027	9	24	49	99	0.15	
压制和烧结(92%密度)	827	910	10			92	0.15	0.21
压制和烧结(92%密度)+α/β30%等温锻造	841	930	30			99.7	0.15	0.21
压制和烧结(92%密度)+α/β70%等温锻造	896	999	30			99.8	0.15	0.21
CIP 和烧结+HIP(低氯)	827	923	16	34		99.8	0.016	
CIP 和烧结+HIP(超低氯)	882	985	11	36		99.8	<0.001	
CIP 和烧结+HIP(超低氯)+TCP 处理	1007	1062	14	20				
轧制板材、CIP 和烧结+HIP								
轧制板材、CIP 和烧结+HIP 工厂退火(纵向)	903	958	10	26	72③	≥99	0.02	0.16
轧制板材、CIP 和烧结+HIP 工厂退火(横向)	923	965	14	31	71③	≥99	0.02	0.16
轧制板材、CIP 和烧结+HIP 再结晶退火(纵向)	888	916	4	8	75③	≥99	0.02	0.16
轧制板材、CIP 和烧结+HIP 再结晶退火(横向)	868	937	5	9	67③	≥99	0.02	0.16

续表 9-4

条　件①	$\sigma_{0.2}$ /MPa	σ_b /MPa	δ /%	ψ /%	K_{IC} 或 K_Q /MPa · $m^{1/2}$	相对密度 /%	氯的质量分数 /%	氧的质量分数 /%
轧制板材、CIP 和烧结 + HIP β 退火（纵向）	841	937	10	26	89③	≥99	0.02	0.16
轧制板材、CIP 和烧结 + HIP β 退火（横向）	875	958	7	20	92③	≥99	0.02	0.16
最小值（MIL-T-9047）	827	896	10	25				

① HIP：热等静压；CIP：冷等静压；TCP：化学热处理；② 1010℃锻造，水冷；③ 预裂纹冲击试验。

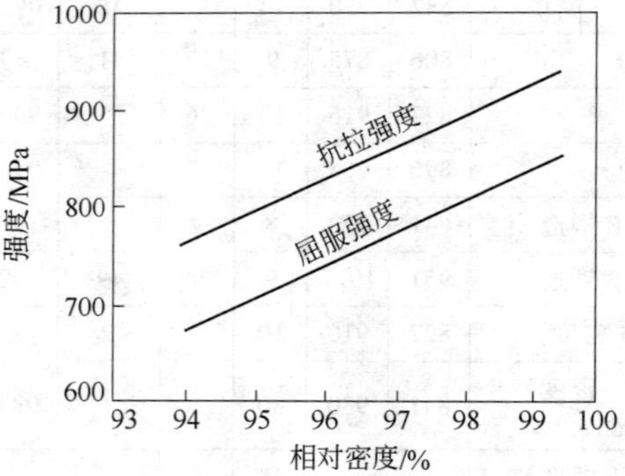

图 9-13　密度对压制和烧结的 BE 法 Ti-6Al-4V 制件的强度的影响

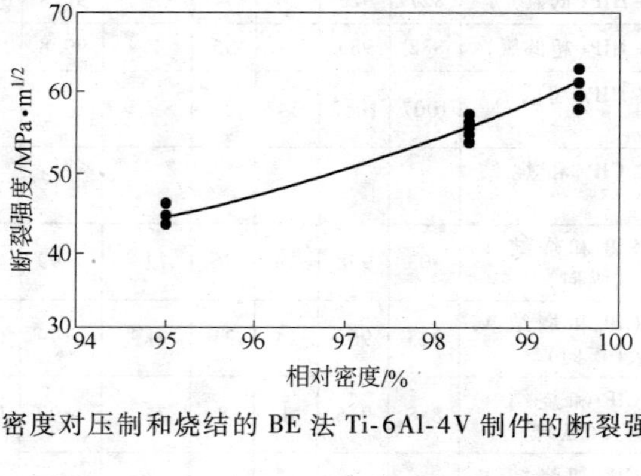

图 9-14　密度对压制和烧结的 BE 法 Ti-6Al-4V 制件的断裂强度的影响

图 9-15 为含氯化物的 BE 法 Ti-6Al-4V 制件和铸锭冶金材料

工厂退火态的疲劳寿命分散带对比图。BE 法制件的疲劳强度低，原因在于内部存在氯和孔隙。低氯化物含量和烧结后处理对疲劳强度的影响如图 9-16 所示。制件密度对疲劳强度的影响如图9-17所示。较低的疲劳强度限制了低成本的压制和烧结或冷等静压和烧结工艺的应用，只能用于非疲劳关键零件，如导弹零件。通过第二次加工操作和使用不含氯化物钛粉来增加密度，可以进一步提高疲劳强度，但这一方法增加了产品的成本，从而丧失了它们最基本的优势。

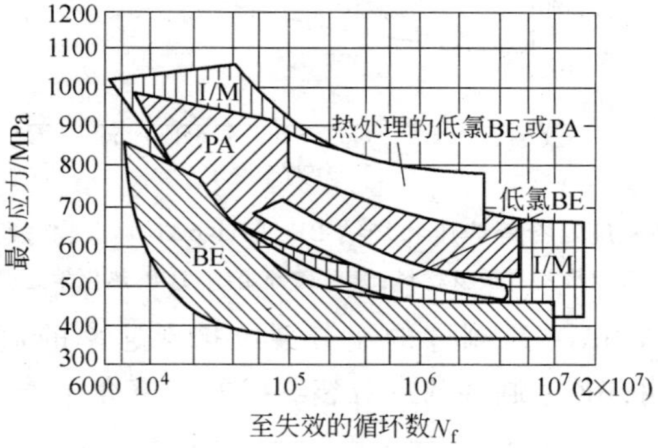

图 9-15 BE 法和 PA 法 Ti-6Al-4V 制品与工厂退火态铸锭冶金合金的室温疲劳寿命

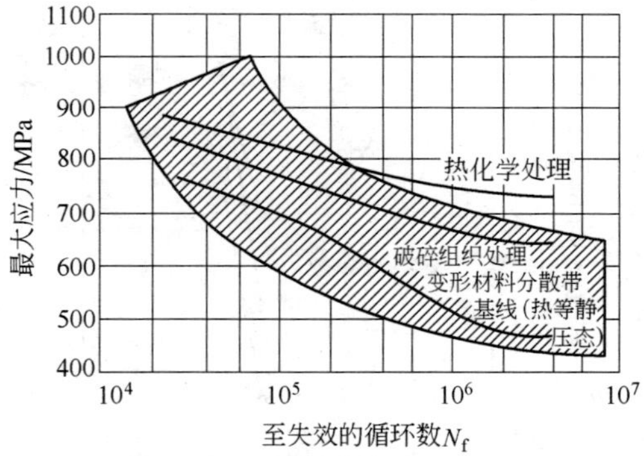

图 9-16 全密度超低氯 BE 法 Ti-6Al-4V 制品与铸锭冶金合金的室温疲劳寿命强度

(疲劳试验的条件是室温，$K_t=1$，$R=0.1$，$F=5$ Hz，三角波。HIP：热等静压；BUS：破碎组织；TCP：热化学处理)

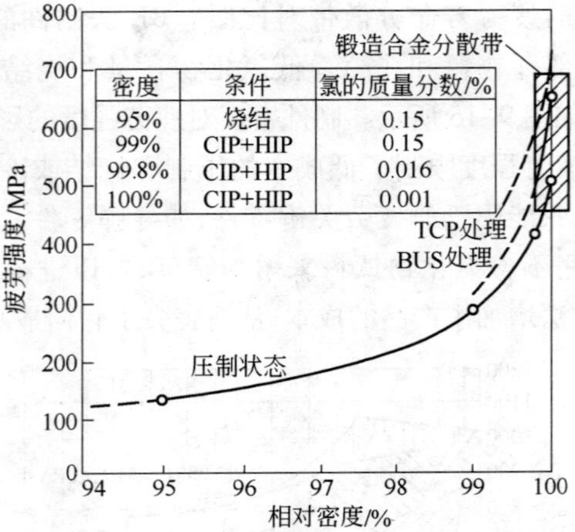

图 9-17　制品密度对冷等静压和烧结 BE 法 Ti-6Al-4V 制品疲劳强度的影响

（较高密度只有低氯材料；BUS：破碎组织；TCP：热化学处理）

BE 法 Ti-6Al-4V 制件的疲劳裂纹扩展速率的数据很有限。图 9-18 表明，BE 法制件的疲劳裂纹扩展速率介于铸锭冶金材料

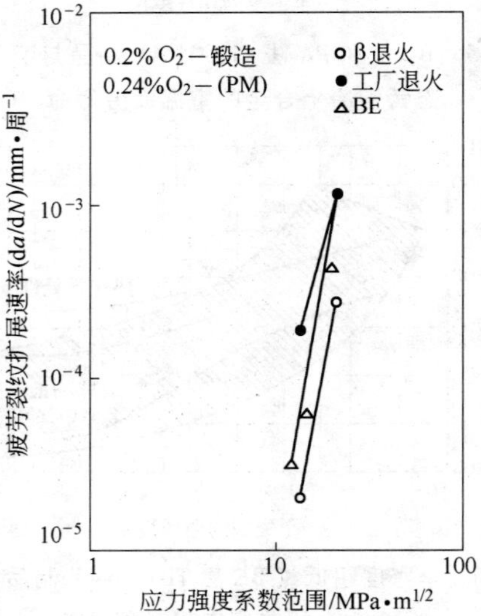

图 9-18　BE 法和铸锭冶金 Ti-6Al-4V 的室温疲劳裂纹扩展速率

（试验的条件：室温，$R=0.1$，$F=5$ Hz）

的β相区退火态和工厂退火态之间。该BE法制件有1%~2%的孔隙,似乎这一含量的孔隙并没有严重影响疲劳裂纹扩展速率。

其他BE法钛合金的性能见表9-5,其中Ti-10V-2Fe-3Al钛合金的性能接近于铸锭冶金材料的水平。然而,建立性能级别和最佳工艺的可靠参数还需要大量的数据。就BE法Ti-10V-2Fe-3Al合金而言,β相区固溶加时效处理能使拉伸强度和塑性良好匹配,可获得1268 MPa的抗拉强度和10%的伸长率。

表9-5 BE法钛合金制件的性能

条 件①	$\sigma_{0.2}$/MPa	σ_b/MPa	δ/%	ψ/%	K_{IC}/MPa·$m^{1/2}$	相对密度/%	氯的质量分数/%
Ti-5Al-2Cr-1Fe,压制和烧结+HIP	980	1041	20	39		≥99	0.031×10^{-4}
Ti-4.5Al-5Mo-1.5Cr,压制和烧结	951	1000	17	39	64	≥99	0.031×10^{-4}
Ti-6Al-2Sn-4Zr-6Mo,压制和烧结	1068	1109	2	1	31	99	0.015×10^{-4}
Ti-10V-2Fe-3Al,压制和烧结+HIP(1650℃)和STA(775~540℃)	1233	1268	9		30	99	0.19×10^{-4}
Ti-10V-2Fe-3Al,压制和烧结+HIP和STA(750~550℃)	1102	1158	10		32	99	0.19×10^{-4}
Ti-10V-2Fe-3Al,压制和烧结	854	930	9	12	51	98	0.015×10^{-4}
Ti-6Al-6V-2Sn,冷等静压和热等静压	931	1035	15	35	78	100	

① HIP:热等静压;STA:固液+时效。

9.2.2 预合金化粉末冶金钛合金的特点与制品

预合金法(PA法)主要用来制造全密度的、高性能的航空合金产品。当BE法制品在宽密度范围生产和使用时,PA法粉末冶金零件仅在100%致密度时才被接受。球状的PA法粉末有高达65%的振实密度、良好的粉末流动性和模具填充特性。全密度的PA法制件比非全密度的BE法制件具有更广泛的应用。

对于全密度制品,即使少量的污染仍将导致制品主要性能如疲劳强度的大幅降低,因此粉末纯度是影响PA法制品质量的主要因素之一，可用真空雾化工艺或等离子旋转电极工艺（PREP）来制造洁净的 PA 法用粉。

对 PA 法粉来说，热等静压是最基本的成形方法，但真空热压（VHP）、挤压和快速全方位压制也被成功地应用。为便于压制，通常把粉末装在特定形状的、真空的中碳钢包套中。为了最大限度地降低粉末和包套之间的反应，一般在低于 β 相变点下的温度进行压制。α + β 相区加工产生粗大的、长宽比小的 α 相（见图 9-19）。PA 法制品的显微组织和密度与铸锭冶金材料的相似。表 9-6 为不同条件下加工的 PA 法 Ti-6Al-4V 制品的性能。表 9-7为其他合金的性能。采用热等静压、真空热压或快速全向压制，在较高压力和较低温度下生产的合金制品，由于粉末在高压低温加工过程中发生了大量的组织细化和后续的热加工，如轧制或锻造中产生的显微组织细化，改善了抗拉强度和塑性，因此制件强度提高而塑性却未降低。

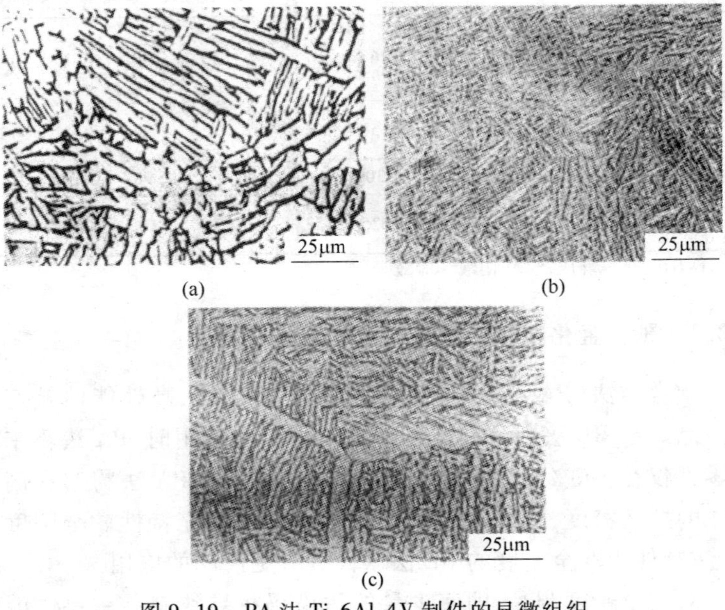

图 9-19　PA 法 Ti-6Al-4V 制件的显微组织

（a）热等静压法处理态；（b）破碎组织处理态；（c）热化学处理态

表 9-6 PA 法 Ti-6Al-4V 制品的性能

条 件①	$\sigma_{0.2}$ /MPa	σ_b /MPa	δ /%	ψ /%	K_{IC} 或 K_Q /MPa · $m^{1/2}$	粉末工艺	压制温度 /℃	其 他
HIP	861	937	17	42	85	PREP	925	
HIP(PSV)和 β 退火	1020	1095	9	21	67	PSV	950	975℃退火
HIP 和 BUS 处理	965	1048	8	17		PREP	925	
HIP 和 TCP 处理	931	1021	10	16		PREP	925	
HIP 和 700℃退火(REP)	820	889	14	41	76	REP	955	
HIP,700℃退火和 STA (955~480℃)	1034	1130	9	34		REP	955	
HIP 和 700℃退火(PREP)	882	944	15	40	73	PREP	955	
ELI:HIP	855	931	15	41	99	REP	955	氧的质量分数为 0.13%
ELI:HIP 和 β 退火	896	951	10	24	93	REP	955	1020℃退火
HPLT 和 HIP	1082	1130	8	19		PREP	650	315 MPa
HPLT,HIP 和 815℃再结晶退火	937	1013	22	38		PREP	650	315 MPa
HIP 和 955℃轧制	958	992	12	35		REP	925	75%变形
HIP,955℃轧制和 β 退火(纵向)	820	896	13	31	73	REP	925	75%变形
HIP,955℃轧制和 β 退火(横向)	813	896	11	23	61	REP	925	75%变形
HIP,950℃轧制和 STA (960~700℃)	924	1041	15	35		REP	950	60%变形
HIP,960℃锻造和 STA (960~700℃)	1000	1062	14	35		REP	915	56%变形
830℃ VHP	945	993	19	38		REP	830	
760℃ VHP	972	1014	16	38		REP	760	
900℃ ROC	882	904	14	50		PREP	900	
900℃ ROC 和 925℃ RA	827	882	16	46		PREP	900	925℃ RA
650℃ ROC	1131	1179	10	23		PREP	600	

续表 9-6

条　件①	$\sigma_{0.2}$ /MPa	σ_b /MPa	δ /%	ψ /%	K_{IC} 或 K_Q /MPa · $m^{1/2}$	粉末工艺	压制温度 /℃	其　他
600℃ROC 和 815℃RA	965	1020	15	43		PREP	600	815℃RA
最小值(MIL-T-9047)	827	896	10	25				

① HIP:热等静压;PSV:在真空下湿磨成粉;BUS:破碎组织;TCP:化学热处理;REP:旋转电极工艺;STA:固溶处理+时效;PREP:等离子旋转电极工艺;ELI:超低间隙元素;HPLT:高压低温压坯;RA:再结晶退火;VHP:真空热压;ROC:快速全向压制。

表 9-7　其他钛合金 PA 法制品的性能

条　件①	$\sigma_{0.2}$ /MPa	σ_b /MPa	δ /%	ψ /%	K_{IC} 或 K_Q /MPa · $m^{1/2}$	粉末工艺	压制温度 /℃	其　他
IMI829,HIP 和 STA (1060~620℃)	951	1089	18	22		PREP	1040	
IMI829,ROC 和 STA (1060~620℃)	909	1034	18	20		PREP		α+βROC
IMI685,HIP 和 STA (1050~550℃)	970	1020	11	19		PREP	950	
Ti-6242,HIP 和 STA (1050~550℃)	924	1034	17	36		PREP	910	
Ti-6246,HIP,920℃锻造和 705℃退火	1165	1296	11	37		REP	900	920℃锻 70%
Ti-6Al-6V-2Sn,HIP 和 760℃退火	1008	1055	18	37	59	PREP	900	
Ti-17,HIP 和 STA (800~635℃)	1123	1192	8	11		REP	915	
Ti-4.5Al-5Mo-1.5Cr, HIP 和 705℃时效	944	990	13		75	REP	845	
Ti-4.5Al-5Mo-1.5Cr, HIP 和 760℃时效	916	971	14		79	REP	845	
Ti-1023,HIP 和 STA (745~490℃)	1213	1310	9	13		PREP	775	
Ti-1023,HIP,锻造和 STA (750~495℃)	1286	1386	7	20	28	PREP	775	750℃锻 70%

续表 9-7

条　件①	$\sigma_{0.2}$ /MPa	σ_b /MPa	δ /%	ψ /%	K_{IC} 或 K_Q /MPa·$m^{1/2}$	粉末工艺	压制温度 /℃	其　他
Ti-1023,HIP,锻造和 STA (750~550℃)	1065	1138	14	41	55	PREP	775	750℃锻 70%
Ti-1023,ROC	965	1007	16	54		PREP	650	
Ti-1023,ROC 和 STA (760~510℃)	1296	1400	6	26		PREP	650	
Ti-11.5Mo-6Zr-4.5Sn, βHIP 和 STA(745~510℃)	1288	1378	8	18		PREP	760	
Ti-1.3Al-8V-5Fe,β 挤压和 STA(705℃)	1392	1482	8	7		PREP	760	
Ti-1.3Al-8V-5Fe,β 挤压和 STA(770℃)	1461	1516	8	20		GA	760	
Ti-1.3Al-8V-5Fe,βHIP 和 STA(745~510℃)	1315	1414	5	10		GA	725	
Ti-24Al-11Nb,1065℃ HIP 和 STA(1175℃)	510	606	2	2		PREP	1065	
Ti-24Al-11Nb,925℃ HIP 和 STA(1175℃)	696	765	2	2		PREP	925	
Ti-25Al-10Nb-3Mo-1V,ROC	710	854	5	6		PREP	1050	

① HIP:热等静压;STA:固溶处理+时效;ROC:快速全向压制。

图 9-15 所示为 PA 法 Ti-6Al-4V 制品与铸锭冶金合金工厂退火态的光滑疲劳寿命分散带的对比图。通过测试热等静压后的高纯净的 REP 和 PREP 制品,可获得粉末冶金材料的数据,其中一些经过压实后热处理 PA 法制件的数据与最好的铸锭冶金合金结果相当。为了保持高疲劳强度,必须避免粉末污染,直径为 50 μm、150 μm 和 350 μm 的污染物对 PA 法 Ti-6Al-4V 制件疲劳寿命的影响如图 9-20 所示。显而易见,直径为 50 μm 的污染物就可以明显降低疲劳寿命。图 9-21 对比了粉末冶金合金和铸锭冶金合金的疲劳特征。通常高周疲劳结果是零件在 10^6~10^8 周范

围失效,低周疲劳结果是低于 10^5 周失效。从三种测试结果看,粉末冶金合金的性能相当于或超过了铸锭冶金合金的性能。测试用的零件是已在军用飞机上正式应用的 PA 法 Ti-6Al-4V 粉末冶金零件。

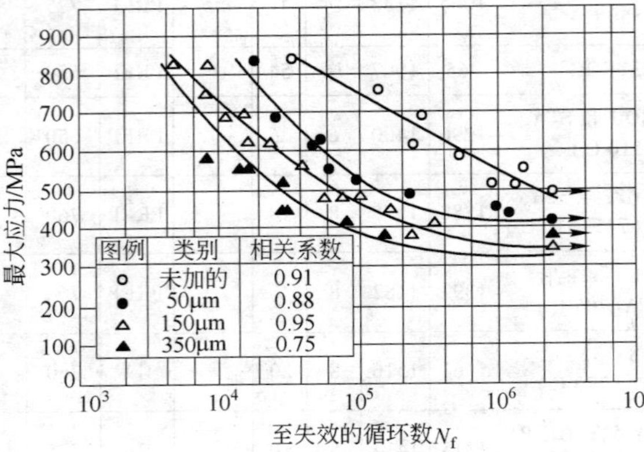

图 9-20　污染颗粒对 PA 法 Ti-6Al-4V 制件的室温疲劳寿命的影响
(疲劳试验条件:室温,$K_t=1$,$R=0.1$,$F=5$ Hz,三角波)

图 9-22 比较了相同成分和显微组织的铸锭冶金材料和 PA 法 Ti-6Al-4V 零件的裂纹扩展速率。即使 PA 法材料含有少量的污染,两种材料的裂纹扩展速率级别相当。

PA 法 Ti-6Al-4V 制件可通过 BUS 处理和固溶加时效处理调整显微组织和力学性能。图 9-15 表明,BE 法和 PA 法 Ti-6Al-4V 制品疲劳强度的改善是热处理产生显微组织细化的结果。

几乎对所有主要的 PA 法粉末冶金制品都进行了评估。这些合金包括高强度亚稳定 β 型钛合金、多用途的 α + β 型钛合金、高温近 α 型钛合金以及有序化的钛铝金属间化合物,其中特别引人关注的是 Ti-1.3Al-8V-5Fe 钛合金,伸长率为 8% 时仍有高达 1516 MPa的强度,若用普通的铸锭冶金方法,该合金的高铁含量肯定会引起偏析问题。再加上粉末冶金产品细晶、均匀、无成分及组织偏析的优势,因此这类合金有潜力扩大粉末钛合金的应用。

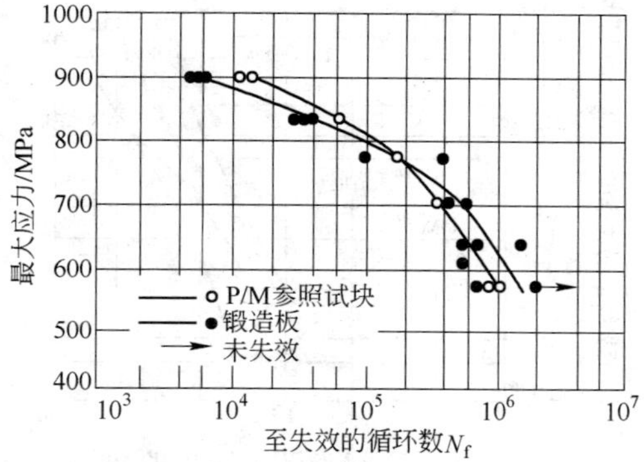

(a)

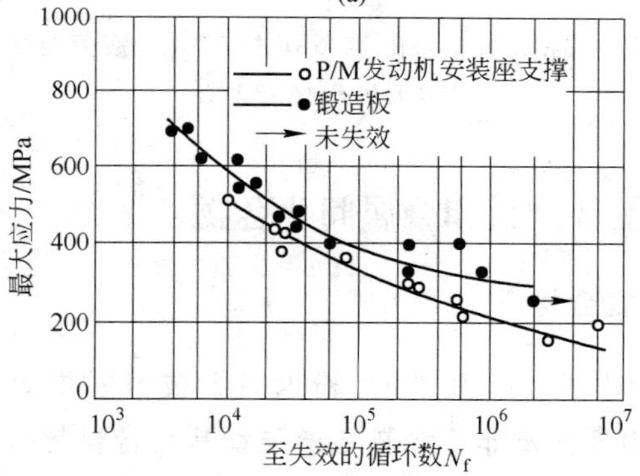

(b)

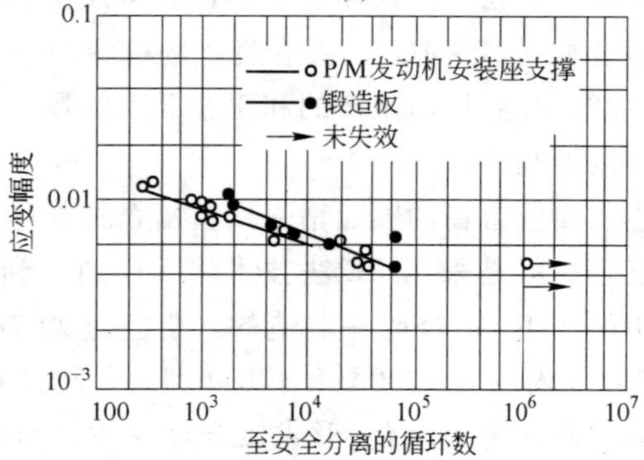

(c)

图 9-21 PA 法和铸锭冶金的 Ti-6Al-4V 的室温疲劳寿命

(a)光滑高周疲劳(ϕ13 mm),$R=0.1$;(b)缺口高周疲劳(ϕ13 mm),$K_t=3$,$R=0.1$;(c)应变低周疲劳(ϕ6.4 mm),$R=-1$

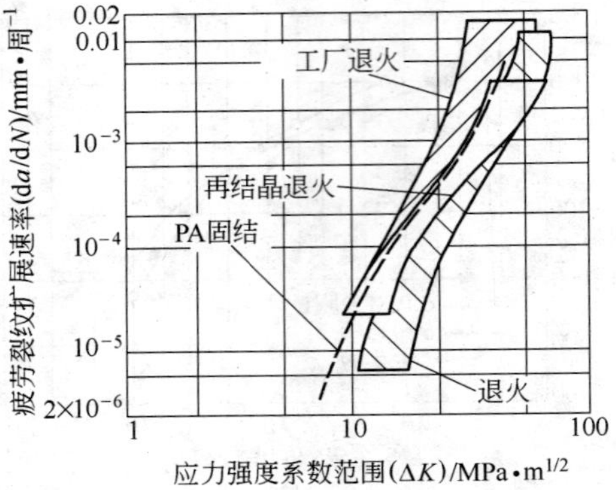

图 9-22　PA 法和铸锭冶金的 Ti-6Al-4V 制件的疲劳裂纹扩展速率
（$R=0.1$，$F=5\sim30$ Hz）

9.3　钛基复合材料和金属间化合物

9.3.1　钛基复合材料

从 20 世纪 80 年代后期起，粉末冶金技术固相加工的独一无二的好处被用来开发非连续颗粒增强钛基复合材料，例如利用 BE 法技术将 TiC 和 TiB_2 粉末加入到工业纯钛和常规钛合金中。颗粒增强金属基复合材料（PRMMCs）具有良好的抗耐磨、弹性模量、蠕变、疲劳和腐蚀等性能，目前生产的和正在开发的颗粒增强钛基复合材料主要有以下几种：

第一个进入商业市场的颗粒增强钛基复合材料是 Cerme Ti-C 系列。这种复合材料是采用 BE 法技术将 TiC 加入到钛合金（如 Ti-6Al-4V 和 Ti-6Al-6V-2Sn）中制造的。典型的烧结温度是 β 相变点以上 250℃ 以内或者 1230℃（对 Ti-6Al-4V 而言），在烧结过程中通过扩散促使固态合金化，形成钛合金基体。与熔炼工艺相比，在烧结周期中 TiC（熔点 3065℃）增强颗粒的热分解能被限制到实用程度。质量分数为 5%~20% 的 TiC 加入到常规钛合金中，TiC 颗粒增强钛基复合材料的强度和弹性模量得到改善，反映了紧密连接的 TiC 颗粒的载荷分享贡献。典型的性能见表 9-8。作为替代热等静压或另外的热等静压操作、热加工(包括锻造、轧制和挤压),进一步增加颗粒,可增强钛基复合材料的密度和力学性能。从锻造或挤压温度冷却后,均匀的颗粒分布和细化的针状 α+β 显微组织得到保留,伴随强度和塑性提高,见表 9-8。

表 9-8 TiC 颗粒增强钛基复合材料的力学性能

BE 钛合金基	$\sigma_{0.2}$ /MPa	σ_b /MPa	δ /%	ψ /%	E/GPa	K_{IC} 或 K_Q /MPa · $m^{1/2}$	氧的质量分数/%
Ti-6Al-4V(最小值)①②	828	895	10	25	114		0.20
Ti-6Al-4V ELI(最小值)③	759	828	10	25	114		0.13
Ti-6Al-4V BE CHIP④	690	793	9	15	114	85	0.15
Ti-6Al-6V-2Sn(最小值)	965	1034	14	23	112	75	0.20
Ti-6Al-6V-2Sn CHIP④	931	1034	15	35	112	78	0.28
Cerme Ti-C-10/64 CHIP④	945	1000	2	2	134	38	0.30
Cerme Ti-C-10/64 CHIP⑤⑥	1069	1138	2	2	134	45	0.30
Cerme Ti-C-10/662 CHIP⑤⑥	1034	1055	1	1	134	40	0.30

① AMS-4930D;② ASTM B 3485 级;③ ASTM B 34823 级;④ 冷等静压和热等静压;⑤ 960℃ 挤压,空冷;⑥ 1030℃ 锻造,空冷。

另外,也采用 BE 法技术加入 TiB_2 颗粒。在 1200℃ 名义烧结过程,TiB_2 颗粒与接触的元素钛广泛地反应或完全反应生成 TiB。冷却时合成的片状 TiB 相跨过原始钛颗粒边界扩展,并桥接多个 α+β 集束。

在致力于提高 BE 法基体合金的高周疲劳性能中,评估了两个 BE 法钛基复合材料,即含有 5%(质量分数)TiB_2 颗粒增强体的 Ti-6Al-2Sn-4Zr-2Mo 和 Ti-6Al-1.7Fe-0.1Si。首先用低残余氯化物的氢化法钛粉、中间合金粉和 5%(质量分数)TiB_2 颗粒混合,其成形采用以下工艺:

(1) 400 MPa 冷等静压;

(2) 1200℃烧结 3 h;

(3) 930℃,200 MPa 热等静压。

长 30 μm、宽 2 μm 的 TiB 片状的原位形成物似乎也降低了片状 α 的长宽比。经过 1050℃水淬和 920℃退火后,10%(体积分数)TiB 增强和 Ti-6Al-2Sn-4Zr-2Mo 基材料的 10^7 高周疲劳强度达到 590 MPa,抗拉强度增加 35%,弹性模量为 140 GPa。

丰田公司在降低 BE 法 TiB_2 - 钛合金基复合材料的成本方面做出了贡献。当 5%(质量分数)TiB_2 加入到亚稳定 β 型钛合金,成分为 Ti-4.3Fe-7.0Mo-1.4Al-1.4V,合成的 10%(体积分数)TiB 增强相形成了稳定的、晶体学方向一致的共格界面,因而增加了基体的强度、刚度、硬度、疲劳性能和耐热性,该材料在 700℃时的形变流变应力接近于中碳钢,具备了可生产性。若能保证低成本钛粉的稳定供应,由这类材料制造汽车引擎零件(如连接杆或齿轮)的生产成本预算几乎可以和钢媲美。

耐磨性、比刚度和比强度是选择颗粒增强钛基复合材料作典型应用时的主要考虑点。近净成形、在冷热等静压条件下的 α 层的消失和相似于基体合金的可机加工性的综合,提高了 BE 法颗粒增强钛基复合材料的可生产性。

9.3.2　钛铝系金属间化合物

以 α_2-Ti_3Al 和 γ-TiAl 相为基础的钛铝系金属间化合物的研究开始于 20 世纪 70 年代。由于合金铸锭的组织偏析、加工困难,为获得均匀的化学成分和微观的 α_2 基和 γ 基合金组织,初期合金加工是采用粉末冶金方法,如等离子电极工艺粉和气雾化粉。快速固化的钛合金材料的早期工作表明:通过由 100 MPa 到 300 MPa 压力增加,能获得较低温度热等静压制件,因而保留了超细的颗粒组织,从而产生了较高的强度和塑性,如 α_2(Ti-25Al-10Nb-3V-1Mo)和 γ(Ti-48Al-2Cr-2Nb)粉末制件的拉伸性能比变形材料的高。这类粉末冶金制件适合于做锻造和带材轧制的预制坯。

9.4　粉末钛合金的应用与发展

9.4.1　粉末钛合金的应用

两种显著不同的钛粉末冶金技术,即混合元素(BE)法和预合金(PA)法,生产的产品在密度、性能和价格方面的差异决定了这两种技术不同的应用市场。目前 BE 法零部件用得更多。雾化粉末的引入有望降低粉末成本,从而使 PA 法产品有更高的成本竞争力。

海绵钛粉相对低的成本和压制、烧结技术的批量生产能力使 BE 法复杂形状的宇航零件能以低于 100 美元/kg 的成本生产。另一方面,预合金粉需要昂贵的熔炼备料、超纯净处理和昂贵的压制工具,使较高性能全密度的 PA 法零件目前的价格仍高于 200 美元/kg。

BE 法钛合金产品的主要应用是电化学和其他的抗蚀应用的工业纯钛过滤器、化学加工工业的纯钛零件、Ti-6Al-4V 零部件、叶轮或旋转装置等形状非常复杂的零件。图 9-23 所示为在汽车和宇航工业应用的 BE 法 Ti-6Al-4V 零部件图。

BE 法颗粒增强钛基复合材料的应用包括汽车阀、连杆、运动器材、宇航与防御导弹的结构件和工业工具。广州有色金属研究院采用机械合金化加冷静压烧结的工艺研制 TiC/TiB 颗粒增强钛基复合材料,所制造的耐蚀耐磨轴、柱塞等可以代替价格昂贵的 CoCrW 合金,已经推向工业应用。

PA 法产品在宇航工业应用广泛,如 F-100 发动机的连接臂、F-14 飞机机身壳体的支撑装置、F-18 飞机发动机安装座支撑装配件和 F-107 飞机发动机的径流压气机叶轮。图 9-24 所示为 PA 法生产的宇航工业用的 Ti-6Al-4V 零件。

粉末冶金法还用于制造整体叶盘。其关键技术是获得高质量、超纯净球形粉末,成形的方法可采用陶瓷模压、快速全向压实等工艺。目前,美国已经生产出 Ti-6Al-4V、Ti_3Al 等合金的 P/M 陶

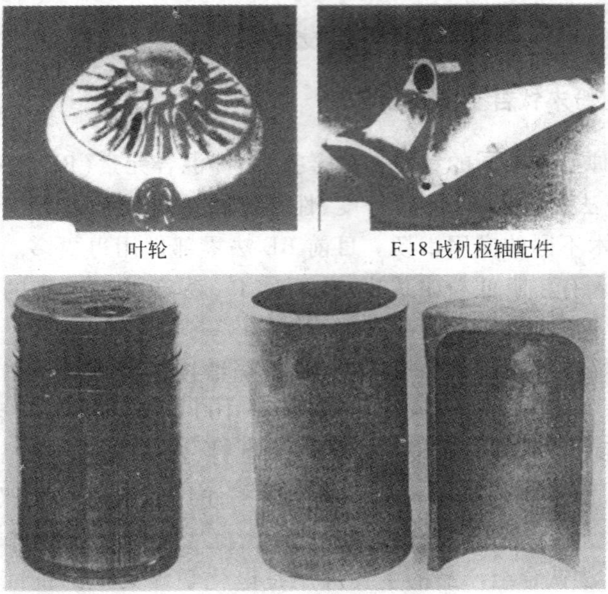
叶轮　F-18 战机枢轴配件
汽车汽缸

图 9-23　汽车和宇航工业应用的 BE 法 Ti-6Al-4V 零部件图

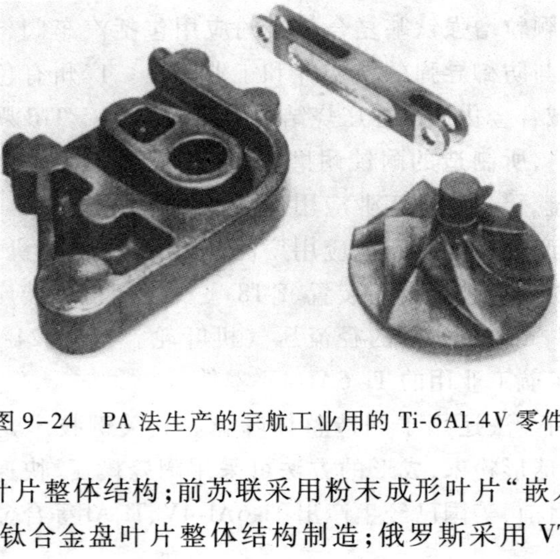

图 9-24　PA 法生产的宇航工业用的 Ti-6Al-4V 零件

瓷模压盘叶片整体结构；前苏联采用粉末成形叶片“嵌入”连接技术，完成了钛合金盘叶片整体结构制造；俄罗斯采用 VT25Y 粉末制成了伊尔 114 飞机发动机高压压气机离心叶轮和发动机轴支撑件。

9.4.2 粉末钛合金的发展

准确、大量的数据可确保 PA 法和 BE 法 Ti-6Al-4V 粉末冶金制件安全地应用。然而成本仍然是主要关心的问题。只有 PA 法制件的成本大大地降低,才可能使它们替代铸锭冶金材料。通过规模化的气雾化加工或直接化学方法,低成本粉末的生产将是一个重大突破。BE 法粉末冶金技术加工的非关键性零部件有可能增加,然而与 PA 法一样,如果没有突破性进展,全密度、无氯化物 BE 法产品的生产可能因高昂的成本被抑滞。

与常规钛合金相比,有序的钛铝金属间化合物更难以热加工和切削加工。它们的生产特征事实上接近于高温合金,因此通过近净成形粉末冶金方法获得的成本利益是巨大的,特别是对等原子比的钛铝金属间化合物。随着较低成本粉末的发展,这种效益将加速人们对粉末冶金钛合金方法的认同。

快速凝固技术的进展集中于通过弥散强化提高合金和金属间化合物的温度承受能力。由于其发展中没有考虑额外成本和产品质量,导致该技术不能生产超过约 6%(体积分数)的第二相颗粒,同时,快速凝固产生了比要求更细小的 β 相晶粒,并缺少由 β 相退火后冷却到 α + β 相区形成的长条状 α 相,更不幸的是,纠正此缺点的 β 相退火会引起弥散相不可接受的粗化。

钛合金的机械合金化研究还处在初级阶段,但展示了增加作为高温应用的弥散相体积分数的潜力。机械合金化可以把通常难混溶的钛和铝结合,生产低密度钛合金。钛和铝与钛形成的共析元素(如 Ni、Cu)的机械合金化的初步结果表明,可以获得非常细小的纳米级显微组织,这种显微组织有新的物理和化学性能。

颗粒增强钛基复合材料的实际应用正在向设计、基体与颗粒成分和可生产性三个方向发展。设计和构建可控制的梯度组织的潜力,要求产品设计者和生产者之间紧密的技术交流。因为 BE

法冷热等静压工艺允许在冷等静压前,在特定的区域建成多层不同的钛合金和复合材料,所以这一理论有希望作为优化组织和环境性能的方法。BE 法钛合金和颗粒增强钛基复合材料的优化,可进一步降低生产成本。减少 BE 法钛基组分的成本、限制氧和氯化物等杂质和改进粉末冶金工艺参数(使稳定的产品密度高于 99%),是市场的两个技术目标。可生产性和成形技术的考虑正驱动颗粒增强钛基复合材料的超塑成形和熔模铸造方面的研究。在转变不匹配超塑性方面的研究中,TiC 颗粒增强材料获得大于 200% 的伸长率。最近 TiC 增强 Ti-6Al-4V 的复合材料熔模铸造的尝试表明,在薄壁零件方面,该材料的流动性、可铸造性和可焊接性比 Ti-6Al-4V 好。

参 考 文 献

[1] 谢成木. 钛及钛合金铸造[M]. 北京:机械工业出版社,2005.

[2] Eylon D, et al. Tenth Edition volumez properties and selection: Nonperrous Alloy And-special-purpose Materials ASM International [J]. Metal handbook 1990:634~646.

[3] Ясинский К К. ВИАМ-Основоположник технологии фасонного литьвя титана, 2002.

[4] 周彦邦. 钛合金铸造概论[M]. 北京:航空工业出版社,2000.

[5] 莫畏,等. 钛冶金(第2版)[M]. 北京:冶金工业出版社,1998.

[6] 《稀有金属手册》编辑委员会. 稀有金属手册[M]. 北京:冶金工业出版社,1992.

[7] 蒋炳玉. 冷坩埚感应熔炼活性金属的发展与应用[J]. 稀有金属材料与工程, 1993,22(2):1~6.

[8] 谢成木. 钛合金铸件的设计[C]//"钛科学与工程"第七届全国钛及钛合金学术交流会文集. 长沙:中南工业大学出版社,1990.

[9] Hans J, Heine P E. Casting development technology opens doors to nero Titanium applications[J]. Foundry Management & Technology, 1991(3):43~46.

[10] 中国铸造协会. 熔模铸造手册[M]. 北京:机械工业出版社,2000.

[11] 甘敬林. 钛合金的硬模铸造[J]. 材料工程. 1996(5)(增刊).

[12] William R. HIP'ing rise casting performance levels[J]. Metal progress,1997,12(3).

[13] Братухин А Г. Технологическое Обеспечение Высокого Качества, Надежности, Ресурса Авиацио-нной Техники. В Двухтомах, 1998.

[14] 美国金属学会. 金属手册[M]. 韩凤麟主译. 北京:机械工业出版社,1994.

[15] 陆厚根. 粉体工程导论[M]. 上海:同济大学出版社,1993.

[16] 韩凤麟,马福康. 粉末冶金材料工程. 中国材料工程大典(第14卷)[M]. 北京:化学工业出版社,2006.

[17] 王盘鑫. 粉末冶金学[M]. 北京:冶金工业出版社,2005.